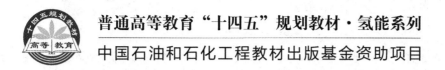

普通高等教育"十四五"规划教材·氢能系列

中国石油和石化工程教材出版基金资助项目

制氢工艺与技术

Hydrogen production process and technology

易玉峰　黄龙　李卓谦　余晓忠　杜小泽　编

中国石化出版社

·北京·

内 容 提 要

本书为氢能系列教材之一，根据新能源科学与工程专业人才培养方案及氢能企业对高级应用型人才的要求编写而成。本书主要内容包括煤制氢、天然气制氢、甲醇制氢、电解水制氢、工业副产制氢、太阳能制氢，以及其他制氢技术。每章节附有习题，加强学生实践与理论相结合的思维能力及思维习惯的培养。

本书可以作为新能源及相关领域科研与管理工作者的参考书，也可以作为高等院校氢能概论教材，供教师、硕博士研究生、本科生及高职学生使用。

图书在版编目（CIP）数据

制氢工艺与技术/易玉峰等编 . —北京：中国石化出版社，
2023.9
普通高等教育"十四五"规划教材·氢能系列
ISBN 978 - 7 - 5114 - 7230 - 4

Ⅰ.①制… Ⅱ.①易… Ⅲ.①制氢 – 高等学校 –
教材 Ⅳ.①TE624.4

中国国家版本馆 CIP 数据核字（2023）第 184560 号

中国石化出版社出版发行

地址:北京市东城区安定门外大街 58 号
邮编:100011　电话:(010)57512500
发行部电话:(010)57512575
http://www.sinopec-press.com
E-mail:press@ sinopec.com
北京艾普海德印刷有限公司印刷
全国各地新华书店经销

*

787 毫米×1092 毫米 16 开本 13.25 印张 302 千字
2024 年 1 月第 1 版　2024 年 1 月第 1 次印刷
定价:38.00 元

《氢能技术与应用系列教材》编委会

（以姓氏笔画为序）

序

2020年，在第75届联合国大会一般性辩论上我国明确提出"双碳"战略目标："中国将力争2030年前实现碳达峰、2060年前实现碳中和。"2021年，"碳达峰"和"碳中和"被写入全国两会政府工作报告，发展清洁低碳能源已成为我国能源战略的主体。在众多新型能源中，氢能来源广泛、清洁无碳的特点为"双碳"战略目标的实现提供了有力保障。2022年5月，国家发展改革委、国家能源局按照《氢能产业发展中长期规划（2021—2035年)》部署，研究推动氢能多元化应用，为重点领域深度脱碳提供支撑，从国家层面加快出台相关鼓励氢能产业链发展的顶层设计，明确了氢能是未来国家能源体系重要组成部分，是用能终端实现绿色低碳的重要载体。

面对氢能人才的迫切需求，2022年5月，教育部印发了《加强碳达峰碳中和高等教育人才培养体系建设工作方案》，将加快储能和氢能相关学科专业建设放在"双碳"领域三大紧缺人才的首位，并提出要以大规模可再生能源消纳为目标，推动高校加快储能和氢能领域人才培养，服务大容量、长周期储能需求，实现全链条覆盖。

北京石油化工学院坐落于北京市大兴区，办学宗旨是立足北京、面向全国，全力打造新时代首善之区工程师摇篮，努力建成具有特色鲜明的高水平应用型大学。2019年获批新能源科学与工程专业以来，学校审时度势、周密论证，于2021年以大兴区建设世界一流的"大兴国际氢能示范区"为契机，最终确定了"以氢能为特色，其他新能源为补充"的专业办学思路，出台了以氢能为特色的人才培养方案。图书市场现有氢能相关书籍多以氢能科普和专著为主，无法满足高等学校氢能全产业链的人才培养需求，我校联合西安交通大学、华北电力大学、中国石油大学（华东)、天津大学、湖南理工学院等高校，中科院理化所、中国航天科技集团公司一院十五所等研究所，以及深圳市燃气集团股份有限公司、中石化巴陵石油化工有限公司、北京天海低温设备有限公司、北京久安通氢能科技有限公司、京辉氢能集团有限责任公司、北京中科致远科技有限公司等企业提出了国内首套《氢能技术与应用系列教材》的编写计划。

该套教材共8本，即《氢能概论》《制氢工艺与技术》《储氢工艺及设备设计》《纯氢及掺氢天然气输送技术与管理》《加氢站设计与管理》《氢燃料电池》《氢安全技术及其应用》及《新能源专业英语》。经过一年的准备工作，2022年5月成立了由来自 6 所高校、2 家研究所和多家领军企业共 43 位专家组成的氢能系列教材编委会。随后，按照"顶层规划、教授挂帅、企业合作、内练师资"的原则，迅速有序地展开了各部教材的编写工作。

该套教材在内容规划、编写原则、受众定位等方面都进行了充分论证，总体而言具有以下主要特点：

（1）定位明确，特色鲜明

本套教材定位于培养氢能领域高级应用型工程技术人员，既可为新能源科学与工程、氢能科学与工程、储能科学与工程、智慧能源工程等本科专业提供人才培养基本支撑，又可为从事氢能研究的技术人员提供参考。整套教材知识体系上前后递进、序贯相接，强调基础理论知识的工程应用，体例统一，具有鲜明的特色。

（2）内容系统，与时俱进

涵盖"制氢—储氢—输氢—用氢—安全"的氢能全产业链，根据学科支撑规律有效衔接各门课程之间关系，与氢能企业技术创新紧密结合，整套系列教材形成一套完整、系统、反映氢能领域科技新成果的知识结构体系。

（3）注重实践，应用性强

面向氢能企业对高级应用型人才的迫切需求，着眼于增强教学内容的联系实际和灵活运用，以大量章节习题训练为落脚点，理论与实践相结合，培养具有大工程观的高级应用型人才。

（4）思想引领，价值启迪

正面客观展现我国在氢能领域的科技实力，引导学生致力于科技创新，为国家科技进步、建设绿色家园奋斗；与时代所遇的问题紧密结合，育心育德，价值引领，培养具有爱国情怀的新世纪人才。

最后，感谢参加本系列教材编写和审稿的各位老师及企业专家付出的大量卓有成效的辛勤劳动。由于编写时间仓促，难免存在一些不足和错漏。我们相信，在各位读者的关心和帮助下，本系列教材一定能不断地改进和完善，对助力氢能人才培养，推进氢能学科建设，促进氢能产业发展，推动"双碳"战略目标的实现有一定的促进作用。

编委会

2023 年 3 月

前　　言

本教材是北京石油化工学院组织编写的国内首套氢能系列教材之一，根据新能源科学与工程专业人才培养方案及氢能企业对高级应用型人才的要求进行编写，目的是让读者能够从"制氢—储氢—输氢—用氢—安全"的氢能全产业链上，结合最新的研究及应用现状，从整体上了解氢能产业的主要内容及发展重要性。在编写过程中，注重氢能产业链各环节典型应用场景及应用案例的采编，内容全面新颖。

对制氢工艺与技术原理的阐述密切结合有机化学、无机化学、物理化学、热力学、动力学、催化原理、新材料等基础知识和反应工程、流体力学等基本原理。每章节附有习题，加强实践与理论相结合的思维能力及思维习惯的培养。促进读者对"双碳"目标及其实现途径的了解，养成节能环保意识。本教材可作为高等院校氢能概论教材，供教师、硕博士研究生、本科及高职学生使用，也可作为新能源及相关领域科研与管理工作者的参考书。

本教材共分为8章，主要内容包括绪论、煤制氢、天然气制氢、甲醇制氢、电解水制氢、工业副产制氢、太阳能制氢技术、其他制氢技术。在本教材编写和出版过程中，得到了北京石油化工学院宇波教授、北京石油化工学院黄龙教授、机械工程学院及学校教务处领导、成都科特瑞兴科技有限公司的教授级高工李卓谦、中科合成油工程有限公司教授级高工余晓忠、华北电力大学杜小泽教授等专家的大力支持和帮助。他们在本教材编写过程中提出了宝贵的意见，在此一并表示感谢！

此外，本书还得到科技部和教育部的支持，感谢国家重点研发计划"氢能技术"重点专项（2021YFB4001602）和2021年教育部产学合作协同育人项目（202102126001）的资助。

由于本教材内容涉及领域广，加之编者水平有限，时间紧迫，教材中难免有不足之处，敬请读者批评指正。

编者
2023 年 3 月

目　　录

第1章　绪论

第一次工业革命以来，人类大量焚烧石油、煤炭、天然气等化石燃料产生大量温室气体 CO_2。200 多年前大气中 CO_2 浓度约为 280×10^{-6}，而近年来世界气象组织全球大气监测网的多个监测站测得大气中 CO_2 浓度均已超过 400×10^{-6}。CO_2 对太阳辐射的可见光具有高度透过性，而对地球发射出的长波辐射具有高度吸收性，能强烈吸收地面辐射的红外线，导致地球大气温度上升，全球变暖。2019 年，全球平均温度较工业化前水平高出约 $1.1℃$。全球变暖会改变全球降水量分布，造成冰川和冻土融化、海平面上升等，不仅危害自然生态系统的平衡，甚至威胁人类的生存。

2015 年《巴黎协定》提出：到 21 世纪末，在工业革命之前的水平上，将全球温升控制在 $2℃$ 以内，并努力达到 $1.5℃$ 的目标。全球主流气候研究机构对温室气体控制目标达成共识，世界各国均结合自身状况提出了碳中和时间表。部分欧美国家在 2010 年前就实现了碳排放达峰。中国正处于经济快速发展阶段，CO_2 排放量仍在持续增加中，2021 年中国的碳排放量达到 114.7 亿 t，是美国(50 亿 t)的 2 倍，欧盟(27.9 亿 t)的 4 倍。若不调整能源结构，大力开展技术创新进行节能减排，现有的举措远不能达成《巴黎协定》的"2℃、1.5℃"乃至承诺的碳中和目标。

1.1　碳排放的挑战和氢能的机遇

中国碳排放量自 2005 年以来一直处于世界第一。面对日益严峻的碳排放问题，2020 年 9 月，中国政府提出了"2030 年碳达峰、2060 年碳中和"的目标。2030 年实现碳达峰，达成路径包括产业结构调整、工业节能、能源结构调整、建筑交通减排等。2060 年实现碳中和，通过能源活动、工业生产过程、废弃物处理、农业、土地利用变化和林业等实现全口径零排放。以植树造林、节能减排等形式，抵消自身的 CO_2 排放量，实现温室气体"净零排放"。"碳中和"大潮席卷全球，为氢能发展带来了巨大的机遇。

氢能是一种二次能源。氢气在燃烧过程中不产生 CO_2、SO_2 和烟尘等大气污染物。同时与太阳能和风能相比，氢能又具有相对较强的可储存性，因此氢能被看作是未来最理想的清洁能源之一。

2021 年中国氢气产能约 4000 万 t，产量约 3300 万 t，已经成为世界第一制氢大国。由于我国当前氢燃料电池汽车数量较少，所以用作动力能源的氢气不多。当前氢气最大应用领域：一是作为生产合成氨的中间原料，占比约为 30%；二是生产甲醇(包括煤经甲醇制烯烃)的中间原料，占比约为 28%；三是焦炭和兰炭副产氢的综合利用，占比约为 15%；四是炼厂用氢，占比约为 12%；五是现代煤化工范畴内的煤间接液化、煤直接液化、煤制天然气、煤制乙二醇的中间原料氢气，占比约为 10%；六是其他方式氢气利用，占比约为 5%。预计至 2050 年，我国氢气需求将增至近 6000 万 t，占我国终端能源消费量的 10% 左右。

在加速推进能源转型过程中，氢能将有望全面融入能源需求侧的各个领域。在工业领域，氢能将从原料和能源两个方面起到决定性作用。原材料领域，氢将广泛应用于钢铁、化工、石化等行业，替代煤炭、石油等化石能源。在能源领域，氢能将通过氢燃料电池技术进行热电联产，满足分布式工业电力和热力需求。在交通领域，氢燃料电池汽车将与锂电池汽车平分秋色，共同推动新能源汽车对传统燃油汽车的替代。在交通领域，将掀起新能源变革浪潮。由于氢燃料电池汽车具有行驶里程长、燃料加注时间短、能量密度高、耐低温等优势，在寒冷地区的载重货运、长距离运输、公共交通甚至航空航天等领域更具有推广潜力。

氢气作为交通动力燃料，其质量比能量的优势明显，为 142.69MJ/kg，是汽柴油的 3 倍以上，是车用液化石油气（Liquefied Petroleum Gas，LPG）和压缩天然气（Compressed Natural Gas，CNG）的 2 倍以上；但从体积比能量看，氢气没有优势，气态时其体积比能量不到 LPG 的 1/8 和天然气的 1/3、液态时其体积比能量不到汽柴油的 1/3，LPG 和天然气的 1/3。但氢作为燃料的优势是零碳排放，不同燃料的碳排放见表 1-1。

表 1-1　不同燃料的碳排放

燃料	煤	轻油	汽油	甲醇	天然气	氢气
发热量/(kJ/g)	33.9	44.4	44.4	20.1	49.8	144.6
CO_2 排放量/(g/kJ)	0.108	0.07	0.0697	0.0697	0.055	0

1.2　主要制氢方法

我国主要制氢方法分为四类（表 1-2）：①基于煤、天然气等化石燃料的制氢方法；②以焦炉煤气、氯碱尾气、炼厂气等为代表的工业副产气；③基于光伏发电、风电、水电的电解水制氢；④基于清洁能源的太阳能光解水制氢、生物质制氢、微生物制氢、热化学循环制氢等新制氢技术。

表 1-2　主要制氢方法及其特点

制氢方法	原料	技术路线	技术成熟度
煤制氢	煤炭	煤气化制氢	成熟
天然气制氢	天然气	(1)蒸汽转化法制氢； (2)甲烷部分氧化法制氢； (3)天然气催化裂解制氢	(1)蒸汽转化法制氢：成熟； (2)甲烷部分氧化法制氢：开发阶段； (3)天然气催化裂解制氢：开发阶段
工业副产气制氢	焦炉煤气、氯碱副产品、炼厂气等	变压吸附法、膜分离	焦炉煤气制氢和氯碱副产品制氢：成熟

续表

制氢方法	原料	技术路线	技术成熟度
甲醇制氢	甲醇	(1)甲醇裂解制氢; (2)甲醇蒸汽重整制氢; (3)甲醇部分氧化制氢	(1)甲醇裂解制氢:成熟; (2)甲醇蒸汽重整制氢:成熟; (3)甲醇部分氧化制氢:研发阶段
电解(海)水制氢	水	碱性电解槽(AE)、质子交换膜电解槽(PEM)和固体氧化物电解槽(SOEC)	(1)AE:成熟; (2)PEM:研发示范阶段; (3)SOEC:实验研发阶段
光催化分解水制氢	水	利用半导体光催化分解水制氢	实验研发阶段
生物质制氢	生物质	化学法制氢(气化法、热解重整法、超临界水转化法等); 生物法制氢(光发酵、暗发酵及光暗耦合发酵等)	实验研发阶段

受资源禀赋、制氢成本等因素影响,煤制氢是我国当前最主要的制氢方法,制氢成本及 CO_2 排放量如表1-3所示。在"碳达峰,碳中和"目标的背景下,煤炭制氢技术的发展将受到极大制约。CCUS(Carbon Capture, Utilization and Storage,碳捕集、利用与封存)技术是当前唯一能够大幅减少化石燃料电厂、工业过程等终端 CO_2 排放的低碳技术。煤炭制氢结合CCUS技术,可将"灰氢"转变为"蓝(低碳)氢",从而使其符合低碳发展的要求。学者核算了结合CCUS技术前后的煤炭制氢碳足迹,不使用CCUS时为 $19.42\sim25.28kgCO_2/kgH_2$,使用CCUS后为 $4.14\sim7.14kgCO_2/kgH_2$,碳排放量大幅减少,制氢成本增加39%左右。我国CCUS技术成本在 $350\sim400$ 元/t。

表1-3　各种制氢方法成本和 CO_2 排放量

制氢方法	成本/(元/kg)	$kgCO_2/kgH_2$
煤制氢	8.6	19.42~25.28
天然气重整	13.2	15
天然气重整+CCUS	14.5	1~5
风电制氢	37.6~38.5	0
光伏制氢	13.8~16.8	0

1.3　氢能产业政策和前景展望

我国在燃料电池汽车领域开展了氢能应用示范,受燃料电池和氢气成本的影响,氢能应用成本明显高于传统能源。

我国共有几十个省市陆续出台氢能发展相关政策,主要包括:支持制氢、储氢、运氢、加氢、关键材料、整车等氢能产业链技术研发;加大财政补贴及科研经费投入,加快加氢站等基础设施建设;推进公交车、重卡车、物流车等示范运营;因地制宜开展工业副产氢及可再生能源制氢技术方面的应用，加快推进先进适用的储氢材料产业化。财政部同步出台了"以奖代补"的资金支持政策，开展全国氢能源示范城市的遴选，对试点城市给予奖励。由地方统筹用于支持新技术产业化攻关、人才引进、团队建设以及新技术在燃料电池汽车上的示范应用。随着"十四五"我国碳中和战略的深入实施，我国氢能源产业示范将有望加速推进。

当前工业领域氢气生产利用的主要特点为：①使用化石燃料制氢，碳排放高；②主要用于生产化工产品或钢铁；③不需长期储存或对外运输（极少数应用场景除外）；④低成本；⑤氢气产品质量依下游需求而定。

相比于工业氢气生产利用的方式，未来氢能生产利用的主要特点为：①要求使用可再生能源制氢，以绿氢来实现氢来源无碳化；②能源利用方式以氢燃料电池路线为主，追求过程高效化；③应用领域广泛，可以用于移动交通领域，可以用于固定用能场景，可以作为工业生产脱碳的工具，还可以作为储能介质；④基于其制备与应用场景分离、应用广泛分散的特点，需要考虑氢的近、中、远途储存运输问题；⑤用于移动交通领域时，需要建设加氢基础设施；⑥基于可再生能源本身受自然条件影响大、波动性大等特点，需要考虑绿氢生产与电源、电网、储能、用户需求等多方面的衔接；⑦用于燃料电池的氢气质量要求高，水、总烃、氧、氮、总氮、氩、二氧化碳、一氧化碳、总硫、甲醛、甲酸、总卤化物等杂质的最大浓度要求非常严格；⑧应用初期成本较高，需要通过大幅的技术进步促进成本降低。

基于上述氢能利用的新特点和新要求，氢能应用必须以技术创新为引领，攻克质量要求高、储运难、成本高、应用市场需培育等诸多难关，才能真正为能源革命做出贡献。

我国氢能利用刚刚起步，既有化石燃料制氢的产业基础，也面临绿氢供应、氢储运路径选择、相关基础设施建设、氢燃料电池技术装备突破等诸多挑战。我国发展氢能产业必须实事求是、客观冷静、积极创新，以氢能技术创新突破为引领，稳妥推进产业化应用。氢能产业发展初期，依托现有氢气产能就近提供便捷廉价的氢源，支持氢能中下游产业的发展，对降低氢能产业的起步难度具有积极的现实意义。面向未来的发展，当绿氢逐渐成为稳定、足量且低价的氢源时，其在推进工业脱碳过程技术应用中将会发挥更好的作用。

从实现我国碳中和战略目标来看，在降低高碳能源使用的前提下，在终端应用方面氢能源将发挥重要的作用。随着氢能制备、储运和燃料电池等技术的日渐成熟，氢能战略将成为未来全球能源战略的重要组成部分。

习题

1. 简述我国碳排放面临的挑战。
2. 简要介绍国内主要的制氢方法及各自的特点。
3. 查阅资料，为我国氢能发展策略建言献策。

第 2 章　煤制氢

考古发现，中国用煤的历史至少有六七千年了。从汉代起，我国很多地方已将煤当作燃料。大约在 2000 多年前的古罗马时代，西方人开始用煤加热。从 18 世纪末的产业革命开始，煤被广泛用作工业生产的燃料。

18 世纪中叶，由于工业革命的发展，英国对炼铁用焦炭的需求大幅增加，英国人发明了炼焦炉，使用煤炭炼焦。煤炭炼焦是在隔绝空气的情况下将煤炭加热到 900~1000℃。煤炭受热发生一系列化学反应，生成焦炭与可燃的挥发性焦炉煤气。焦炉煤气的主要成分是氢气、甲烷和一氧化碳。其中氢气占 50%~60%（体积分数），甲烷占 23%~27%，一氧化碳占 6%~8%。1792 年，瓦特将焦炉煤气用于工厂的照明与燃料。煤气的民用化主要是用于家庭照明及烹饪。之后随着钢铁工业的发展，又出现了高炉煤气、水煤气与半水煤气等。1925 年，中国在石家庄建成了第一座焦化厂，满足了汉冶萍炼铁厂对焦炭的需要。1934 年，在中国上海建成拥有直立式干馏炉和增热水煤气炉的煤气厂，生产城市煤气。关于焦炉煤气制氢的内容将在本书的第 8 章进行详细介绍。本章主要介绍煤的气化制氢。

煤气化是以煤炭为能源的化工系统中最重要的核心技术。尽管煤气化已有 200 多年的历史，但大型煤气化技术仍是能源和化工领域的高新技术。截至 2021 年底，中国合成氨产能为 6488 万 t/a，其中采用煤气化技术的产能为 3284 万 t/a，占总产能的 50.6%。中国尿素产能合计 6540 万 t/a，其中煤气化技术的尿素产能为 3263 万 t/a，占总产能的 49.9%。中国甲醇总产能 9929 万 t/a，其中煤制甲醇产能为 8049 万 t/a，占总产能的 81.1%。中国煤制油产能 931 万 t/a，煤（甲醇）制烯烃产能为 1672 万 t/a，煤制天然气产能为 61.25 亿 m³/a，煤（合成气）制乙二醇产能为 675 万 t/a。以煤气化技术为核心的现代煤化工技术对促进国民经济可持续科学发展、保障国家能源安全发挥了重要作用。

20 世纪 50 年代之前，煤气化技术有了飞速的发展。而在 50 年代之后，由于石油和天然气产销量不断增长，价格低廉，煤气化技术的发展比较缓慢。70 年代石油危机的出现，使工业化国家意识到石油供应的不稳定性，而且石油资源远不及煤炭丰富。为此，西方工业化国家大量投资开发大规模的煤气化新工艺。大型煤气化技术被美国、德国和荷兰等少数国家垄断，其他国家与之相比有一定的差距。新中国成立后，煤气化工艺有所发展。20 世纪 80 年代以来，我国的煤气化工艺突飞猛进，引进了一批国际上先进的水煤浆煤气化技术。并在煤化工行业得以应用，基本掌握了水煤浆煤气化技术的制造和运行技术。在国家"八五""九五"攻关和"十五"以及 863 等科技计划的支持下，通过国内企业、科研单位和高校的联合攻关，已开发出具有自主知识产权的水煤浆加压气流床气化技术、干煤粉加压气流床气化技术和灰熔聚流化床气化技术。

2.1 煤制氢名词术语

为便于读者更好地了解煤制氢工艺过程，先对高频率名词术语进行介绍。

2.1.1 与煤相关的术语

（1）煤的分类

煤的分类研究有很长的历史。煤的分类可涉及煤的勘探部门、采煤部门、供销部门及使用部门。中国煤的分类，由技术分类（GB/T 5751—2009《中国煤炭分类》）、商业编码（GB/T 16772—1997《中国煤炭编码系统》）和煤层分类（GB/T 17607—1998《中国煤层煤分类》）组成。按照煤化程度由低到高，可分为褐煤、烟煤和无烟煤三大类。

（2）灰分熔点

灰分熔点是煤灰达到熔融时的温度，一般分为变形、软化、熔融和流动4个温度。实际应用中一般考虑的是流动温度。灰分熔点低有利于气化在较低的温度下进行，有利于延长设备使用寿命。它与原料中灰分组成有关，灰分中三氧化二铝、二氧化硅含量高，灰分熔点高；三氧化二铁、氧化钙、氧化镁、氧化钠和氧化钾含量越高，灰分熔点越低。对灰分熔点高的煤有时添加助熔剂，如碳酸钙，以降低其熔点。

（3）水煤浆

水煤浆是由约65%的煤、34%的水和1%的添加剂通过物理加工得到的一种低污染、高效率、可管道输送的代油煤基流体燃料。

2.1.2 相关设备术语

（1）耐火砖

耐火砖也称火砖，是用耐火黏土或其他耐火原料烧制成的耐火材料。耐火砖为淡黄色或淡褐色，能耐1580～1770℃的高温。高质量的耐火砖是炉膛更长寿命的保障。与耐火砖结构相对应的是水冷壁结构。

（2）烧嘴

烧嘴是煤气化装置中的关键设备之一。组合烧嘴的结构和运行状态对气化炉内煤粉与气化剂的混合、气化炉内流场分布起着重要的作用。烧嘴头部区域所处的工作环境极为恶劣，既受到气化炉内高温烟气的辐射换热和强制对流换热的影响，还受到高温熔渣的冲刷。烧嘴的使用寿命、维护费用是其核心指标。

（3）称重式给煤机

称重式给煤机是与磨煤机配套的关键设备，能将煤炭连续均匀地送入磨煤机，通过微机控制系统，在运行过程中完成准确称量并显示给煤情况。

（4）磨煤机

磨煤机是将煤块破碎并磨成煤粉的机械，是煤粉炉的重要辅助设备。煤在磨煤机中被磨制成煤粉，主要通过压碎、击碎和研碎3种方式进行。

（5）捞渣机

捞渣机是气化炉的核心设备，该设备的稳定运行是气化炉高负荷、长周期运行的基础。粗渣在渣池内沉淀，由捞渣机内设链条、刮板的转动，连续不断地将粗渣送至界外。

2.1.3 煤制氢过程的相关术语

（1）水冷壁

水冷壁是锅炉的主要受热部分，它由数排钢管组成，分布于锅炉炉膛的四周。它的内部为流动的水或蒸汽，外界接受锅炉炉膛的火焰的热量。主要吸收炉膛中高温燃烧产物的辐射热量，工质在其中做上升运动，受热蒸发。与水冷壁对应的是耐火砖结构。

（2）低温甲醇洗

低温甲醇洗，以冷甲醇为吸收溶剂，利用甲醇在低温下对酸性气体（CO_2、H_2S、COS）溶解度极大的优良特性，脱除原料气中酸性气体的过程。

（3）废热锅炉工艺

废热锅炉工艺的特征：气化炉生产的高温煤气通过废热锅炉间接换热降低煤气温度，副产高压或中压蒸汽。煤气温度降至350℃左右进入后序干法除尘设备。离开合成气冷却器的粗煤气通常夹带入炉煤总灰量20%～30%的飞灰，经过干法除尘器和文丘里洗涤器串洗涤塔两级湿法洗涤处理后，出口煤气中含灰量小于$1mg/m^3$。

废热锅炉工艺粗煤气中15%～20%热能被回收为中压或高压蒸汽，总体的热效率可达到98%。使用废热锅炉的煤气化流程，适合于发电工艺。此工艺过程比较适合于IGCC项目。废热锅炉工艺流程以Shell煤气化工艺为代表（图2-1）。

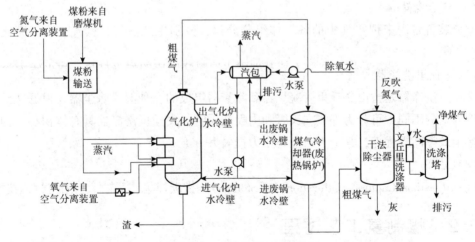

图2-1 废热锅炉工艺流程

（4）煤气化激冷工艺

煤气化激冷流程与废热锅炉的差异体现在合成气冷却及粗煤气净化的方式上。煤气的冷却采用多个喷头喷淋方式冷却和除去部分粉尘。在粗煤气净化方式上，激冷流程仅采用湿法洗涤对煤气进行净化，不用设置干式除尘器。气化炉出口煤气送至激冷罐，经过水激冷和除尘后，温度降至210℃左右，进入洗涤工序。从激冷罐出来的含饱和水蒸气的合成气进入文丘里洗涤器。出文丘里洗涤器的合成气进入洗涤塔下部。出洗涤塔的合成气水气比可根据需要进行控制，一般控制在1.0~1.4，最终达到合成气含尘量小于1mg/m³。激冷流程适合于煤化工。激冷流程以GSP煤气化工艺为代表(图2-2)。

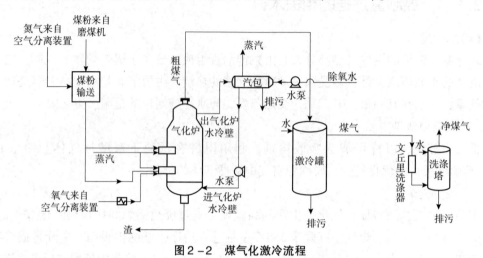

图2-2 煤气化激冷流程

(5)IGCC

IGCC(Integrated Gasification Combined Cycle)整体煤气化联合循环发电系统，是将煤气化技术和高效的联合循环相结合的先进动力系统。它由两大部分组成，即煤的气化与净化部分、燃气-蒸汽联合循环发电部分。

(6)空分装置

空分装置是用来把空气中的各气体组分分离，分别生产氧气、氮气、氩气等气体的装置。

(7)文丘里洗涤器

文丘里洗涤器是指由文丘里管凝聚器和除雾器组成的一种湿式除尘器。根据文氏管喉管供液方式的不同，可分为外喷文氏管和内喷文氏管。文丘里洗涤器具有体积小、构造简单、除尘效率高等优点，其最大缺点是压力损失大。

(8)CCUS

CCUS(Carbon Capture, Utilization and Storage)是指碳捕集、运输、利用与封存技术。

2.2 煤制氢工艺过程

煤制氢工艺过程是煤通过煤气化工艺将煤和水蒸气转化为合成气($H_2 + CO$)，合成气经过CO变换工艺、净化和脱除CO_2工艺得到H_2的过程。煤气化是煤制氢工艺过程的关键环节，本节重点讲述煤气化过程。

煤气化过程是十分复杂的热化学反应过程，其本质是通过煤炭气化的方式将煤转化为合成气(R1)，后续再进行煤化工下游产业链的加工生产。主要发生式(2-1)~式(2-13)

系列反应:

$$C_mH_nS_r + m/2O_2 \Longrightarrow mCO + (n/2-r)H_2 + rH_2S + Q \quad\quad (2-1)$$

煤的燃烧反应: $C_mH_nS_r + (m+n/4-r/2)O_2 \Longrightarrow (m-r)CO + nH_2O + rCOS + Q$ (2-2)

煤的裂解反应: $C_mH_nS_r \Longrightarrow (n/4-r/2)CH_4 + (m-n/4-r/2)C + rH_2S - Q$ (2-3)

碳的不完全燃烧反应: $2C + O_2 \Longrightarrow 2CO - Q$ (2-4)

碳的完全燃烧反应: $C + O_2 \Longrightarrow CO_2 + Q$ (2-5)

非均相水煤气反应: $C + H_2O \Longrightarrow H_2 + CO - Q$ (2-6)

$$C + 2H_2O \Longrightarrow 2H_2 + CO_2 - Q \quad\quad (2-7)$$

甲烷转化反应: $CH_4 + H_2O \Longrightarrow 3H_2 + CO - Q$ (2-8)

逆变换反应: $H_2 + CO_2 \Longrightarrow H_2O + CO - Q$ (2-9)

还可能发生以下副反应: $COS + H_2O \Longrightarrow H_2S + CO_2$ (2-10)

$$C + O_2 + H_2 \Longrightarrow HCOOH \quad\quad (2-11)$$

$$N_2 + 3H_2 \Longrightarrow 2NH_3 \quad\quad (2-12)$$

$$N_2 + H_2 + 2C \Longrightarrow 2HCN \quad\quad (2-13)$$

世界正在应用和开发的煤气化技术有数十种,气化炉型也是多种多样。所有煤气化技术都有一个共同的特征,即气化炉内煤炭在高温条件下与气化剂反应,使固体煤炭转化为气体燃料,剩下的含灰残渣排出炉外。气化剂主要为水蒸气和氧(纯氧或空气),粗煤气的成分主要是 CO、H_2、CO_2、CH_4、N_2、H_2O,还有少量硫化物等其他微量成分。各种煤气的组成和热值,取决于煤的种类、气化工艺、气化压力、气化温度和气化剂的组成。煤气化的全过程热平衡说明总的气化反应是吸热的,因此必须给气化炉供给足够的热量,才能保持煤气化过程的连续进行。一般需要消耗气化用煤发热量的15% ~ 35%。

煤气化分类无统一标准,有多种分类方法。按气化炉供热方式可分为外热式(间接供热)和内热式(直接供热)两类;按煤气热值可分为低热值煤气(<8340kJ/Nm³)、中热值煤气(16000 ~ 33000kJ/Nm³)和高热值煤气(>33000kJ/Nm³)三类;按煤与气化剂在气化炉内运动状态可分为固定床(移动床)、流化床和气流床三类;这是比较通用的分类方法;此外,还有按气化炉压力、气化炉排渣方式、气化剂种类、气化炉进煤粒度和气化过程是否连续等进行分类。

2.2.1　固定床工艺流程

固定床气化也称移动床气化。固定床一般以块煤或煤焦(粒径10 ~ 50mm)为原料。煤由气化炉顶加入,气化剂由炉底送入。流动气体的上升力不致使固体颗粒的相对位置发生变化,即固体颗粒处于相对固定状态,床层高度基本上维持不变,因而称为固定床气化。另外,从宏观角度来看,由于煤从炉顶加入,含有残炭的灰渣自炉底排出,气化过程中,煤粒在气化炉内逐渐而缓慢往下移动,因而又称移动床气化。固定床气化的特性是简单、可靠,同时由于气化剂与煤逆流接触,气化过程进行得比较完全,且使热量能得到合理利用,因而具有较高的热效率。可以使用劣质煤气化。加压气化生产能力高,氧耗量低。不足之处是固定床气化只能以不黏块煤为原料,不仅原料昂贵,气化强度低,而且气 – 固逆流换热，粗煤气中含酚类、焦油等较多，使净化流程加长，增加了投资和成本。传统常压固定床煤气化工艺具有单炉生产能力小、气化效率低、"三废"量大、碳转化率低、操作和管理烦琐等缺点，不适合大型化装置。

固定床气化是最早开发实现工业化生产的气化工艺。常压固定床煤气化工艺分为间歇气化和富氧连续气化。以块状无烟煤或焦炭为原料，以空气（或富氧）和水蒸气为气化剂，在常压下生产合成原料气或燃料气。气化炉大致可分为干燥层、干馏层、气化层（还原层）、燃烧层（氧化层）和灰渣层5个层区。各层之间并没有严格的界限，即没有明显的分层。各层的高度除与气化炉结构、气化炉的操作条件有关外，还与燃料的种类及性质有关。固定床工艺有UGI炉[以美国联合气体改进公司（United Gas Improvement Company）名称命名]、鲁奇（Lurgi）炉、赛鼎炉、BGL炉（British Gas Lurgi）。

1. UGI炉

UGI炉是一种固定床间歇式气化炉。UGI炉通常采用无烟煤或焦炭作原料，以空气中的氧气作气化剂，气化温度不高，产品为煤气、半水煤气或水煤气，采用间歇气化操作方式。

UGI炉的优点是设备结构简单，投资低，生产强度低；缺点是产能低，热效率不高，产品气体中CO和H_2含量不足70%。装置难以大型化，单炉的半水煤气发生量不到12000Nm³/h。采用间歇气化操作方式，有效制气时间短。生产过程中会产生大量含氰废水，渣中含碳量高等。UGI炉基本处于被淘汰的状态。

2. 鲁奇炉

鲁奇（Lurgi）碎煤加压气化炉是世界上最早工业化的煤加压气化技术。西德鲁奇公司于1936年建立了第一套加压气化装置。鲁奇炉先后经历了第一代炉型（1930—1954年），第二代炉型（1952—1965年），第三代炉型（1969—1974年）。第四代炉型（1974年至今）（表2-1）。第四代炉型大大提高了气化能力，扩大了煤种应用范围，以满足现代化大型工厂的需要。炉内径3.8m，采用双层夹套外壳，内壁不衬耐火砖，炉内设有转动的煤分布器及搅拌器，转动炉算采用宝塔型结构，多层布气，气化能力为50000～55000Nm³/h粗煤气。世界范围内主要建设、运行的是第四代炉型。

表2-1 碎煤加压气化炉各发展阶段主要技术特性

项目	第一代	第二代	第三代	第四代
年代	1930—1954	1952—1965	1969—1974	1974至今
适用煤种	非黏结性褐煤	弱黏结性煤	除强黏结性煤	除强黏结性煤
气化炉内径/mm	2600	2600/3700	3800	5000
单炉产气量/(Nm³/h)（干基）	5000～8000	1400～17000/32000～45000	3500～55000	75000
气化强度/[Nm³/(h·m²台)]（干基）	1500	1400～1700/3100～3900	3500～4500	4000

鲁奇碎煤加压气化技术的关键设备为FBDB（Fixed Bed Dry Bottom，固定床干底）气化炉，俗称鲁奇炉。鲁奇碎煤加压气化技术是以碎煤为原料的气化工艺，以水蒸气和氧气为气化剂，在950~1300℃的温度下气化，煤气中的CH_4及有机物含量较高，煤气的热值高，在中国城市煤气生产中受到广泛重视。

其主流程是：气化炉→洗涤冷却器→废热锅炉。气化炉装置由煤斗、煤锁供煤溜槽、煤锁、带内件的气化炉、灰锁、灰斗6大部分组成，如图2-3所示。在实际加压气化过程中，原料煤从气化炉的上部加入，在炉内从上至下依次经过干燥、干馏、半焦气化、残焦燃烧、灰渣排出等物理化学过程。离开气化炉的粗煤气温度为650~700℃，流经洗涤冷却器后，立即被煤气水激冷至≤200℃。然后粗煤气从集水槽的上面进入废热锅炉，通过一束垂直列管被冷却至180~190℃，回收煤气中的大量显热。

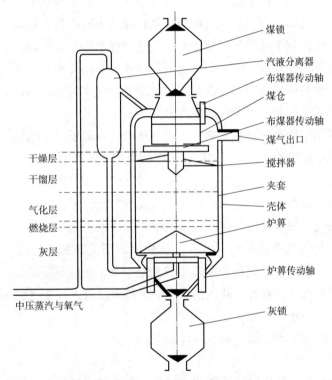

煤锁
汽液分离器
布煤器传动轴
煤仓
布煤器传动轴
煤气出口
搅拌器
夹套
壳体
炉箅
炉箅传动轴
灰锁

干燥层
干馏层
气化层
燃烧层
灰层

中压蒸汽与氧气

图2-3 第三代碎煤加压气化炉

加压固定床气化炉在高于大气压力下进行煤的气化操作，采用的原料粒度为6~50mm。以氧气和水蒸气为气化剂，随着气化压力的提高，气化强度大幅提高，煤气的热值增加。鲁奇碎煤加压气化技术由于其原料适应范围广，商业运行经验丰富，是世界上建厂数量较多的煤气化技术。国产化率高，在国内煤气行业也有较多的使用。鲁奇炉生产的合成气中甲烷含量高（8%~10%），废水中含焦油和酚等物质。需要设置废水处理及回收装置、甲烷分离装置。生产流程长，投资大。若是用于多联产则有优势（气体组成和物耗见表2-2、表2-3）。

表2-2 碎煤加压气化炉组分

组分	CH_4	H_2	C_nH_m	CO	CO_2	O_2	N_2+Ar	H_2S
v%	10.2	39.3	0.73	16.72	32.1	0.4	0.45	0.1

表2-3 碎煤加压气化炉物耗

氧耗	蒸汽耗	煤气产率
$0.154Nm^3/Nm^3$(净煤气)	$1.03kg/Nm^3$(净煤气)	$0.71Nm^3/kg$(净煤气)
$0.207Nm^3/kg$煤	$1.41kg/kg$煤	$1329Nm^3/t$煤

对于干法排渣的气化炉来说，气化炉最高温度区(氧化区)低于煤的软化温度，煤在炉内从上至下温度逐步升高。在干馏层，煤的挥发分基本全部干馏出来进入气相，干馏的过程与炼焦相当，干馏气组分与焦炉煤气相似，从而煤气中有机物含量高。与气流床熔渣炉相比，煤在炉内经历的整个过程温度都较低，气化过程水蒸气分解率低，煤中有机物质分解不彻底，因而煤气成分复杂。随之而来的问题是煤气净化流程长，煤气水量大且成分复杂。因此，对煤气水的处理和回用，以及有效地控制煤气水对环境的污染，煤气水处理系统就成了整个生产工艺中必不可少的组成部分。

操作条件对气化结果有一定的影响：①提高压力，有利于甲烷的生成，可提高煤气的热值；②提高气化反应温度，有利于 H_2 和 CO 的生成，提高有效气含量，但操作温度的高低取决于煤的灰分熔点(T_2 软化温度)，受煤种灰分熔点的制约。

煤种对煤气组分和产率有一定的影响：①挥发分越高的煤，干馏组分在煤气中占的比例越大。由于干馏气中的甲烷比气化段生成的甲烷量要大，越年轻的煤种，气化后煤气中的甲烷含量越高。年轻煤种的半焦活性高，气化层的温度较低，这样有利于有机物的生成。煤种越年轻，产品气中甲烷和 CO_2 呈上升趋势，而 CO 呈下降趋势。②煤中挥发分越高，转变为焦油等有机物就越多，转入焦油中的碳越多，进入真正气化区生成煤气的碳量就相对较少，煤气产率相对较低。

碎煤加压气化中产生不少副产物，具体如下。

(1)硫化物

煤中的硫化物在加压气化时，一部分以硫化氢和各种有机硫形式进入煤气中。一般煤气中的硫化物总量占原料煤中硫化物总量的70%~80%，煤越年轻，合成气中的有机硫含量越高，对煤气净化中硫的脱除越困难。

(2)氨

在通常操作条件下，煤中的氮有50%~60%转化为氨，气化剂中的氮也有约10%转化为氨，气化温度越高，煤气中的氨含量就越高。

(3)焦油、轻油和有机物

一般煤的变质程度由浅到深，其所产合成气中的焦油及有机物含量也由高到低。与高温干馏焦油(焦化焦油)相比，加压气化焦油比重较轻，烷烃、烯烃含量高，酚类含量也高。褐煤的焦油产率一般在2%~5%。煤种不同，所产焦油的性质也不同，一般随着煤的变质程度增加，其焦油中的酸性油含量降低，沥青质增加，焦油的比重增大。

碎煤加压气化有以下优点：①原料适应范围广，不黏结或弱黏结性、灰分熔点较高的褐煤或活性好的次烟煤、贫煤等多煤种可作为其气化原料；②气化压力较高，气流速度低，可气化较小粒度的碎煤（粒度为 5～50mm）；③可气化水分、灰分较高的劣质煤；④气化年轻的煤时，可以得到有价值的焦油、轻质油及粗酚等多种副产品；⑤在各种采用纯氧为气化剂的气化工艺中氧耗最低；⑥国产化率高，可达到 100%，投资省；⑦粗合成气中甲烷及有机物含量较高，煤气的热值高，最适合作燃料气。

碎煤加压气化与气流床加压气化工艺（如水煤浆、Shell 及 GSP 气化工艺）相比，主要存在以下不足：①单炉能力相对较小，第三代气化炉的生产能力为 35000～55000Nm^3/h，操作复杂，运行人工费用高。②蒸汽消耗高，气化操作温度受煤的灰分熔点限制，需大量蒸汽来避免炉内超温，相对较低的炉温导致蒸汽分解率降低，需要煤气水处理装置能力大。③气化炉结构复杂，有煤分布器和炉箅等转动设施，特别是所处环境较为恶劣，降低了气化炉连续长周期运转的可靠性。④粗煤气净化复杂，由于气化系统操作温度相对较低，煤气中粉尘和焦油含量相对较高，虽经多级处理，但后续系统的设备、管道堵塞问题仍然突出。首先是对变换的催化剂的影响，粗煤气的成分不能满足甲醇合成 H$_2$/CO 的比例要求，必须设置变换装置来调整煤气组分，煤气中的煤尘和焦油将附着在催化剂上，变换炉床层阻力增加，同时降低催化效率，直到无法正常运行；其次是对低温甲醇洗的影响，轻油在低温甲醇洗过程中冷凝，进入甲醇液中累积。因此，在低温甲醇洗系统内必须增设除油和油分离设施，增加了系统的复杂性。⑤环境保护方面，由于操作温度相对较低，气化过程水蒸气分解率低（<40%），煤中有机物质分解不彻底，随之而来的问题是煤气水量巨大且成分复杂。因此，对煤气水的处理和回用，有效地控制煤气水对环境的污染，煤气水处理系统就成了整个生产工艺中必不可少的组成部分。虽然采取煤气水分离、酚回收、氨回收及生化处理等措施，但使废水达到排放标准仍非常困难。总之，环保问题是碎煤加压气化技术最难解决的问题；气化工段排水量大，且含有高浓度的挥发性酚、多元酚、氨氮等组分，无法直接进污水处理装置，需要先进行酚、氨回收。经回收后的排放污水中 COD$_{Cr}$、BOD$_5$、酚、氨氮、油等各类污染物质浓度仍很高，仅靠生化处理手段无法达标排放，还需要增加物化处理的手段。污水处理部分的流程长，投资、运行费用高。⑥操作弹性小，气化剂通过宝塔型炉箅入炉，炉布风主要依靠炉箅，而炉箅的孔隙率一定，为使炉膛内布风均匀，气化剂的入炉量必须相对稳定。⑦操作管理要求严格，对操作工的技术水平要求较高。首先要求供应的煤质稳定，如果煤中可燃成分、机械强度、热稳定性等指标有较大变化，可能使气化炉内料层阻力和阻力分布发生变化，气流分布不均，造成料层内局部过热、结渣，引起气化反应条件恶化。

2010 年以来，鲁奇公司开发的第四代 FBDB 气化炉 Mark+，增加了气化炉的生产能力（为 Mark4 的 2 倍）；增加设计压力为 6MPa，以保证气化过程更好的经济性。继承了 Mark4 操作上获得的改进，可气化低到高阶煤、不黏煤或黏结煤，还包括生物质和各种废物气化。

3. 赛鼎炉

赛鼎工程有限公司开发出了"赛鼎炉"。该公司开发的 φ3.8m、压力 4.0MPa 碎煤加压气化炉,先后应用于内蒙古大唐克什克腾煤制天然气项目和新疆庆华煤制天然气项目,以及其他在建的煤制气、合成氨、甲醇等项目。

赛鼎炉的工艺特点如下:有效气体 CO + H$_2$ 含量低,一般在 65% 左右,相比水煤浆炉、粉煤炉有效气体高达 90% 以上,差距巨大。因气化炉气化反应在灰分熔点以下,反应温度低,一般在 1200 ~ 1400℃,固态排渣。导致水蒸气分解率低,废水量大,甲烷含量高,有效气体低。同时因属于固体移动床反应,反应床层存在干馏层、干燥层,导致粗煤气产物中含有大量像炼焦工艺一样产生的焦油、苯、酚、油类等高分子量有机物。

赛鼎炉的一大技术优势是可以气化特高的抗碎强度、特低的哈氏可磨指数,以及 1500℃ 以上的高灰分熔点的山西晋城无烟煤。

4. BGL 炉

BGL(British Gas Lurgi)固定床液态排渣加压气化技术,由英国煤气公司与德国鲁奇能源与环境公司合作开发。可将 BGL 气化炉理解为是碎煤加压气化干灰式气化炉的改进型,即液体排渣型移动床气化炉。气化过程与碎煤加压气化相近,区别在于燃烧区的操作温度,碎煤加压气化是干法排渣,控制该温度低于煤渣的软化温度;而 BGL 采用液态排渣工艺,控制该温度高于煤渣的流动温度。煤在炉内自上而下经历干燥段、干馏段、还原段、氧化段,最后灰渣以液态形式排出气化炉反应段。在气化炉的下部设有 4 ~ 6 个喷嘴,水蒸气和氧的混合物以 60m^3/s 的速率由喷嘴喷入燃料层的底部,可在喷口周围形成一个处于扰动状态的燃烧空间,维持炉内的高温,高温使灰熔化,并供热用于煤气化反应。液态灰渣排到炉底渣池里,然后自动排入渣箱上部的液渣激冷装置。用循环激冷水冷却,激冷室内充水 70%,由排渣口下落的液态渣淬冷形成玻璃态熔渣固体,在激冷室内达到一定量后,卸入渣箱内,并定时排出炉外。图 2 - 4 所示为 BGL 气化炉示意,图 2 - 5 所示为 BGL 气化炉气化工艺流程。

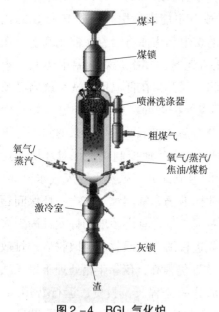

图 2 - 4 BGL 气化炉

BGL 气化可以石油焦、无烟煤、烟煤等煤炭作为原料,具有冷煤气效率高、碳转化率高等方面的优势,其产生的煤气利用价值高,能满足工业燃气需求。

BGL 气化操作压力约为 2.5MPa,气化强度比鲁奇加压气化炉高。20 世纪 90 年代中后期,在德国东部德累斯顿附近的黑水泵煤气化厂建设了 1 台内径 3.6 米的 BGL 气化炉,与 3 台同炉径鲁奇Ⅳ型加压气化炉并联交替使用(用 3 台鲁奇炉作为单台 BGL 炉的备用炉),气化采用当地劣质褐煤制成的型煤与固体废料混合的投料,生产合成气,为大型发电厂提供燃料气和为甲醇生产提供原料气(表 2 - 4、表 2 - 5)。

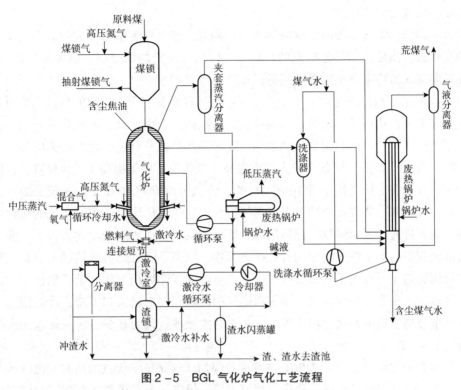

图2-5　BGL气化炉气化工艺流程

表2-4　BGL气化炉操作参数

处理能力/(t/h)	加料频率/(次/h)	产气量/(Nm³/h)	压力/bar	温度/℃
35	6~9	35000	25	1600

耗氧量/(Nm³/h)	蒸汽用量/(t/h)	产渣量/(t/h)	出气化炉温度/℃	水洗后温度/℃
6000	6~9	7.5	500~700	<200

表2-5　BGL气化技术合成气组成

组成	体积分数/%	组成	体积分数/%
H_2	28	C_2H_4	0.1
CO	56	C_3H_8	<0.05
CO_2	2.8	C_3H_6	<0.05
CH_4	6	$i-C_4H_{10}$	<0.01
N_2	6	$n-C_4H_{10}$	<0.01
O_2	0.1	H_2S	0.3
C_2H_6	0.4	芳烃	0.3

　　BGL熔渣气化炉的操作工艺和炉体结构与鲁奇炉相似，主要差别在于炉底排渣部分。其对鲁奇炉的改造主要包括：①取消转动炉箅系统；②渣口下增加激冷室；③增加有关的水路冷却系统；④炉内增加耐火衬里。操作时通过调节供入燃烧区蒸汽和氧气量来控制燃

烧区温度，以实现液态排渣。

通过提高操作温度，提高了碳的转化率，同时，蒸汽分解率也大大提高，减少了气化产生的废水量。当使用高灰分熔点的煤时，可以加入一定的助熔剂，以确保灰渣流动性，使它能顺利流入激冷室，被水淬冷后通过渣锁斗排出。

BGL固定床液态排渣气化主要特点如下：①具有碎煤加压气化炉的特点，原料煤与产品气逆流接触并传热传质，出炉气体温度低，炉膛内热利用率高，原料煤入炉后，逐步受热被干燥、干馏等，产出高附加值的焦油、酚等副产品，原料适应性宽；②BGL气化区温度在1300~1600℃范围，较鲁奇炉大幅度提高了气化率、成倍提高了气化强度，同时将蒸汽使用量减少到鲁奇炉消耗量的10%~15%，蒸汽分解率超过90%；③较少的蒸汽加入量和较高的分解率，使煤气中的剩余水蒸气很少，气化单位质量的煤所生成的湿粗煤气体积远小于固态排渣，因而煤气气流速度低，带出物减少，在相同带出物条件下，液态排渣气化强度大幅提高；④炉体下部的特殊排灰机构，取消了固态排渣炉的转动炉篦，使气化炉内部结构更简单，改变了布风方式，提高了单炉的气化炉调节生产负荷的灵活性；⑤加入水蒸气量少，水蒸气分解率高，使得粗煤气中的水蒸气含量大幅下降，冷凝液减少。因此，煤气水分离、氨酚回收、污水处理等装置的水处理量大为减少，仅为碎煤加压气化固态排渣的1/4~1/3。

BGL存在的主要不足有：①BGL在继承碎煤加压气化技术优点的同时，也继承了其某些缺点。如对原料的粒径要求、热稳定性要求等；粗煤气中有机物含量较高，煤气净化系统较为繁杂；污水处理困难等，环保问题未得到解决。②与气流床熔渣气化炉相似，希望煤的灰分熔点尽可能低，煤的灰分熔点稍高，可通过添加助熔剂来解决；但太高的灰分熔点的煤不宜作为该气化技术的原料。③国内的成功运行装置还较少，工程经验也较少。

2.2.2 流化床工艺流程

Winkler首先把流态化技术应用于细粒煤的气化，第一座采用Winkler气化工艺的商业化工厂于1926年建于德国。

流化床煤气化又称沸腾床煤气化，它是以小颗粒（小于10mm）煤为气化原料，小颗粒煤在自下而上的气化剂的作用下，保持连续不断地、无秩序地沸腾和悬浮状态运动，迅速地进行混合和热交换，促使整个床层温度和组成均一，并使气、固两相呈流化态，煤与气化剂在一定温度和压力条件下反应生成煤气。

流化床煤气化工艺有U-gas(Utility-gas)气化技术、恩德炉、灰熔聚气化技术、灰黏聚气化技术、高温温克勒气化技术、KBR(Kellogg, Brown and Root)输运床气化炉等。流化床气化压力低，单炉生产能力小、气化效率低、煤气中尘含量高、渣中残碳高、碳转化率低，不适合大型化装置。

（1）U-gas气化技术

美国SES公司的U-gas流化床煤气化工艺属于灰团聚气化法。U-gas气化炉是一个单段流化床气化炉（图2-6）。气化炉主体带有两个旋风分离器的粉煤流化床。气化炉是一个直立的圆筒体，分为上下两段，上部的直径较大，气流速度较低，气流中含有尚未完全气化的焦粉和半焦粉，与下部相比，颗粒浓度较低，称为稀相段，此处是气化产生的焦油和轻油进行裂解的主要场所；下部的直径较小，气速较高，颗粒较大的粉煤、粉焦和灰渣都集中在这里，形成流化床的浓相段。原料煤被输送到浓相段，这里是气化反应发生的主要场所。

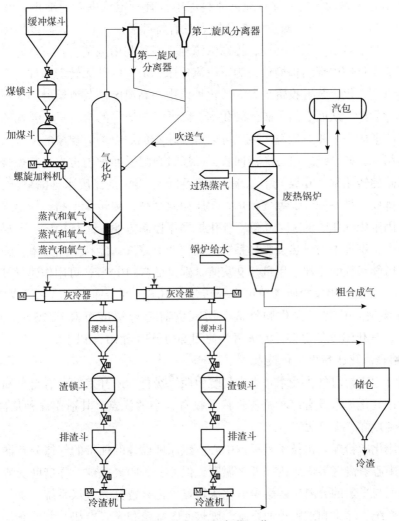

图2-6 U-gas气化工艺

U-gas在灰分熔点的温度下操作，使灰黏聚成球，可以选择性脱去灰块。该气化炉对原料煤有一定要求。当用烟煤时，粒度要求在0~6.35mm，气化温度在1000~1100℃。属流化床加压气化，有效气体CO+H_2达到37.1%，CH_4 3.4%，碳转化率为96.07%，空气耗为2.8~3.3kg/Nm^3（净煤气）、蒸汽耗为0.4~0.6kg/Nm^3（净煤气）、灰渣含碳为5%~10%，煤气热值为5860kJ/m^3。工艺煤粉在气化炉内被从底部高速进入的气化剂氧气（或富氧）、空气和水蒸气流化，使床层的煤粒、灰粒沸腾起来，在1000℃高温下发生煤的干燥、干馏、燃烧和热解，水蒸气被分解，并与碳发生还原反应，最终达到气化。U-gas气化炉在气化床下部设有灰黏聚分离装置，炉内形成局部高温区，使灰渣在高温区内相互黏结，团聚成球，借助重量的差异达到灰球和煤粒的分离，降低灰含碳量，提高碳的利用率。

U – gas 气化技术的特点：①煤种适应范围广，适合褐煤、烟煤、无烟煤、焦粉等多种原料煤的气化，且适合低成本的高灰煤、高硫煤、高灰熔融点、低活性煤、石油焦和其他"低价值"碳氢化合物的气化。并且允许原料煤中含有一定范围内的细粉，可接纳 10% 小于 200 目(0.07mm)的煤粉。对煤的灰分熔点没有特殊要求，可最大限度地因地制宜、原料本地化。有利于劣质资源的利用，提高资源利用率和利用范围，具有良好的经济效益和社会效益。②气化炉内部结构简单，为单段流化床，炉体内部无转动部件，容易制造和维修，设备可以国产化，装置投资少。③气化炉内中心高温区使灰渣熔融团聚成灰球，使煤粉和灰球有效分离，从而提高了碳的转化率，降低了灰渣中的含碳量。④水蒸气从分布板进入气化炉，形成一个相对低温区域，可以有效地避免炉内结渣现象的发生。⑤煤气中夹带的飞灰经第一、第二级旋风分离器回收，并通过料腿返回炉内再次进行燃烧、气化，进一步提高了碳的转化率。⑥煤气中几乎不含焦油和烃类，洗涤废水含酚量低，净化简单，无废气废水排放，是一种环保型气化炉。⑦床层温度高，碳转化率高，气化强度高，气化强度是一般固定床气化炉的 3～10 倍，气化炉操作控制方便，运行稳定、可靠。⑧气化炉出口温度适中，煤气中的显热经废热系统回收，产生蒸汽，提高了热效率，降低了煤气温度，减少了后续系统的冷却水用量。⑨灰渣含碳量低(<10%)，可用作建材等，煤气化效率可达到 75% 以上。⑩煤中所含硫可全部转化为 H_2S，容易回收，简化了煤气净化系统，有利于环境保护。⑪装置操作弹性高，增减负荷运行幅度可高达 70%。⑫与熔渣炉(Shell)相比，气化温度低得多，耐火材料使用寿命可达到 10 年以上。

(2)灰熔聚流化床粉煤气化技术

灰熔聚流化床粉煤气化技术是由中科院山西煤炭化学所开发的具有自主知识产权的煤气化技术。该气化技术具有煤种适应性广、投资较小的优点。其适用煤种从高活性褐煤、次烟煤扩展到烟煤、无烟煤。

灰熔聚流化床粉煤气化技术是根据中心射流原理设计的独特的气体分布器和灰团聚分离装置。其中心射流区形成床内局部高温区，促使灰渣团聚成球，并借助灰渣自身重量的差异实现灰团与半焦的分离。灰熔聚流化床粉煤气化装置分为进煤系统、供气系统、气化系统、排渣系统、除尘和细粉返回系统、废热回收系统和煤气冷却七大系统。

灰熔聚流化床粉煤气化以小于 6mm 碎煤为原料，以空气、富氧或氧气为氧化剂，水蒸气或 CO_2 为气化剂，在适当的气速下。使床层中粉煤沸腾，床中物料强烈返混，气固二相充分混合、温度均一，在部分燃烧产生的高温(950～1100℃)下进行煤的气化。煤在床内一次实现破黏、脱挥发分、气化、灰团聚及分离、焦油及酚类的裂解等过程。

灰熔聚流化床粉煤气化工艺(图 2 – 7)有效气体 CO + H_2 达到 40.3%，CH_4 达到 2.3%。碳转化率为 90.6%，富氧/煤 0.59、蒸汽/煤 0.9、灰渣含碳 8.2%，煤气热值为 9120kJ/m^3。在工艺装置方面，含 H_2O >8% 的原煤入炉易堵塞，操作温度波动大。干燥到 5% 以下才适应。由于选用煤粒太细，小于 1mm 的占 35%～40%，细粉易被带到煤气洗涤水中，造成碳损失大，要求煤粒度小于 1.0mm 的应控制在 20% 以下。

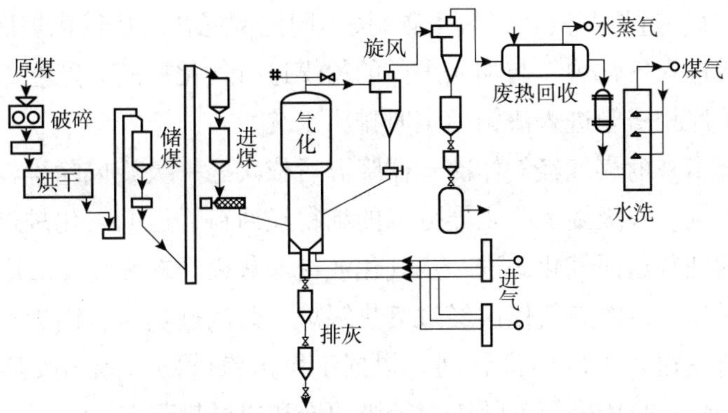

图2-7 灰熔聚流化床粉煤气化工艺流程

(3)灰黏聚循环流化床粉煤气化技术

灰黏聚循环流化床粉煤气化技术是由陕西秦晋煤气化工程设备有限公司、陕西秦能天脊科技有限公司研究开发的具有我国自主知识产权的煤气化技术。

一般流化床煤气化炉不能从床层中排出低碳灰渣。这是因为要保持床层中高的碳灰比和维持稳定的不结渣操作，流化床内必须混合良好。因此，排出的灰渣组成与炉内混合物料组成基本相同，故排出的灰渣碳含量较高(15%~20%)。若提高流化床层内局部区域温度，就可促使煤中的灰分在软化点(Softening Point Temperature，ST)而未熔融的状态下，相互碰撞黏结成含碳量较低的灰球，从而有选择地排出炉外。与固态排渣相比，降低了灰渣中的残碳量；而与液态排渣相比，减少了灰渣带走的显热损失，从而提高了气化过程中碳的利用率。

灰黏聚循环流化床粉煤气化工艺与一般流化床气化工艺的不同之处在于：炉内设置了中心管，利用富氧度高的气化剂形成中心高温区。使炉渣在中心高温区内黏聚成灰球；气化炉底部设置了灰的黏聚分离装置，借助重量差异将煤粉与灰球分离，从而达到选择性排灰的目的。

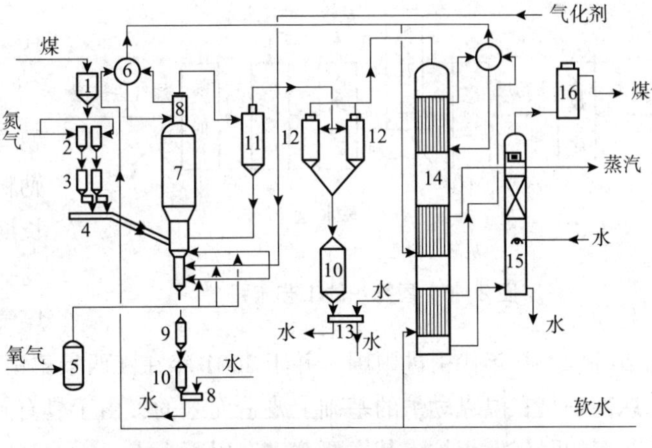

图2-8 灰黏聚循环流化床粉煤气化工艺

1—料仓；2—中间仓；3—煤锁；4—螺旋进料口；5—氧气缓冲器；6—汽包；7—气化炉；8—气体冷却器；9—上灰锁；10—下灰锁；11——级旋风除尘器；12—二级旋风除尘器；13—冷灰机；14—废热回收器；15—洗气塔；16—静电除尘器

灰黏聚循环流化床粉煤气化工艺由进煤、气化、除尘、余热回收、煤气洗涤冷却及排渣、排灰等过程组成(图2-8)。

①原料煤经破碎、筛分、干燥后送入煤斗，经煤锁及螺旋给煤机计量后连续加入气化炉底部。

②气化剂(氧气、过热蒸汽、二氧化碳)按不同比例混合后从气化炉底部分三路从中心管、环管及分布板进入气化炉,与加入炉内的粉煤进行气化反应。产生的煤气由气化炉顶部导出,灰渣从炉底排渣管进入渣锁后定时排出系统。

③气化炉顶部出来的煤气经气体冷却器降温后依次经一级旋风除尘器、二级旋风除尘器后进入热回收系统。一级旋风除尘器分离的细粉经回料管返回气化炉进一步气化,二级旋风除尘器分离的细灰返回气化炉进一步气化或进入灰锁经螺旋冷却后增湿排出系统。

④出二级旋风除尘器的煤气依次经过废热锅炉、蒸汽过热器、锅炉给水预热器回收煤气余热。产生的蒸汽送入工厂蒸汽管网。根据工厂蒸汽管网参数,废热回收系统可产生0.6MPa、1.2MPa或3.82MPa等不同压力等级的饱和或过热蒸汽。

⑤回收余热后的煤气进一步除尘后,再经煤气洗涤后送出系统。煤气水温度为50~65℃,含尘量为$100 \times 10^{-6} \sim 300 \times 10^{-6}$。煤气水经降温、过滤处理后可循环使用,或排入工厂水处理系统集中处理后循环使用。要求循环煤气水的温度约32℃,含尘量$\leq 5 \times 10^{-6}$。

工艺特点:①可充分利用6mm以下粉煤作为原料。不仅扩大了煤气化的资源量,而且简化了原料煤的预处理,节约了入炉煤的处理费用。②煤种适应性宽,有利于实施原料煤本地化。在工业装置上已试烧了甘肃华亭烟煤、陕西彬县烟煤、山西大同黏结性烟煤、山西唐安无烟煤及平顶山高灰分烟煤等煤种,均收到好的效果。③核心设备气化炉结构简单、制造方便,维护、检修工作量小,易于实现稳定、长周期运行。④碳的转化率达到90%以上。⑤能够充分利用煤气余热,产生的蒸汽除供装置本身使用外,尚有较大富余。⑥环境友好。装置实现连续气化,无废气排放,煤气中不含焦油、多酚等,氨氮含量低,煤气水易于处理。

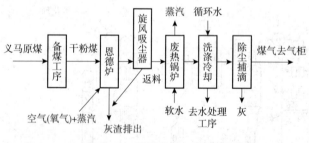

图2-9 恩德炉的工艺流程

(4)恩德炉粉煤流化床气化技术

恩德炉粉煤流化床气化技术是朝鲜恩德"七·七"联合企业在温克勒粉煤流化床气化炉的基础上,经长期的生产实践,逐步改进和完善的一种煤气化工艺(图2-9)。该项煤气化技术由抚顺恩德机械有限公司于20世纪90年代引进中国,并于2001年在江西景德镇投产了10000m³/h的生产装置。

恩德炉是在温克勒炉的基础上改造而来的,由于具有鲜明的技术特点,因此可以视为一种新型的煤气发生炉。其主要改进有以下三点:①将温克勒炉的底部改为锥体结构,一次风、二次风喷嘴代替原有的布风炉算,解决了底部结渣、偏流问题,使煤粉均匀沸腾。②在煤气炉煤气出口增加了旋风分离器和返料装置,减少炉内带出粉尘,提高了煤的利用率,降低了残渣含碳量。③将废热锅炉位置移到旋风除尘器后,减轻了炉内带出物对废热锅炉炉管的磨损。④在恩德炉引进我国后,根据我国的技术条件将原朝鲜仪表控制系统改为DCS集散控制系统,进一步提高了工艺的稳定性。恩德炉适用煤种较广,主要有长焰煤、褐煤、不黏煤或弱黏煤。

由于恩德炉是干法排灰，为防止结渣，对煤的灰分熔点有一定的要求。由于炉内停留时间较固定层短，要求煤的反应活性较好，另外为防止堵塞，入炉煤水分含量应小于10%，对水含量较高的原料煤应设计粉煤干燥系统。恩德炉气化用煤的基本要求：热值 >16.7MJ/kg；灰分 <40%、灰分熔点 >1250℃、活性(950℃) >68%、粒度≤10mm。

(5) HTW 气化工艺

温克勒煤气化炉(Winkler gasifier)是指以德国人温克勒命名的一种煤气化炉型(图2－10、表2－6)。特点是用高活性的煤(如褐煤)为原料，用氧和蒸汽为气化剂，以沸腾床方式进行气化。HTW(High Temperature Winkler)气化技术由温克勒公司(原伍德公司)开发，已成功应用于德国褐煤制甲醇生产装置，以及日本的废物制能源/氢等项目，包括在瑞典和印度的生物质制甲醇项目。自20世纪70年代以来，联邦德国莱茵褐煤公司在常压温克勒气化技术的基础上，通过提高气化压力和反应温度来进一步发展此技术，开发了高温温克勒气化工艺(简称 HTW 气化工艺)。HTW 气化工艺是在加压下气化，其气化强度比常压气化高。加压下气化，能降低下游化工合成流程如合成氨、甲醇的压缩动力消耗，提高过程的能源利用率。加压下气化，其相应操作速度较低，气体中带出物少。而且，在 HTW 气化工艺中将排出的灰粒循环返入气化炉，借此提高碳转化率。高温下气化，有利于增加反应速率和提高合成气质量。此外，气化温度虽高，但仍低于原料煤的灰分熔点，因此气化剂耗量少，效率较高。

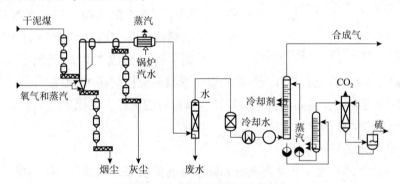

图2－10　HTW 示范装置的流程

表2－6　德士古法和高温温克勒法对比

项目	德士古法	高温温克勒法
工艺原理	气流床	流化床
进料	水煤浆	干煤
原料预处理	湿磨	粉碎、干燥
颗粒组成	粉状	≤6mm
气化温度	>灰分熔点(1400℃)	≤灰分熔点(900℃)
气化剂	氧气	氧气或空气
灰渣排放	粒状灰渣	干灰
气化压力	最高 8MPa	最高 2.5MPa
适宜煤种	硬煤，残渣	活性煤，泥煤，木材

（6）KBR 输运床气化炉

KBR 输运床气化炉（TRIG）是美国 Kellogg Brown and Root 公司开发的流化床气化技术，是一种加压循环流化床气化技术。美国 KBR 公司在充分借鉴流化催化裂化（Fluid Catalytic Cracking，FCC）技术的基础上，开发了 TRIG（Transport Integrated Gasification）煤气化技术，最初的目的是气化低阶煤生产合成气用于 IGCC 发电。

TRIG 气化炉的机械设计和运行操作是基于 KBR 的 FCC 技术，FCC 技术已有 70 多年的成功商业运行经验。与传统的循环流化床相比，TRIG 煤气化技术的主要特点是循环倍率高［（50～100）∶1］，固体循环速率、气体流速、提升管密度均要高很多，使气固两相在气化炉内混合接触更为均匀，因此具有较高的传热和传质速率，以及较高的生产能力和碳转化率。TRIG 气化炉能够在空气气化和纯氧气化两种模式下工作。TRIG 气化炉操作压力可达到 3.4～4.0MPa，操作温度一般在 900～1000℃。

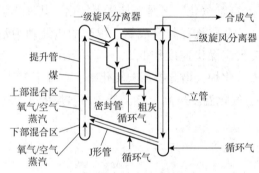

图 2-11 TRIG 气化炉结构

TRIG 气化炉主要由以下部件构成：上下混合区、下提升管、上提升管、一级旋风分离器、下料管、密封罐、立管及 Y 形立管、J 形管、二级旋风分离器等（图 2-11）。TRIG 气化炉所有部件均内衬两层衬里，与介质直接接触的内部第 1 层为耐磨层，耐磨层与钢壳之间为耐热层。耐磨层衬里主要起到抗内部混合介质磨蚀的作用，耐热层则主要起到隔热以降低钢壳温度的作用。

两层衬里的总厚度在 300mm 左右。外壳的金属壁温一般控制在 200℃ 左右，过低会引起合成气在内壁的冷凝腐蚀，过高则会影响外壳金属材料的选择。气化炉各部件间采用焊接连接，以保证气化炉的整体密封性能。

TRIG 气化技术的特点如下：

①TRIG 气化技术适合于气化高灰分和高水分的低阶煤，如褐煤、次烟煤等低阶煤种。

②由于采用加压气化技术，具有温和的操作温度，操作压力为 3.4～4.0MPa，操作温度一般在 900～1000℃。

③清洁的合成气产品，几乎不含焦油和酚类。

④气化炉采用碳钢外壳加耐火材料设计，无内部件、膨胀节和煤烧嘴，无任何易损件，结构简单，制造费用低。

⑤采用废锅流程，副产大量高品位的过热高压蒸汽。

2.2.3　气流床工艺流程

气流床气化过程将一定压力的煤粉（或者水煤浆）与气化剂通过烧嘴高速喷射入气化炉中，原料快速完成升温、裂解、燃烧及转化等过程，生成以 CO 和 H_2 为主的合成气。通常，原料在气流床中的停留时间很短。为保证高气化转化率，要求原料煤的粒度尽可能小（90μm 以下大于 90%），确保气化剂与煤充分接触和快速反应。因此原料煤可磨性要好，反应活性要高。同时，大部分气流床气化技术采用"以渣抗渣"的原理，要求原料煤具有一定的灰含量，具有较好的黏温特性，且灰分熔点适中。

20 世纪 30 年代，德国克柏斯（Koppers）公司和美国德士古（Texaco）公司开始进行气流床煤气化技术的研究。1952 年，Koppers – Totzek 气流床气化炉（K – T 炉）成功实现了工业化，这是煤气化技术发展史上第四次重大突破。从煤气化技术的发展历史看，气流床技术工业化起步最晚。但因其易于实现高压连续进料、采用纯氧气化、反应温度高、处理负荷大、煤种适应性广，契合现代煤化工发展对煤气化技术单系列、大型化等方面的需求，气流床气化技术得到了快速发展。世界上 18 个国家、20 家工厂先后使用了 77 台 K – T 炉技术，主要用于工业合成氨、甲醇、制氢或燃料气。数据表明其气化效率高，$CO + H_2$ 产率高达 90%。但由于是常压操作，其经济性和操作方面尚存在一些不足。由于存在冷煤气效率低、能耗高和环保方面的问题，K – T 炉已基本停止发展。

K – T 炉是一种高温气流床熔融排渣煤气化设备。采用气 – 固相并流接触，煤和气化剂在炉内停留仅几秒。压力为常压，温度大于 1300℃。从技术发展的源流来看，Shell 加压粉煤气化工艺是在 K – T 气化工艺上演变出来的。大多数粉煤气化的气流床气化炉都是在 K – T 气化炉的基础上开发的。

气流床煤气化根据进料状态的不同，分为粉煤气流床气化和水煤浆气流床气化两类。

1. 干煤粉加压气化工艺

干煤粉加压气化工艺的前身是常压 K – T 炉，K – T 炉最大单炉投煤量为 500t/d，主要用于生产合成氨。随着技术进步，常压 K – T 炉逐步被加压操作的干粉炉所取代。

国外粉煤气化代表性的工艺有 Shell 干煤粉气化、GSP（Gaskombinat Schwarze Pumpe）干煤粉气化、Prenflo 气化技术（Pressurized Entrained – Flow Gasification）等。国内的粉煤气化技术有 HT – LZ（航天炉）干煤粉气化技术、五环炉、二段加压气化技术、SE – 东方炉粉煤加压气化技术、神宁炉、四喷嘴粉煤气化技术。

（1）Shell 干煤粉气化

Shell 气化工艺于 1972 年开始研究，1993 年在荷兰推出，用于燃气发电，投煤量为 2000t/d。装置包括原料煤运输、煤粉制备、气化、除尘和余热回收等工序，其中干粉煤加压输送需要 N_2 或 CO_2。Shell 气化炉单炉生产能力大，该气化工艺对原料煤适应范围广，如气煤、烟煤、次烟煤、无烟煤、高硫煤及低灰分熔点的劣质煤、石油焦等均能用作气化原料。原料煤含灰量在 30% 左右也能气化，灰分熔点可高达 1400 ~ 1500℃。Shell 炉的主要特点是干煤粉进料、多喷嘴气化、水冷壁内衬，气化的高温煤气上行进入废热锅炉进行冷却回收热量。冷却后的粗煤气经除尘后进行气体净化，其中一部分冷合成气去气化炉循环激冷高温煤气。该工艺具有煤转化率高、冷煤气效率高、有效合成气组分高、高位余热回收效果好、系统无须备炉的优点。存在的不足有：①设备造价高，投资高的主要因素是采用带膜式水冷壁的废热锅炉、高温高压陶瓷过滤器及激冷循环气压缩机；②激冷用的循环合成气需加压，功耗较大，压缩机也易出故障；③气化关键设备结构比较复杂、制造周期长，导致项目建设周期长。

Shell 气化炉操作压力在 2.0 ~ 4.2MPa，单炉最大投煤量为 3000t/d。操作压力

4.2MPa、投煤量 2000t/d 的 Shell 气化炉壳体内径约 4.6m，高约 31.6m。4 个喷嘴位于炉子下部同一水平面上，沿圆周均匀布置，借助撞击流以强化热质传递过程，使炉内横截面气速相对趋于均匀。炉衬为膜式水冷壁和 SiC 保护层。炉壳与水冷管排之间有约 0.5m 间隙，做安装、检修用。煤气携带煤灰总量的 20% ~30% 沿气化炉轴线向上运动，在接近炉顶处通入循环煤气激冷。激冷煤气量占生成煤气量的 60% ~70%，煤气降温至 900℃，溶渣凝固，出气化炉，沿斜管道向上进入管式余热锅炉。煤灰总量的 70% ~80% 以熔融态流入气化炉底部，激冷凝固，自炉底排出。粉煤由 N_2 或 CO_2 携带，密相输送进入喷嘴。工艺氧(纯度为 95%) 与蒸汽也由喷嘴进入。气化温度为 1300 ~1700℃。冷煤气效率为79% ~81%；原料煤热值的 13% 通过锅炉转化为蒸汽。

图 2-12 所示为 Shell 气化工艺液程。Shell 气化炉由承压壳体、内件及附属设备构成。是集动、静设备于一体，集燃烧、反应、换热、急冷等工艺于一身的复合设备。气化炉按工艺功能可分为 6 部分：气化反应段、急冷段、输气管段、气体返回段、冷却段、辅助设备。气化炉按机械结构可分为 3 部分：壳体、内件、辅助设备。气化反应段主要由承压壳体、内件渣池、热裙、挡渣屏和反应段膜式壁组成。承压壳体由 Cr - Mo 耐热钢制作，内壁喷涂 40mm 厚的耐火材料 130RGM，耐火材料由焊在内壁上的"龟甲网"支承固定，防止事故状态下的高温，保护外壳金属的热损伤。内件渣池由 Incoloy 合金制造，热裙是由 In-coloy 合金 Ω 管焊接而成的筒体结构，以防高温及渣水和冷凝液腐蚀，挡渣屏和反应段膜式壁由 Cr - Mo 耐热钢管与翅片相间焊接而成，膜式壁内壁都焊接有保温钉，以固定耐火材料 SiC75P，耐火材料平均厚度为 14mm。

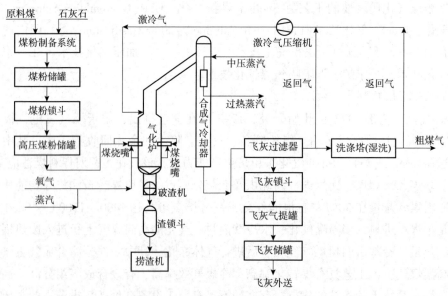

图 2-12 Shell 粉煤气化工艺流程

急冷段主要由急冷段外壳体、急冷区和急冷管组成。急冷段外壳由 Cr - Mo 耐热钢制造，内衬耐火材料，其作用与气化段壳体相同。急冷区由两个功能区组成：第一个是由湿洗单元经过冷却过滤后的合成气(约 200℃)被送入反应段顶部流出的高温合成气中(约

1500℃），比例大约为 1∶1，混合后的合成气温度骤降到900℃左右；第二个是"急冷底部清洁区"，将高压氮气送入该区，由192根喷管进行喷吹，以便减少或清除气化段出口区域积聚的灰渣。急冷区部件全部由 Incoloy 合金制造，以承受高温与腐蚀。急冷管则是用 Cr – Mo 耐热钢制造，为管子－翅片－管子(膜式壁)结构，合成气通过急冷管进一步冷却。输气管段主要由输气管外壳和输气管组成。输气管外壳由 Cr – Mo 耐热钢制造，内衬耐火材料，作用与气化段壳体相同。输气管是由 Cr – Mo 耐热钢 Ω 管焊接而成的膜式壁结构。输气管内下半部分焊有保温钉，用于固定一种耐冲刷腐蚀的耐火衬里。

气体返回段主要由气体返回段外壳和内件组成。气体返回段也由 Cr – Mo 耐热钢制造，内壁喷涂耐火材料，作用和气化段相同。内件是由 Cr – Mo 耐热钢管与翅片相间焊接而成的膜式壁结构。

气体冷却段主要由外壳、中压蒸汽过热器、二段蒸发器、一段蒸发器组成。其中一段蒸发器又分成2个管束。气体冷却器外壳 Cr – Mo 耐热钢制造，内壁喷涂耐火材料，作用与气化段相同。中压蒸汽过热器是由 Incoloy 合金钢管－翅片相间焊接而成的盘管筒体结构，由6个不同直径的筒体相互套在一起，这些筒体能够向下自由膨胀。一段、二段蒸发器由 Cr – Mo 耐热钢管与翅片相间焊接而成，结构与中压过热器相同。二段蒸发器由6个不同直径的筒体相互套在一起，一段蒸发器由5个不同直径的筒体相互套在一起。中压蒸汽过热器和一段、二段蒸发器的外围是一个外筒体，也是中压蒸发器的器壁。器壁是由 Cr – Mo 耐热钢管－翅片－管子相间焊接而成的膜式壁结构。

辅助设备包括敲击器、煤烧嘴、开工、点火烧嘴及其插入装置、火焰监测器、恒力吊。敲击器是由专业厂家制造的成套设备，主要包括气缸和振动器，通过气化炉外壳法兰连接在一起。振动导杆和膜式壁及蒸发器、过热器的敲击点紧密相连，主要作用是防止内件集灰。气化炉共安装58套敲击装置，因反应器与输气管内壁衬有耐火材料，为防止耐火材料脱落，这两个部位未安装敲击器。煤烧嘴由专业生产厂家制造，主要作用是把煤粉、蒸汽和氧气的混合物送入气化炉内。开工、点火烧嘴及其插入装置为专业厂家制造的成套设备，其作用是在气化炉投煤粉前升温升压。火焰监测器由专业生产厂家制造，其主要作用是从气化炉外部窥视点火及燃烧状况。恒力吊是由专业厂家制造的成套设备，其作用是支承气化炉气体冷却器的重量，在热态气化炉膨胀时，能使其自由膨胀。气化炉内件膜式壁与外壳之间形成一个"环形空间"，膜式壁分为4段，由3个膨胀节连为一体，保持内件热态的自由膨胀，在热裙上部与中压蒸汽过热器上部，设计安装有2个密封隔板，以保证热的合成气不能窜入"环形空间"内，造成壳体超温。为保证"环形空间"与合成气空间之间的压力平衡，在急冷段底部板上开有120个 $\Phi53mm$ 的圆孔。循环水管线、氮气管线、蒸汽管线等分布管线全部布置在"环形空间"内。在外壳体上焊有多个导向点，保证整个膜式壁可以自由膨胀。

Shell 粉煤气化工艺具有如下特点：①煤种适应性广，从无烟煤、烟煤、褐煤到石油焦化均可气化，对煤的灰熔融性适应范围宽，即使高灰分、高水分、高含硫量的煤种也同样适应；②气化炉内部采用膜式水冷壁，可承受高达1700℃的气化温度，对原料煤的灰熔点限制较少；③干粉煤进料，粗合成气中有效气(CO + H_2)浓度高达90%；④气化效率高，原料煤及氧气消耗低，碳转化率≥99%，原料利用率高；⑤单炉能力大，有利于大型化装置；⑥采用水冷壁及废锅，副产动力蒸汽，能量综合利用合理；⑦多组对列式烧嘴配置，可通过关闭一组或多组烧嘴来调整合成气的产出量，操作弹性较大。

Shell 工艺存在的不足主要是：①气化炉及废热锅炉结构复杂，制造难度大，其内件及关键设备还需引进，相同生产规模，投资较高；②设备外形尺寸较大，给运输和安装带来了一定的困难；③因为无备用炉，工厂必须具有很好的管理水平和操作水平；④国内有10 多套装置已建成投产，从运行情况看，都存在着各种各样的问题，满负荷、长周期、稳定运行难以实现，还处于摸索和积累运行经验阶段，生产负荷和长周期稳定运行还有待进一步提高。

（2）GSP 气化技术

GSP 气化工艺于 1975 年由民主德国燃料研究所（German Fuel Research Institute）开发，1984 年建成第一套 130MW 的商业装置，用于生产甲醇和联合循环发电，投煤量为 720t/d。该技术现为西门子德国燃料气化技术公司所有。气化装置包括原料煤输送、煤粉制备、气化、除尘和余热回收等工序，其中干粉煤加压输送使用 N_2 或 CO_2，从炉子顶部联合烧嘴进入。该气化炉与壳牌炉的区别为：1 个联合喷嘴（单烧嘴）、合成气下行、喷水激冷降温、水冷壁为水进水出，热水在废锅内与锅炉给水换热副产低压蒸汽。而壳牌炉为饱和水进，吸热后水汽混合物进入中压汽包分离副产比气化炉高 1.0 ~ 1.4MPa 的中压蒸汽。GSP 炉的主要特点是干煤粉进料、单喷嘴气化、水冷壁内衬，气化炉外壳设有水冷夹套，内件反应室由圆管绕成圆筒形的水冷壁，水冷壁向火面敷有碳化硅耐火衬里保护层。煤粉和气化剂（氧气 + 过热蒸汽）通过设在炉头上的一个烧嘴喷入气化反应室，产生的高温煤气通过反应室和激冷室，与激冷室内喷嘴喷入的水进行冷却后从出气口快速离开气化炉。炉渣经底部排渣口汇集到锁斗中，定期排入渣池。该工艺具有冷煤气效率高、有效合成气组分高、采用激冷流程、投资较低的优点。存在的不足：①采用单个联合喷嘴（开工喷嘴与生产喷嘴合二为一），热负荷大，渣口磨损大，3 个月左右需要维修；②合成气中含灰量大，会影响下游工段的正常运行；③耗水量较大，点火烧嘴点火可靠性存在问题；④碳转化率比 Shell 低，灰中残碳量可达到 30% 左右。煤烧嘴与气化炉反应室匹配不是最佳，导致气化炉膜式水冷壁烧损较严重。

GSP 干煤粉加压气流床气化技术可以气化超过 90 种气化物料。其中有 35 种煤、25 种市政或工业污水污泥、石油焦、废油、生物油、生物浆料等，该炉型对各种气化原料有广泛的适应性。2001 年，巴斯夫公司（BASF）在英国的塑料厂采用 GSP 气化技术建成 30MW 工业装置，其原料主要是气化塑料生产过程中所产生的废料。2008 年，捷克 Vresova 工厂采用 GSP 气化技术建设的 140MW 工业装置开车，其气化原料为煤焦油，用于联合循环发电项目（IGCC）。

GSP 粉煤加压气化技术，采用干煤粉进料、合成气全激冷流程，兼具 GEGP 气化和 Shell 优点。图 2 - 13 所示为 GSP 气化工艺流程。GSP 气化工艺主要由粉煤密相输送系统、气化反应系统、排渣系统、粗合成气处理系统和黑水处理系统 5 部分组成。

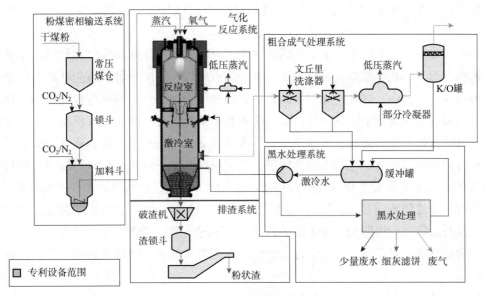

图 2 – 13 GSP 气化工艺流程

GSP 气化炉分为上、下两部分：上部为反应室，下部为激冷室。反应室由承压钢壳和水冷壁两部分组成。水冷壁的主要作用是抵抗 1350～1750℃高温及熔渣的侵蚀，水冷壁系由水冷盘管及固定在盘管上的抓钉与 SiC 耐火材料共同组成。由于所形成的渣层保护，水冷壁的表面温度小于 500℃。水冷壁和承压壳体之间的间隙受燃料气或惰性气体的吹扫及水冷壁内的冷却作用，间隙之间的温度小于 200℃。水冷壁水冷管内的水采用强制密闭循环，在循环系统内，有一个废热锅炉生产低压蒸汽，将其热量移走，使水冷壁水冷管内水温始终保持在恒定范围。激冷室为一承压空壳，外径和气化室一样，上部设有若干冷激水喷头。在此将煤气骤冷至 220℃，煤气由激冷室中部引出，激冷室下部为一锥形，内充满水，熔渣遇冷固化成颗粒落入水浴中，排入渣锁斗。气化炉的结构见图 2 – 14。

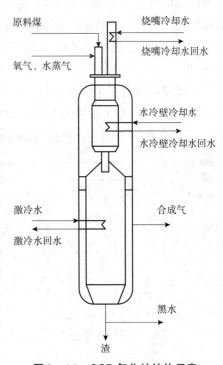

图 2 – 14 GSP 气化炉结构示意

GSP 气化炉采用组合式气化喷嘴，该喷嘴由配有火焰检测器的点火喷嘴和生产喷嘴组成，故称为组合式气化喷嘴。受到高热负荷的喷嘴部件由喷嘴循环冷却系统来强制冷却。喷嘴的材质为奥氏体不锈钢，高热应力的喷嘴顶端材质为镍合金。烧嘴由中心向外的环隙依次为氧气、氧气/蒸汽、煤粉通道。几根煤粉输送管均布进入最外环隙，并在通道内盘旋，使煤粉旋转喷出。给煤管线末端与喷嘴顶端相切，在喷嘴外形成一个相当均匀的煤粉层，与气化介质混合后在气化室中进行气化。因此从给煤管出口到喷嘴顶端之间只产生很小的热应力。

GSP 气化炉的主要特点：①煤种适应性强，该技术采用干煤粉作气化原料，不受成浆性的影响，由于气化温度高，可以气化高灰分熔点的煤，故对煤种的适应性更为广泛，从较差的褐煤、次烟煤、烟煤、无烟煤到石油焦均可使用，也可以两种煤掺混使用，即使高水分、高灰分、高硫含量和高灰分熔点的煤种基本都能进行气化；②环境友好，气化温度高，有机物分解彻底，无有害气体排放，污水排放量少，污水中有害物质含量低，易于处理，可达到污水零排放；③技术指标优越，气化温度高，一般在 1350 ~ 1750℃，碳转化率可达到 99%，不含重烃，合成气中 $CO + H_2$ 高达 90% 以上，冷煤气效率高达 80% 以上（依煤种及操作条件的不同有所差异）；④工艺流程短、操作方便，采用粉煤激冷流程，流程简洁，设备连续运行周期长，维护量小，开、停车时间短，操作方便，自动化水平高，整个系统操作简单，安全可靠；⑤装置大型化，气化炉大型化，设备台数少，维护、运行费用低。

（3）Prenflo 工艺

Prenflo 气化技术是由德国 Krupp – Uhde 公司在继承了 K – T 炉优点的基础上开发出的加压气流床粉煤气化技术。20 世纪 70 年代，Krupp – Uhde 公司与 Shell 公司联合开发了加压 K – T 工艺，先后建成了 6t/d 的实验装置和 150t/d 的 Shell – Koppers 的工业示范装置。1986 年，Uhde 公司在德国建成一套 48t/d 的示范装置，并正式命名为 Prenflo 气化法。该示范装置顺利气化了很多种煤而没有遇到问题，其碳转化率高达 99% 以上，冷煤气效率和热效率也很高。在中试的基础上，1992 年西班牙 ELCOGAS 采用 Prenflo 气化技术建成 IGCC 示范电站，该装置耗煤量为 2600t/d，发电量为 300MW。

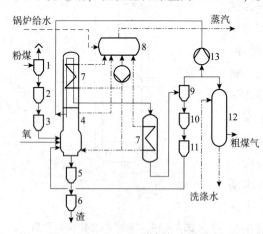

图 2 – 15　Prenflo 煤气化工艺流程
1—常压旋风过滤器；2，10，11—闸式料斗；
3—常压加料器；4—Prenflo 气化炉；5—集渣器；
6—渣锁斗；7—废热锅炉；8—蒸汽包；9—过滤器；
12—洗涤塔；13—激冷气循环压缩机

Prenflo 气化与 Shell 气化工艺基本相同（图 2 – 15），主要差别是用纯度为 85% 的氧气取代 Shell 气化中纯度为 95% 的氧气作气化剂，以此可适当降低空分装置的耗功。但是由此也带来了冷煤气效率降低、氧消耗率增加和蒸汽消耗略有增加的后果。

Prenflo 气化适合于煤制合成气项目。气化技术具有干粉进料，高反应温度的特点，适用于含灰量高的煤种，热效率高，消耗少，由于其采用多喷嘴水平对置，特别适用于大规模的煤气化技术（单炉投煤量达 4000 ~ 5000t/d），具有较好的前景。

气化煤先经过破碎、研磨、干燥后，烟煤水分控制在 2%，褐煤水分控制在 6% ~ 8%，粉煤粒度达到 75% ~ 80% 通过 75μm（200 目）的筛孔。由自动闸门储料器系统将粉煤自旋风过滤器送入常压进料斗，煤粉在常压加料斗内通过氮气输送与氧、水蒸气

(有时可不加)一起送入气化炉喷嘴。炉膛内火焰温度约为2000℃。气化炉内衬循环锅炉水管，煤中灰渣形成遮蔽层保护气化炉外壳，冷却管内产生饱和蒸汽。自炉中排出的液态渣在集渣器冷却成固体。集渣器中有破渣机，可将较大的渣块破碎。灰渣临时收集在灰锁斗，并定期将渣排出系统。反应生成的粗煤气进入废热锅炉，在此处经激冷气循环压缩机打回废热锅炉的激冷煤气激冷后混合煤气温度约为900℃，粗煤气夹带的熔渣变成固体，废热锅炉产生高压蒸汽。混合煤气出废热锅炉经过滤器除尘分离后大部分进入洗涤塔，经洗涤塔除尘后煤气含尘量为$1mg/m^3$送往后工序。

（4）航天炉气化技术

HT-LZ是由中航科技集团第一研究院开发的干煤粉气化技术，采用废锅流程。该工艺煤种适应性较宽，石油焦、气煤、烟煤、无烟煤、焦炭等均可作为气化原料，气化温度可在1400~1500℃。装置包括原料煤输送、煤粉制备、气化、除尘和余热回收等工序，其中干粉煤加压输送需要N_2或CO_2，国内在建的气化炉规模最大为2000t/d。该技术采纳了GSP和GE成熟的气化工艺优点，气化炉上端与GSP相近，采用单个组合烧嘴，螺旋水冷壁结构，结构较为简单（图2-16）。下段借鉴GE的激冷方法，采用全水激冷，使合成气增湿饱和，有利于煤化工下游的气体净化等工艺。有效气体$CO+H_2$达到92%左右，热效率约95%，碳转化率为99%，冷煤效率为83%，比氧耗为360。气化炉结构采用水冷壁，无耐火砖衬里，具有维修简单等优点。多烧嘴、合成气上行、走废锅流程，饱和水进，吸热后水汽混合物进入中压汽包分离副产比气化炉高1.0~1.4MPa的中压蒸汽。该工艺存在的不足：①气化炉煤烧嘴与气化反应室匹配不是最佳，膜式壁易烧坏，渣口易磨损，喷水环易烧坏，下降管易堵塞；②灰水处理工艺要进一步完善，水耗大，废水排放量大。

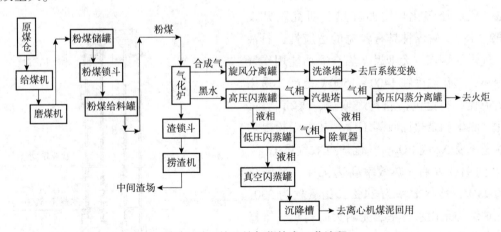

图2-16 航天炉气化技术工艺流程

（5）五环炉

五环炉由中国五环工程有限公司开发。气化炉采用激冷流程，共有3台炉子。五环炉内件采用竖管膜式水冷壁结构（图2-17），气化温度高，副产蒸汽，四喷嘴旋流，颗粒停留时间长，炭转化率高。合成气与灰渣逆行，渣是依靠重力落入渣池，磨损较小，适用于

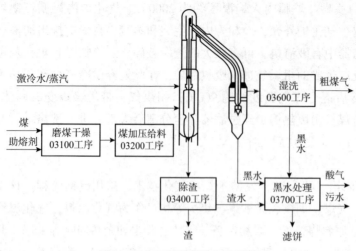

图2-17 五环炉气化工艺流程

气化高灰分熔点、高灰、高硫煤。采用水激冷高温合成气流程，主要特点为在气化反应室上方出口设置激冷机构。正常操作时，通过设在激冷室筒壁上的多排多个水/汽组合型喷嘴实现对高温合成气雾化冷却和固灰，取代传统用后续返回合成气进行激冷的方法，不需采用循环气压缩机，降低了工程投资，节约了运行费用。在输气管出口设置了火管式合成气冷却器和多管式高效旋风除尘器，取代昂贵的水管式锅炉和高温高压飞灰过滤器，对气体进行降温和除尘。副产高压蒸汽或中压蒸汽，大幅降低能耗，减少水耗，缩短了关键设备的制造周期，降低了工程投资。该气化炉有效气体 $CO + H_2$ 达到90%左右，热效率达到95%，碳转化率为98%，冷煤效率为83%，比氧耗为350，采用水冷壁结构，1400~1700℃的粗合成气上升至气化炉中部或上部时被水/汽混合雾液部分激冷至800℃左右，再通过管道送入水浴式激冷器浸水除尘激冷至180~260℃后离开。存在的不足是还有待于投产后进一步验证各项气化炉设计指标。

(6)二段加压气流床粉煤加压气化技术

二段加压气化炉由西安热工研究院开发（图2-18）。对煤种具有较宽的适应性，石油焦、气煤、烟煤、无烟煤、焦炭等均能用作气化原料，气化温度在1400~1500℃范围，采用废锅流程。装置包括原料煤输送、煤粉制备、气化、除尘和余热回收等工序，其中干粉煤加压输送需要 N_2 或 CO_2。气化炉有效气体 $CO + H_2$ 达到91%左右，热效率高达95%，碳转化率为98%，冷煤效率为84%，比氧耗为330。气化炉结构采用水冷壁、无耐火砖衬里，维修简单。与壳牌炉的区别：二室二段反应，分级气化。二段多喷嘴，上段喷煤粉和水蒸气，下段喷煤粉、蒸汽和氧气。合成气上行走废锅流程，饱和水进，吸热后水汽混合物进入中压汽包分离副产比气化炉高1.0~1.4MPa的中压蒸汽，无冷煤气循环冷却。内件采用膜式水冷壁结构，炉膛分为上炉膛和下炉膛两段。下炉膛是第一反应区，侧壁上对称地正对布置4

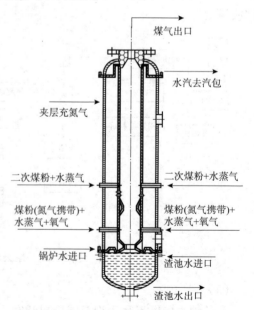

图2-18 二段式干粉煤加压气化炉示意

个烧嘴用于输入粉煤、蒸汽和氧气，反应所产生的高温气流向上流动到上炉膛反应室。上炉膛为第二反应区，在上炉膛的侧壁上设有两个对称的正对布置二次粉煤进口，上炉壁也是膜式水冷壁。工作时，由气化炉下段喷入干煤粉、氧气及蒸汽，所喷入的煤粉量占总煤量的80%~85%，下段气化反应温度约为1500℃。炉膛喷入粉煤和过热蒸汽，所喷入粉煤量占总煤的15%~20%。上段炉喷入干煤粉和蒸汽使温度高达1500℃的高温煤气急冷至1050℃左右，在气化炉上部经喷淋冷却水激冷至900℃左右，使其中夹带的熔融态灰渣颗粒固化，粗煤气离开气化炉，进入废锅或激冷罐。Shell气化存在的不足：①两段气化使得合成气中含有少量的焦油，为后续煤气处理带来一定的难度；②废热锅炉易黏灰堵塞，长周期运行有一定的难度，有待进一步完善。

两段式干煤粉气化工艺是对Shell气化炉的一种改进形式，采用部分粉煤激冷，具有Shell气化特点，粗合成气中甲烷含量稍高，氧耗稍低。但还存在Shell气化的某些缺点，如工艺流程及气化炉结构相对复杂(废锅或激冷流程)，投资较大等。作为国产干粉煤加压气流床气化技术，两段炉也属于先进的煤气化技术。

(7)科林干粉煤加压气化

科林(CHOREN Coal Gasification)干粉煤加压气化工艺(图2-19)起源于前东德黑水泵工业联合体下属燃料研究所。该工艺煤种适应范围较宽，石油焦、烟煤、无烟煤、焦炭、褐煤等均能用作气化原料，气化温度在1400~1700℃。设计有效气体$CO + H_2$达到93%左右，冷煤效率为83%，碳转化率为99%，比煤耗为0.69，比氧耗为330，气化炉采用水冷壁结构，激冷流程，副产低压蒸汽。与壳牌炉区别：全激冷流程、水冷壁采用水进水出，热水在废锅内与锅炉给水换热副产低压蒸汽，取消了昂贵的对流废锅、陶瓷过滤器、循环气压缩机；投资低，双炉运行；多喷嘴顶置下喷、同向布置可克服对置喷嘴互相磨蚀，保证粉煤在反应空间分布均匀。

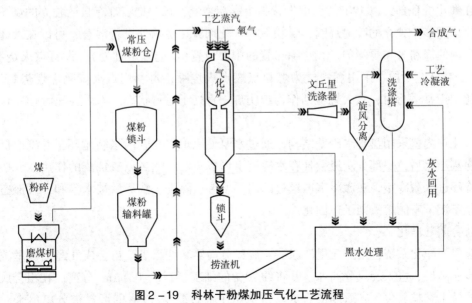

图2-19 科林干粉煤加压气化工艺流程

科林炉采用三烧嘴(以120°的角度分布)顶喷式进料,每个烧嘴内部有旋流块,形成旋流场。火焰近壁面高温区位于气化炉中上部,煤种流动温度大于1450℃,需要添加一定比例的石灰石。水冷壁采用盘管式,水循环倍率高,能耗增加。水冷壁采用不饱和水循环,副产低压蒸汽(也可根据要求产中压蒸汽)。黑水循环和合成气初步净化系统采用华东理工大学的黑水循环专利,设置两级闪蒸,为闪蒸汽和灰水直接换热式,能效和防堵性优于间接换热式。

科林干粉煤加压气化包括6个工艺流程。

①磨煤干燥

磨煤干燥的作用是将原煤干燥并磨制成合格的煤粉。本单元由磨煤、惰性气体输送和煤粉过滤3部分组成,使用常规的原煤研磨、干燥技术。来自煤仓的碎煤经称重给煤机计量后进入磨煤机,被磨成煤粉,并由高温惰性气体烘干、输送,通过粉煤袋式过滤器实现煤粉与惰性气体的分离,粉煤螺旋输送机进入粉仓,惰性气体循环利用。

②煤粉输送

来自磨煤干燥单元的合格干煤粉储存于常压煤粉仓内,粉煤给料罐通过3条并行管道以稳定的质量流量持续向气化炉烧嘴系统供料。煤粉锁斗联通常压仓与给料罐,常压下接收煤粉仓煤粉后加压向给料罐放料,循环进行。根据气化炉大小,煤粉输送系统采用2~4个煤锁斗,可实现加压用惰性气体在锁斗间的循环利用。

③气化与激冷

气化与激冷为气化炉,由气化室和激冷室组成。科林气化炉操作压力为2.5~4.4MPa(G),可实现高压投料,气化操作温度控制在1400~1700℃。在气化室内,煤粉与氧气和蒸汽通过快速反应生成合成气。其主要成分为CO和H_2,并含有少量的CO_2和N_2,同时还含有微量的CH_4、HCl等(10^{-6}级)。

在气化炉顶部,以120°的角度设置3个煤粉烧嘴,每个烧嘴都有自己独立的煤粉输送管道。采用多个独立的喷射烧嘴,煤粉流和气化剂流在烧嘴外进行混合,可以在大体积的反应室内使煤粉分布更均匀。在烧嘴布置的中央位置(反应室中轴处),设置点火烧嘴(长明灯)。在开车阶段,采用燃料气为燃料点燃点火烧嘴,再利用点火烧嘴点燃煤粉烧嘴;当气化炉正常运行时,点火烧嘴则作为长明灯一直处于运行状态,不需要任何CO_2作为保护气。

气化炉内壁采用盘管水冷壁结构,通过水泵使锅炉水在管内强制循环,并副产低压蒸汽。煤灰融化后,一部分灰渣会挂在水冷壁上形成渣层,达到以渣抗渣的作用。合成气经过激冷环进入激冷室,在激冷室内经过降温、增湿、除尘、洗涤后被水饱和,以液态形式从气化室流下来的熔渣则迅速固化。

④合成气净化

合成气净化系统包括文丘里洗涤器、旋风分离器和洗涤塔。粗合成气经文丘里洗涤器进一步润湿后,进入旋风分离器,并将约70%的细灰(粒径>0.1μm)分离。在粗合成气中残存的极小颗粒灰尘可在后续的合成气洗涤塔中通过凝聚/冷凝的形式被分离出来。净化后的合成气含尘量低于$1mg/Nm^3$。

⑤排渣系统

排渣系统的作用是将渣与黑水分离后输送到界区外，被冷却到220℃的渣块通过重力作用进入破渣机中，并被破碎成直径小于50mm的颗粒，随后进入渣锁斗中，通过锁斗降压后排入渣池，灰渣被捞渣机捞出后排出系统，黑水则借助机泵送入黑水处理系统。

⑥黑水处理

黑水处理的作用是将系统产生的含固、高温废水减压至常压，回收热量，尽可能地将悬浮的固体分离，并将得到的灰水返回工艺系统中。黑水通过两级减压闪蒸处理，将压力降低至0.5MPa(G)和 -0.05MPa(G)，温度冷却至大约155℃和75℃，闪蒸出的废蒸汽被用于预热灰水。经过减压冷却的黑水在重力作用下进入澄清池，通过添加相应的絮凝剂将固体物分离出来，在灰水返回系统中使用。为了限制有害物的积累，部分灰水将作为废水排出，并补水维持系统水平衡。

(8)SE - 东方炉

中石化宁波工程有限公司与华东理工大学共同研发SE(SINOPEC + ECUST)粉煤加压气化技术(简称SE - 东方炉)。SE - 东方炉气化技术研发的主要目的是解决高灰分熔点、高灰分煤的气化难题，形成安全、稳定和高效的宽煤种适应性的粉煤气化成套技术，SE - Ⅱ型东方炉是气化炉采取顶置复合式单喷嘴、膜式水冷壁结构。SE - Ⅱ东方炉粉煤加压气化技术由煤粉制备与加压输送、气化与洗涤、渣水处理3个装置单元组成。

东方炉采用多通道单喷嘴顶置(图2-20)、膜式水冷壁、纯氧 + 水蒸气气流床气化，液态排渣，激冷流程 - 粗合成气水激冷喷淋床与鼓泡床复合式高效洗涤冷却流程，合成气分级净化采用"混合器 + 旋风分离器 + 水洗塔"组合技术。气化炉高径比较大，增加了煤粉停留时间，碳的转化率和单喷嘴旋流场相当。火焰约束在炉膛中心，近壁面高温区位于气化炉中部偏下，有利于排渣，提高了煤种的适应性。水冷壁采用竖管式，水循环倍率低，能耗低，副产中压蒸汽。设置两级闪蒸，为闪蒸汽和灰水直接换热式，防堵性优于间接换热式。该技术在扬子石化工业园区进行的首套工业化示范，采用质量分数为60%的贵州无烟煤和40%的神木煤掺烧，设计能力为1000t/d，气化温度在1450~1600℃。

(9)四喷嘴对置式干煤粉加压气化

四喷嘴干法气化是由华东理工大学、兖矿鲁南化肥厂和天辰公司开发的干煤粉气化技术。2004年完成千吨级高灰分熔点、煤粉气流床示范装置及水冷壁气流床中

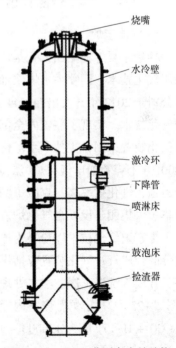

图2-20 SE - Ⅱ型东方炉结构

试基地。采用激冷流程(图2-21)，第一套装置依托兖矿集团贵州开阳化工1200t/d工程。该工艺煤种范围宽，石油焦、烟煤、无烟煤、焦炭等均能作为气化原料，气化温度为

1500℃。设有原料煤输送、煤粉制备、气化、除尘和余热回收等工序，其中干粉煤加压输送需要 N$_2$ 或 CO$_2$，属气流床加压气化。设计有效气体 CO + H$_2$ 为 89% 左右，热效率约为 95%，碳转化率为 98%，冷煤效率为 79%，比氧耗为 350。气化炉结构采用对置式水冷壁，无耐火砖衬里。

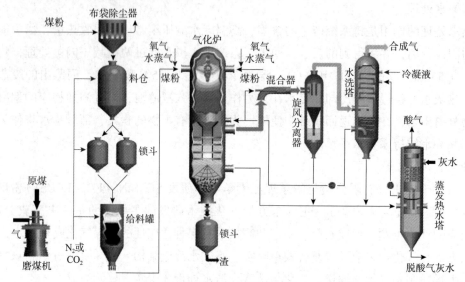

图 2-21　四喷嘴对置式干煤粉加压气化工艺流程

（10）神宁炉

神华宁夏煤业集团依托集团煤化工板块采用的 3 大煤气化技术，即德士古废锅水煤浆加压气化技术、四喷嘴水煤浆加压气化技术和 GSP 干煤粉加压气化技术，联合中国五环工程公司于 2012 年开发出拥有自主知识产权的 2000～3000t 级干煤粉加压气化技术——神宁炉气化技术。实现了装置内全部设备国产化率大于 98.5%，同时也担负起后续煤化工项目煤气化装置采用自主技术示范性工程的作用。神华宁煤集团开发完成具有自主知识产权的 2000t/d 干煤粉加压气化炉（激冷流程）技术国产化示范装置。新开发的"宁煤炉"煤种适应能力强、气化效率高，克服了"移植"技术水土不服的缺点。神宁炉正在宁东煤化工基地由神华宁煤集团建设 6 台气化炉。

神宁炉气化技术以粉煤为原料，氧气和水蒸气作为气化剂，生产以 H$_2$ 和 CO 为主要成分的合成气，气化装置包括煤粉干燥制备工序、煤粉加压输送工序、气化工序、除渣工序、合成气洗涤工序、黑水处理工序、黑水闪蒸工序、N$_2$/CO$_2$/氧气工序及公用工程工序（图 2-22）。神宁炉燃烧室内径为 φ2800mm，激冷室内径为 φ4000mm，单台气化炉有效气（CO + H$_2$）产量为 130000～140000Nm^3/h，年操作时间为 8000h，气化炉碳转化率 > 98.5%，有效气（CO + H$_2$）体积分数 > 91%，合成气含尘质量浓度 ≤ 0.5mg/Nm^3，操作负荷在 77%～108%（表 2-7）。

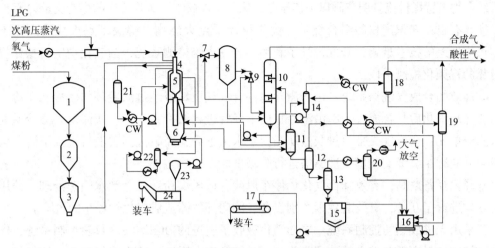

图2-22 神宁炉干粉煤气化技术工艺流程

1—粉煤仓；2—煤锁斗；3—发料罐；4—组合式燃烧器；5—燃烧室；6—激冷室；7—一级文丘里；
8—气液分离器；9—可调文丘里；10—洗涤塔；11—闪蒸塔；12—中压闪蒸罐；13—真空闪蒸罐；
14—减湿器；15—沉降槽；16—循环水罐；17—真空过滤机；18—闪蒸汽液分离罐1；19—闪蒸汽液分离罐2；
20—闪蒸汽液分离罐3；21—烧嘴冷却水罐；22—水冷壁循环水罐；23—渣锁斗；24—捞渣机

表2-7 神宁炉与GSP技术的对比

项目	GSP炉	神宁炉
气化炉压力/MPa	3.9	4.4
气化炉温度/℃	1450~1650	1450~1650
有效气含量/%	87~92	90~94
比氧耗/(m^3/km^3)	360	290
比煤耗	500	529
碳转化率/%	>98	>98
有效气产量/m^3	145000	14000
洗涤后粗煤气压力/MPa	3.6	4.1
洗涤后粗煤气温度/℃	195	209

神宁炉具有以下优点：

①煤种适应性强：该技术采用干煤粉作为气化原料，不受成浆性的影响；设计煤种含灰分质量分数为16%~18%；气化温度高，可以气化高灰分熔点的煤，对煤种的适应性更为广泛。

②高效气化炉：采用干煤粉加压气化、气化炉顶置单个下喷式组合烧嘴、水冷壁、渣气并流向下而行、降膜泡核蒸发激冷、水浴鼓泡和破泡方式除尘、液态排渣的结构，具有结构简单、尺寸紧凑、便于维修、设备总吨位低、合成气灰含量低等特点。

③选用新型侧出料发送技术及点式硫化器：配置4根煤粉输送管线，煤粉的输送密度为400kg/m^3，需要的输送气体量少；给料器与气化炉之间的压差为0.6MPa；在4根煤粉输

送管线上均设置煤粉流量调节阀以平衡压差，保证4根煤粉输送管线内的煤粉流量均衡。

④具有自主知识产权的组合烧嘴：优化设计了点火烧嘴，解决了点火烧嘴点火不稳定、可靠性差的技术难题；开发设计了新型三合一火焰检测系统，为气化炉实时操作提供了可靠的视频化检测手段。

⑤高效的合成气洗涤系统：进入激冷室的合成气及熔渣经过激冷环的激冷水激冷，液态熔渣冷却固化后与合成气一起沿激冷室的下降管进入激冷室水浴，灰渣落入激冷室底部进入除渣单元；合成气夹带少量灰渣从激冷室水浴上升，经破泡网破泡后进入下游一级文丘里＋分液罐＋二级文丘里＋洗涤塔进行分级洗涤。

⑥装置互备率高，有效降低气化炉停车风险：低压煤粉输送、黑水闪蒸处理、公用工程配置均进行了互备，有效避免因个别设备、阀门等故障造成气化炉停车的风险。

⑦采用先进成熟的控制系统：成功消化吸收了引进的DCS和SIS仪表控制系统，气化炉的启停和投料实现一键启动，同时优化了系统顺控、联锁、仪表保护功能，使得仪表系统更加精炼、可靠与完善。

⑧"三废"易于处理，对环境友好。

⑨全套气化技术仅烧嘴和气化炉为专利专有设备，其他设备均可国产。

2. 湿法水煤浆加压气化工艺

湿法气化代表性的工艺有GE单喷嘴水煤浆加压气化、四喷嘴水煤浆加压气化、多元料浆加压气化、熔渣非熔渣水煤浆二级气化、清华炉水冷壁水煤浆加压气化和E－gas水煤浆气化。

(1) Texaco水煤浆加压气化工艺

GEGP工艺（GE水煤浆加压气化技术，又称Texaco、GEGP工艺），即原Texaco水煤浆加压气化工艺[2004年Texaco被GE（General Electric Company）并购]，是美国Texaco石油公司在重油气化的基础上发展起来的。1945年Texaco公司在洛杉矶近郊蒙特贝洛建成第一套中试装置，并提出了水煤浆的概念，水煤浆采用柱塞隔膜泵输送，克服了煤粉输送困难及不安全的缺点，后经各国生产厂家及研究单位逐步完善，20世纪80年代投入工业化生产，成为具有代表性的第二代煤气化技术。水煤浆气化技术在中国已有多年的应用业绩，技术成熟，投资较省。

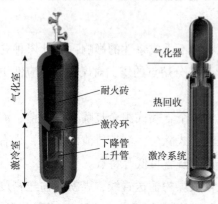

图2－23 Texaco气化炉结构示意

Texaco气化炉有两种设计形式，即直接激冷式和废锅－激冷式。在这两个方案中气化部分结构是完全相同的。

Texaco气化炉气化部分是由一个用耐火砖砌成的高温空间，水煤浆和纯度为95%的氧气从安装在炉顶的一个特制的燃烧喷嘴中向下喷入其间，形成一个非催化的、连续的、喷流式的部分氧化过程（图2－23）。反应温度一般在1500℃以下。粗煤气的主要成分是CO、H_2和H_2O，还有一定数量的CO_2。此外，还会有微量的CH_4、N_2、Ar、

H_2S 和 COS 等，不含任何重质碳氢化合物、焦油和其他有害副产品。

由于 Texaco 炉采用水煤浆，因而粗煤气中水蒸气含量较高。煤中所含的灰分在气化过程中首先熔融成为液体状态，当它被激冷水喷淋时，从位于气化炉下部的辐射冷却器流入炉底的水槽中时，将凝聚成为玻璃状的颗粒，通过锁气式排渣斗排出炉体。由于它是惰性的，故可以作为建筑材料。为了使煤中的灰分能在 Texaco 炉内以液态排渣方式排出，就不宜采用灰分熔点高的煤种，否则必须采用降低灰分熔点的添加剂。一般来说，适用于 Texaco 气化炉的煤种的灰分熔点应控制在 1149～1482℃ 范围内。

激冷式气化炉与装有煤气冷却器的气化炉的主要差别在于对高温粗煤气所含的显热的回收利用。在激冷式气化炉中，温度高达 1370℃ 的粗煤气在激冷室中用水喷淋，激冷到 200～260℃，进而去灰和脱硫。显然，在激冷过程中会使粗煤气损失掉一部分物理显热，它大约等于低位发热量的 10%。装有煤气冷却器的气化炉又称为全热能回收式气化炉，它通过辐射冷却器和对流冷却器，可以把粗煤气的温度从 1370℃ 降低到 400℃ 左右；借以加热锅炉给水，使之产生相当数量的水蒸气（图 2-24）。这样，就能提高煤气的效率。从能量有效利用的观点来看，这种方案是合理的，但是辐射冷却器和对流冷却器很庞大，价格昂贵。

Texaco 气化炉使用的水煤浆是用湿式磨煤机磨制的。水煤浆的浓度与原煤的特性相关。通常，水煤浆中固体煤的质量分数为 60%～70%。水煤浆可以存放较长时间，便于煤浆泵送到气化炉顶的喷嘴中去雾化、燃烧和气化。

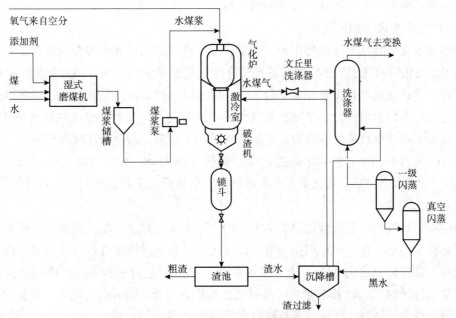

图 2-24　德士古水煤浆气化激冷流程

德士古水煤浆气化优点如下：

①水煤浆连续进料纯氧气化，耐火砖热壁炉，液态排渣，激冷或废锅流程，生产能力大，流程简单可靠，实现计算机集散控制。

②原料适应性相对较宽，可气化广泛采用水力开采的粉煤、石油焦、煤液化残渣等。各种烟煤、石油焦、煤加氢液化残渣均可作为气化原料，以年轻烟煤为主，对煤的粒度、黏结性、硫含量没有严格要求。但是，国内企业运行证实水煤浆气化对使用煤质仍有一定的选择性：灰分熔点温度 T3 低于 1350℃；煤中灰分含量不超过 15%，越低越好，并有较好的成浆性能，才能使运行稳定，并能充分发挥水煤浆气化技术的优势。

③合成气有效气（$CO + H_2$）80%，相对较高；$CH_4 < 0.2\%$、$N_2 < 1.6\%$，含量低；不含烯烃及高级烃，有利于甲醇合成气耗的降低及保证甲醇质量。

④1300℃以上高温反应，不产生含酚、氰、焦油废水。处理废水：气化、甲醇产生的废水可用作制浆。灰渣是砖窑生产的上好原料。

⑤气化技术成熟。制备的水煤浆可用隔膜泵来输送，操作安全又便于计量控制。气化温度：1350 ~ 1400℃，燃烧室内由多层特种耐火砖砌筑。有激冷和废锅两种类型。

德士古水煤浆气化的不足如下：

①由于气化炉采用的是热壁，为延长耐火衬里的使用寿命，煤的灰分熔点应尽可能低，通常要求不大于 1300℃。对于灰分熔点较高的煤，为了降低煤的灰分熔点，必须添加一定量的助熔剂，这样就降低了煤浆的有效浓度，增加了煤耗和氧耗，降低了生产的经济效益。而且，煤种的选择面也受到限制，不能实现原料采购本地化。

②烧嘴的使用寿命短，停车更换烧嘴频繁（一般 45 ~ 60d 更换一次），为稳定后工序生产必须设置备用炉，无形中就增加了建设投资。

③一般一年至一年半更换一次炉内耐火砖。

（2）四喷嘴水煤浆加压气化

四喷嘴水煤浆加压气化由华东理工大学、兖矿鲁南化肥厂和中国天辰化学工程公司开发。与 GE 气化炉的区别是多喷嘴对置式气流床气化炉单炉负荷大，消除短路。多喷嘴对置式实现气化区流场结构多元化，有射流区、撞击区、撞击流区、回流区、折流区和管流区，雾化加撞击混合效果好，平推流长气化反应进行完全。同时多喷嘴气化吸收了 GE 的一些优点，采用侧壁烧嘴对置布置，对激冷室进行了创新，避免渣堵塞气流通道。有效气体 $CO + H_2$ 达到 84.9%，热效率高达 85%，碳转化率为 98.8%，冷煤效率为 76%，比氧耗为 309，比煤耗为 535。气化炉为耐火砖衬里，造价低。采用激冷流程，煤气除尘简单，四（多）喷嘴，有备炉。

四喷嘴对置气化工艺流程见图 2 - 25。相对于 Texaco 炉单喷嘴，通过四喷嘴对置、优化炉型结构及尺寸，在炉内形成撞击流，以强化混合和热质传递过程，并形成炉内合理的流场结构，碳转化率达到 98% 以上，从而达到良好的工艺与工程效果。该技术高效、节能，正常运行时的"三废"排放量少、易处理，处理费用低。同时，气化生产装置内设备选型及材料选择满足装置生产工艺的特殊要求并经济合理。

多喷嘴对置式水煤浆气化工艺技术特点：多喷嘴对置式水煤浆气化工艺与 GE（德士古）水煤浆气化工艺原理相同，具有相同的技术特点及要求。均以纯氧和水煤浆为原料，采用气流床反应器，在加压非催化条件下进行部分氧化反应，生成以 CO 和 H_2 为有效成分的粗煤气。但在具体的工程实现上有一定的差异及特点：①采用对置式多喷嘴，通过喷

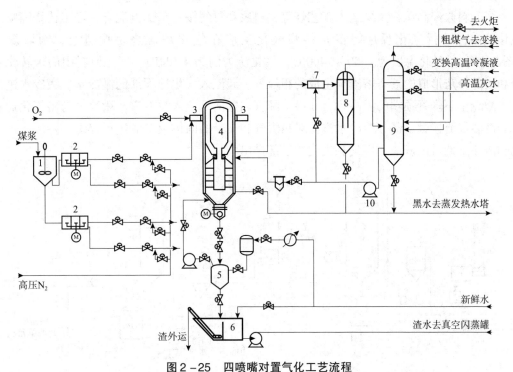

图 2-25 四喷嘴对置气化工艺流程
1—煤浆槽；2—煤浆给料泵；3—烧嘴；4—气化炉；5—锁斗；6—渣池；
7—混合器；8—旋风分离器；9—水洗塔；10—黑水循环泵

嘴对置，在炉内形成撞击流，以强化混合和热质传递过程，并形成炉内合理的流场结构，从而达到良好的工艺与工程效果：有效气成分高、碳转化率高，适应单炉大型化的要求。②煤气初步净化单元由混合器、旋风分离器、水洗塔组成，高效节能。煤气的水洗塔为喷淋床与鼓泡床组成的复合床，具有良好的抑制煤气带水、带灰功能。③黑水热回收与除渣单元采用蒸发热水塔，不设高压灰水换热器，采用蒸汽与返回灰水直接接触工艺，灰水温度高、蒸汽利用充分。

存在的不足：①合成气体带水较严重、阻力降大、激冷罐液位不易控制等问题；②湿法所具有的共同特点，含水量高达40%左右，能耗高，水的蒸发消耗氧气；③烧嘴和气化炉耐火砖的使用寿命决定必须有备炉。

（3）多元料浆加压气化技术

多元料浆气化工艺是由西北化工研究院开发的技术。料浆浓度在60%~68.5%，有效气体 CO + H_2 达到83.4%，热效率高达85%，碳转化率为98%，冷煤效率为73%，比氧耗为362，比煤耗为575。气化炉为耐火砖衬里，造价低。采用激冷流程，有备炉。与 GE 炉的区别：煤液化残渣、生物质、纸浆废液和有机废水等原料适应范围广，既可液态也可固态排渣，不会形成对耐火材料腐蚀；气化剂可选用空气、富氧和纯氧；气化炉分为热壁炉和冷壁炉两种，可供选择，激冷室由下降管、上升管和溢流式激冷结构组成；喷嘴采用多通道结构，雾化效果与气化炉结构匹配；气化工艺后续关键部分也有较大改进。存在的不足与 GE 和四喷嘴存在的问题类似。

多元料浆经高压料浆泵送入工艺烧嘴，料浆和氧气按一定比例混合，经工艺烧嘴喷入气化炉内，进行气化反应。多元料浆气化反应在气化炉燃烧室中进行，制取煤气（图2-26）。气化温度为1300～1400℃，气化压力约为4.0MPa。气化原料中的未转化部分和由部分灰形成的液态熔渣与生成的粗煤气一起流入气化炉下部的激冷室。激冷水进入位于激冷室下降管顶端的激冷环，并沿下降管内壁向下流入激冷室。激冷水与出气化炉渣口的高温气流接触，部分激冷水汽化对粗煤气和夹带的固体及熔渣进行淬冷、降温。经气化炉渣斗定期排出灰渣，煤气从气化炉上部排出。

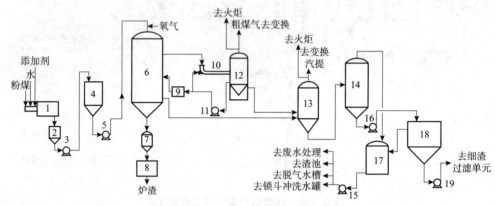

图2-26　多元料浆煤气化工艺流程

1—磨煤机；2—磨机出料槽；3—低压料浆泵；4—料浆储槽；5—高压料浆泵；6—气化炉；7—锁斗；8—捞渣机；
9—黑水过滤器；10—文丘里洗涤器；11—灰水循环泵；12—洗涤塔；13—低压闪蒸罐；14—真空闪蒸罐；
15—灰水泵；16—澄清槽进料泵；17—灰水槽；18—澄清槽；19—过滤机给料泵

多元料浆气化技术采用湿法气流床气化概念，以煤、石油焦、石油沥青等含碳物质和油（原油、重油、渣油等）、水等经优化混配形成多元料浆，料浆与氧通过喷嘴混合后瞬间气化，具有原料适应性广、气化指标先进、技术成熟可靠、投资费用低等特点，整套工艺及料浆制备、添加剂技术、喷嘴、气化炉、煤气后续处理系统等已获得多项国家专利。多元料浆气化技术各项技术指标与引进相当，在合成氨和甲醇领域都有成功的使用经验，已投产的和在建的装置超过30套，是推广业绩较好的国内大型煤气化技术。

（4）清华炉

清华炉是清华大学联合北京盈德清大科技有限责任公司共同开发的具有自主知识产权的煤气化工艺。不仅包括自主创新的气化炉，还包括气化工艺全流程的优化、配套技术的创新，改善了气化炉的煤种适应性，提高了气化系统的稳定性和可靠性，降低了气化岛的能耗，综合形成了以清华炉为核心的经济型气流床气化技术体系。该技术如今已经开发至第三代。与前两代清华炉相比，第三代清华炉的科技创新点在于核心部件辐射式蒸汽发生器借鉴液态排渣旋风锅炉的进口和结构设计理念，能有效避免国外同类技术存在的堵渣和积灰问题；改进结构设计能减少双面受热面的布置比例，设备体积和投资减少；通过回收高温合成气热量、副产高温高压蒸汽等方式，可提高能源转换效率。

第一代清华炉耐火砖气化技术（非熔渣-溶渣分级气化技术）大型工业示范装置于2006年1月在山西阳煤丰喜肥业（集团）临猗分公司投入运行。随后分别在大唐呼伦贝尔化肥有限公司18万t/a合成氨、30万t/a尿素项目(简称大唐呼伦贝尔18/30项目)、鄂尔多斯金诚泰化工有限责任公司(一期60万t/a甲醇装置)、山西焦化、内蒙古国泰等公司投入运行。

第二代清华炉——水煤浆水冷壁清华炉的成功研发和投入运行,从根本上彻底解决干法进料水冷壁气化炉稳定性问题和湿法进料耐火砖气化炉煤种适应性问题;实现了"三高"煤的气化,使气化用煤当地化,降低入炉煤成本;同时水煤浆水冷壁气化技术特点符合当前煤炭清洁高效利用的发展趋势。

第三代清华炉采用水煤浆+水冷壁+辐射式蒸汽发生器的气化炉(图2-27)。可用于煤制天然气、煤制油、煤制烯烃、煤制乙二醇等新型煤化工产业,具有重要意义。解决了山西省高灰、高硫、高灰分熔点煤的气化难题,煤种适应性提高;一炉变两炉,不仅能生产合成气,每小时还可生产约40t、5.4MPa的高温高压蒸汽,用于热电联产发电,能量利用高。

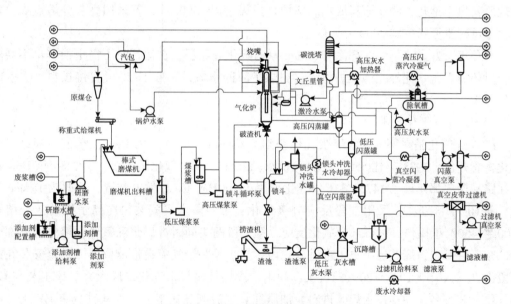

图2-27　清华炉水煤浆水冷壁工艺流程

清华炉在具体应用中还有以下特点:

①安全性好。清华炉采用全密封垂直管结构,水冷壁和气化炉壳体之间充满保护气,高温气与气化炉承压钢壳之间另有保护气隔离保护,因此不存在炉壁超温的问题。运行过程中外壳运行温度最高点仅110℃左右,比耐火砖气化炉温度低120℃左右。

②稳定性好。正常运行时,清华炉水冷壁的蒸汽产量能直接反映气化炉的炉温,如煤浆泵打量不好,蒸汽产量会瞬间增大,操作工可以及时处理,避免事故扩大。

③开停迅速。由于清华炉水冷壁保护涂层对升温速率要求远低于耐火砖气化炉,因此开车速度快,一般只需1h就可以完成。而且由于蓄热很少,一般停炉后很快就可以开车,不需要备炉。

④负荷率高。在相同直径下,清华炉燃烧室容积可增加到20m³,而耐火砖气化炉仅

为 12.5m³。燃烧室容积增加后，为扩产创造了条件。在相同煤种、相同负荷下，水煤浆在清华炉内的停留时间长，有效气含量相对有所提高，煤的碳转化率也得到了提高。

⑤工艺烧嘴运行时间长。清华气化炉烧嘴冷却采用夹套结构，烧嘴冷却水采用汽包锅炉水，温度在 250℃以上，烧嘴运行的工艺条件得到优化，耐火砖气化炉烧嘴存在的露点腐蚀、硫腐蚀和应力腐蚀等问题都得到解决。烧嘴冷却没有突出部件，不易损坏，冷却水压力比气化炉高，即使烧嘴冷却水泄漏，也不必立即停车。

⑥开工费用低。单台耐火砖气化炉每次烘炉大致需要消耗热值为 2300 大卡的燃料气 36000Nm³ 左右，而清华炉烘炉仅需要消耗同等热值燃料气约 4000Nm³。

⑦运行维护费用低。在相同煤质、相同负荷条件下，清华炉每小时可副产 50～80t 蒸汽，每年可生产高压饱和蒸汽 400000～640000t。清华炉摆脱了耐火砖气化炉砖磨损的更换问题，每年可减少维护费用 300 万元。

⑧煤种适用性广。清华炉燃烧室不受耐火砖限制，可使用成本更低的高灰分熔点煤，实现原料煤本地化，降低原料成本。单炉日投煤量以 1500t 计，若采用高灰分熔点煤，每台每年可减少原料成本 2000 万元以上。

⑨环境友好。清华炉内部涂有 30mm 厚的碳化硅涂层，在运行时不需更换，也不会脱落，对环境无害。此外，清华炉耐火材料烘炉时间很短，一般 1h 即可直接投料，放空的废气量少。

(5) E - gas 气化技术

E - gas 气化是在德士古水煤浆气化基础上发展的，1979 年由 Dow 化学公司根据二段气化概念开发，1983 年建 550t/d 空气气化、1200t/d 氧气气化示范装置，1985 年 Dow 化学在路易斯安那建设了 1475t/d 干煤气化炉用于 160MW IGCC 发电装置，后改为 Destec 气化。与 GE 炉区别在：采用二段反应分级气化，第一段水平安装，在高于煤的灰分熔点 1300～1450℃下操作，进行部分氧化反应，第一段两头同时进煤浆和氧气，熔渣从底部经激冷减压后排出；煤气经中央上部进入二段，这也是一个气流夹带反应器，垂直安装在第一段中央。入口喷 10%～20% 的煤浆，利用一段煤气显热来气化二段煤浆。该工艺与 GE 煤气化工艺齐名，同样是水煤浆进料，加压纯氧气流床气化工艺，因此其具有 GE 工艺的优点。

图 2-28 所示为 E - gas 两段气化炉剖面示意，图 2-29 所示为其工艺流程。第一段称为反应器的部分氧化段，在 1316～1427℃的熔渣温度下运行。该段可以看作一个水平圆筒，筒的两端相对地装有供煤浆和氧气进料的喷嘴，圆筒中央的底部有一个排放孔，熔渣由此排入下面的激冷区。中央上部有一个出口孔，煤气经此孔进入第二段，圆筒内衬有耐熔渣的高温砖。第二段是一个内衬耐火材料垂直于第一段的直立圆筒，该段采用向上气流床形式。另外有一路煤浆通过喷嘴把煤浆很好地均匀分布到第一段来的热煤气里。第二段是利用一段煤气的显热来气化在二段喷入的煤浆。二段水煤浆喷入量为总量的 10%～15%。喷到热气体的煤浆发生一连串复杂的物理和化学变化，除了水分被加热及蒸发之外，煤颗粒经过加热、裂解及吸热气化反应，从而降低混合物的温度到 1038℃，以保证后面热回收系统正常工作。

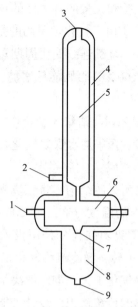

图2-28 E-gas两段气化炉剖面示意

1—水煤浆氧气入口；2—水煤浆入口；3—粗煤气出口；4—耐火材料；5—第二段；
6—第一段；7—熔渣排出口；8—熔渣淬冷；9—熔渣出口

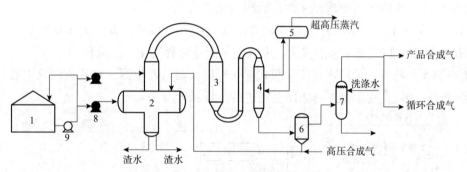

图2-29 E-gas两段气化工艺流程

1—煤浆罐；2—气化炉；3—停留段；4—合成气冷却器；5—汽包；
6—焦过滤器；7—氯洗塔；8—煤浆进料泵；9—煤浆循环泵

由于E-gas气化炉采用特有的两段气化的特点，因此与传统的一段式水煤浆气化技术相比具有一定的优势：由于进入气化炉第二段的水煤浆，在不额外添加氧气的条件下予以转换利用，从而减少了装置的耗氧量；由于它通过调节二段水煤浆进料，来调节合成气中 H_2 和 CO 的比例，从而有效地降低了后序处理设备的成本。

E-gas煤浆气化工艺主要有如下特点：①适用于加压下（最高压力8.5MPa）气化，在较高的气化压力下，降低合成气压缩功；②气化炉进料稳定，由于气化炉的进料由可以调速的高压煤浆泵输送，所以煤浆的流量和压力较易得到保证，便于操作负荷的调节；③工艺技术成熟可靠，国产化率高；④水煤浆加压气化先进、成熟、稳妥可靠；⑤采用激冷流程，工艺流程短，设备结构简单；⑥气化温度高，有机物分解彻底，污染物少，对于特别难处理的废水、废渣可加入煤浆中入炉气化处理，可以满足越来越高的环保要求；⑦技术支持性，国内已拥有成功的工程经验和大量的各方面的技术人才。

E-gas气化炉存在的不足是：①由于气化炉采用的是热壁，为延长耐火衬里的使用寿命，煤的灰分熔点应尽可能地低；②烧嘴连续使用周期短，烧嘴更换维修频繁；③对煤浆浓度有要求，煤浆浓度相对不低于60%，否则能耗增加，效益低。

(6)晋华炉

山西阳煤化工机械(集团)有限公司与清华大学合作，研发出具有自主知识产权的晋华炉1.0、2.0、3.0先进煤气化技术。晋华炉水煤浆气化技术广泛应用于煤制合成氨、煤制甲醇、煤制乙二醇、煤制氢等多个领域。

晋华炉1.0是分级给氧水煤浆耐火砖结构。将燃烧领域的分级送风思想引入煤气化领域，通过分级给氧改善了气化炉内的温度分布。于2006年1月，投资2.4亿元人民币，用于年产10万t甲醇装置，在丰喜集团临猗分公司投入运行，并一次开车成功。晋华炉1.0特点：第1代采用水煤浆+耐火砖+激冷流程气化工艺流程。

晋华炉2.0为水煤浆+水冷壁气化工艺。彻底解决了现有耐火砖气化炉的煤种灰分熔点限制问题。突破水冷壁大量吸热的传统认识，设计了能稳定形成高热阻熔渣保护层的水冷壁浇注料结构，水冷壁吸热量不到燃料热量的0.2%，水冷壁气化炉的热效率高于耐火砖气化炉。2011年8月，在阳煤丰喜一次开车成功；解决了高灰分熔点煤气化的难题。晋华炉2.0特点：水煤浆+膜式壁+激冷流程气化工艺流程。

2016年4月1日，晋华炉3.0在阳煤丰喜一次开车成功。晋华炉3.0特点：晋华炉3.0采用水煤浆+膜式壁+辐射式蒸汽发生器+激冷流程气化工艺流程。

晋华炉4.0特点：采用水煤浆+膜式壁+辐射式蒸汽发生器+对流蒸汽发生器气化工艺流程(图2-30)，在阳煤丰喜集团公司进行工程示范。

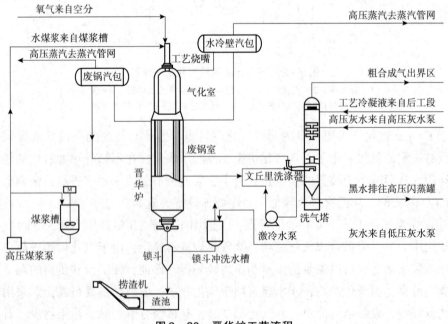

图2-30　晋华炉工艺流程

低灰分熔点煤是水煤浆最常用的原料，可使用灰分熔点为1150～1550℃，灰分质量分数为6%～30%、挥发分质量分数为4%～36%的煤。晋华炉在水煤浆气化炉燃烧室采用膜式水冷壁，高热阻的渣层对水冷壁起到保护作用，使气化温度可达到1700℃，突破了水煤浆气化无法使用高灰分熔点原料的限制，拓宽了气化炉适用原料范围。晋华炉可以气化高灰分高熔点和高硫的"三高"煤种、低灰分熔点煤、半焦、焦炭、褐煤和高碱性渣煤等，可以实现原料煤的本地化。

2.3　其他煤制氢技术

(1)超临界水－煤气化技术制氢

超临界水指高于水的临界温度374℃、临界压力22.1MPa而接近临界点难以区分其为气态或液态的流体超临界水。分别具有与液态水相似的溶解、传热能力，与气态水相似的黏度系数、扩散系数。超临界水在与煤的气化反应中发挥了极大作用，既可作为反应原料直接参与反应，又可作为反应介质促使反应混合物均相化，显著提高气化效率。水作为清洁溶剂，可存留产物中的有毒有害物质，降低污染性。超临界水虽在气化反应中发挥了溶剂化效应、加快反应进程等作用，但在气化过程中无机物的溶解度急剧降低，在反应器内壁可能会形成一层薄膜，对反应器造成腐蚀且影响实验效率。

煤是一种复杂的混合物，成分的不同造成超临界水－煤气化过程非常复杂。超临界水气化过程中存在两种竞争的反应途径：一种为在较低温度和较高压力下有利的离子反应，另一种为自由基反应，是较高温度和较低压力下的主要反应，为气相产物的主要来源。超临界水－煤气化反应中主要涉及3个过程。

①煤的热解

热解过程中，分离出部分气相产物如CO_2、CH_4等，留下固定碳$[C_xH_yO_z]_{FC}$。

$$[C_xH_yO_z]_{coal} \longrightarrow [C_xH_yO_z]_{FC} + CO_2 \tag{2-14}$$

$$[C_xH_yO_z]_{coal} \longrightarrow [C_xH_yO_z]_{FC} + CH_4 \tag{2-15}$$

②固定碳的消耗(蒸汽重整反应)

$$[C_xH_yO_z]_{FC} + (x-z)H_2O \longrightarrow xCO + (x+y/2-z)H_2 \tag{2-16}$$

③气体相互转化

$$CO + H_2O \rightleftharpoons CO_2 + H_2 \tag{2-17}$$

$$CO + 3H_2 \rightleftharpoons CH_4 + H_2O \tag{2-18}$$

由于褐煤稳定性、成浆性高，故应用较多；该技术尚未实现大规模工业化，故反应器类型主要为适用于小批量、多种类、支持较长停留时间的间歇式反应器；较低的气化温度(<500℃)气化效果不理想，而较高的气化温度(>650℃)对反应器腐蚀作用较大。因此，气化温度多集中于500～650℃；依靠催化剂催化气化可大幅提高气化效率，实验中催化剂使用率高达72%，其中，以经济性较高且催化效果较强的碱性催化剂为主。

(2)煤电解制氢

在酸性条件下，煤浆电解制氢气的主要反应如下：

$$C(s) + 2H_2O(l) \longrightarrow 2H_2(g) + CO_2(g) \qquad (2-19)$$

阳极：
$$C + H_2O(l) \longrightarrow CO_2(g) + 4H^+ + 4e^- \qquad (2-20)$$

阴极：
$$4H^+ + 4e^- \longrightarrow 2H_2(g) \qquad (2-21)$$

在阳极产生的气体主要是 CO_2，而煤中的 N、S 等元素经电解会形成酸留在溶液中，不会对大气造成污染。阴极产生的气体主要是纯净的 H_2。因此，该技术是绿色、清洁的。传统制氢气的方法是电解水，其理论电解电压为 1.23V，实际电解电压为 1.6~2.2V。而电解煤浆制氢气比电解水能耗低，理论电解电压为 0.23V，实际电解电压却为 0.8~1.2V。这是因为普通的水电解是电能提供全部水分子分裂所需的能量，而煤浆电解过程只有部分能量是由电能提供的，伴随着煤的阳极氧化则提供另一部分的能量。这种制氢的方法实际消耗的能量是电解水制氢的 1/3~1/2。因此，该技术能耗低，成本低。但是由于电解效率不理想，至今没有实质性的进展。

2.4 煤制氢 HSE 和发展趋势

我国煤质种类繁多、煤化工产品路线各异，煤气化过程中产生的合成气组分及占比根据气化时所用煤的性质、气化剂的类别、气化过程的条件及气化反应器的结构不同而不同。煤气化技术正呈现多元化以适应不同煤质、不同煤化工产品路线的发展趋势。

成熟的煤气化技术有几十种，虽然不同煤气化技术形式存在优劣之分(表 2-8)，但不代表可以只选择最先进的技术来进行生产，事实上不同技术形式有自身适用条件，且涉及经济成本问题，因此企业在煤气化技术运用之前应当根据生产条件、自身经济状况慎重选择技术形式。

表 2-8 不同煤气化工艺参数对比

项目		Texaco	Shell	恩德炉	灰黏聚	固定床
气化炉温度/℃		1200~1400	1400~1600	950~1050	1050~1200	800~1250
炉内停留时间		几秒钟	几秒钟	几分钟	几分钟	4~5h
运行方式		加压连续	加压连续	常压	常压或加压	间歇循环
煤种活性要求		不严格	不严格	高活性	有要求	不严格
煤种灰分熔点/℃		<1500	<1500	不严格	不严格	>1200
煤种成浆型		有限制	不限制	不限制	不限制	不限制
煤种要求		不限制	不限制	义马煤	不限制	不限制
投资费用		大	大	中	中	小
排渣方式		液态	液态	固态	固态	固态
煤气成分/%	H_2	33	26.7	39	32	45
	CO	46	63.3	28	40	32
	CO_2	19	1.5	21	23	7
	$CH_4 + Ar$	1	1.1	2.9	2.5	1.5

技术形式选型规则如下：①根据生产目的。生产合成氨、甲醇或者市政燃气、炼厂用氢对气化产品有不同的要求，应根据实际需求和各气化工艺特征进行遴选。②根据生产条件。不同技术对原料煤的要求不同，应根据周边煤资源的特性选择合适的气化工艺。③参照自身经济条件，选择最经济实惠的技术形式，即保障技术能够在现实生产条件下运作的情况中，企业需要根据自身经济条件进行进一步选择，否则可能因为无法承担技术运维成本而放弃，不但带来经济损失，还不利于生产。④若选用进口工艺流程，尽量选择国产化程度高的工艺。

(1) 气化渣处置和应用

随着煤气化技术在中国的蓬勃发展，在煤气化过程中不可避免地产生大量气化残渣，2019 年，中国年生产气化渣超过 3300 万 t。由于受各种因素限制，中国煤气化渣的处理方式主要为堆存和填埋。这样的处理方式不仅严重地污染环境，而且造成巨大的土地资源浪费。因此，如何消除煤化工产业发展带来的废渣污染，实现煤化工废弃物科学处置、变废为宝，是煤气化产业可持续发展需要突破的重要课题。随着中国基建行业的飞速发展，当前中国土木工程建设所需的天然原材料十分紧缺，工业固体废物在大宗土木工程材料中的资源化利用，是消耗大量固体废物的重要途径。

煤气化渣的主要化学成分是 SiO_2、Al_2O_3、CaO、Fe_2O_3、C。分为粗渣与细渣，粗渣产生于气化炉的排渣口，占 60% ~ 80%；细渣产生于合成气的除尘装置，占 20% ~ 40%。国内外针对气化渣应用的研究主要集中以下几个方面：①建工建材制备：骨料、胶凝材料、墙体材料、免烧砖等；②土壤、水体修复：土壤改良、水体修复等；③残碳利用：残碳性质、残碳提质、循环掺烧等；④高附加值材料制备：催化剂载体、橡塑填料、陶瓷材料、硅基材料等。

气化渣规模化处置利用主要聚焦在建工建材、生态治理等方面。但因其含碳量高、杂质高等特点，导致建工建材掺量低、品质不稳定，生态治理二次污染严重等问题，经济效益和环境效益差。因此煤气化灰渣规模化安全处置技术亟待解决。在资源化利用方面，结合气化渣资源特点，主要在碳材料开发利用、陶瓷材料制备、铝/硅基产品制备等方面引起广泛关注。虽然经济效益相对显著，但均处于实验室研究或扩试试验阶段，主要存在成本高、流程复杂、杂质难调控、下游市场小等问题，无法实现规模化利用。因此为了提高企业经济效益，同时解决企业环保难题，结合煤气化渣堆存量大、产生量大、处理迫切的现状，以及富含铝硅碳资源的特殊属性，气化渣的综合利用采取"规模化消纳解决企业环保问题为主＋高值化利用增加企业经济效益为辅"处置思路。开发过程简单、适应性强、具有一定经济效益的煤气化渣综合利用技术路线，是气化渣利用的有效途径和迫切需求。

(2) 煤气化废水处理

煤气化行业最大的特点是耗水量和废水量巨大，废水水质复杂，污染物浓度高，处理难度大。

中国煤气化的产业布局通常优先选择在煤炭资源地或煤炭集散地。而中国煤炭资源主要分布在水资源相对匮乏、生态比较脆弱的中西部地区(如山西、内蒙古、陕西、新疆、宁夏等)，其中很多地区水资源严重匮乏，生态环境脆弱，没有纳污水体或纳污能力薄弱。

即使煤气化废水经过处理达到国家排放标准，当地的生态环境仍不允许外排。同时，极大的耗水量与水资源的严重短缺也迫切要求提高煤气化废水处理的水回收率，亟须对废水进行深度处理，达到或接近"零排放"，否则会严重破坏生态环境，制约中国现代煤化工的可持续发展。

煤气化废水主要来源于气化过程的洗涤、冷凝和分馏工段。在气化过程中产生的有害物质大部分溶解于洗气水、洗涤水、储罐排水和蒸汽分流后的分离水中，形成了煤气化废水。煤气化废水是一种典型的难以生物降解的废水，外观一般呈深褐色，黏度较大，泡沫较多，有强烈的刺激性气味。废水中含有大量固体悬浮颗粒和溶解性有毒有害化合物（如氰化物、硫化物、重金属等），可生化性较差，有机污染物种类繁多，化学组成十分复杂，除了含有酚类化合物（单元酚、多元酚）、稠环芳烃、咔唑、萘、吡咯、呋喃、联苯、油等有毒、有害物质，还有很多的无机污染物如氨氮、硫化物、无机盐等。其中无机盐主要来源于煤中含有的氯、金属等杂质；酚类等芳香族化合物主要来源于某些煤气化工艺中产生的焦油、轻质油高温裂化；氨氮、氰化物及硫化物主要来源于煤中含有的氮、硫杂质，在气化时这些杂质部分转化为氨、氰化物和硫化物，而氨和气化过程生成的少量甲酸又可以反应生成甲酸铵，高浓度的氨氮造成煤气化废水的碳氮比（C/N）极不均衡，进一步增加了生化处理的难度。

此外，随着原料煤种类（褐煤、烟煤、无烟煤和焦炭）及煤气化工艺［固定床（鲁奇炉）、流化床（温克勒炉）和气流床（德士古炉）］的不同，煤气化废水水质差异很大。

煤气化废水处理一般采用常规的三级处理，即预处理－生化处理－深度处理的方法。其中预处理和生化处理是保证深度处理的必要条件。预处理单元中油类物质的去除通常采用隔油、气浮等方法；酚类物质的去除主要采用溶剂萃取法；而氨类的去除采用蒸汽汽提法。二级处理即生化处理，采用厌氧、好氧、厌氧/缺氧/好氧（A_2/O）及强化工艺降解废水中的有机物；三级处理为深度处理，采用混凝沉降、高级氧化（臭氧氧化、Fenton 氧化等）、膜技术（超滤、纳滤、反渗透、电渗析等）、蒸发结晶（蒸发塘、机械再压缩蒸发、多级闪蒸、多效蒸发等）等方法提高废水水质、满足排放或回用的要求。

煤气化废水处理过程中，预处理及生化处理工艺相对成熟，深度处理与回用工艺仍有很大的问题，需要进一步探索。

（3）煤制氢 CCUS 技术集成

2018 年，全球化石燃料燃烧产生的 CO_2 排放高达 331 亿 t，其中中国占比约 28.7%，居全球首位。煤制氢生产 1kg 氢气排放 20kg CO_2。

CCUS 技术主要包括 CO_2 捕集、运输、利用及封存 4 个技术环节。在 CO_2 捕集方面，我国仅有基于化学吸收法的燃烧前捕集技术进入商业化应用阶段；在 CO_2 运输方面，我国仅有 CO_2 车运技术能够商业化应用，可大规模输送 CO_2 的陆地管道运输技术仍处在工业示范阶段；在 CO_2 利用方面，我国仅有 CO_2 转化为食品和饲料技术已实现商业化应用；在 CO_2 封存方面，尚未有相关技术达到商业化应用阶段。截至 2019 年，我国已建成投产 20 余个示范工程，横跨电力、煤制油、天然气处理等多个领域，整体来看 CCUS 技术在我国已具备大规模示范基础。

从资源的地理分布情况来看，我国的煤矿主要分布在华北、西北及东北地区，而可用于CO_2地质封存的油田、气田及深部咸水层也主要集中分布在这些地区。因此，我国的煤炭资源与CO_2封存地资源呈现出高度的空间匹配度，这为我国未来煤制氢与CCUS技术的集成化应用奠定了良好的基础，尤其是新疆、陕西、山西及内蒙古等地，拥有丰富的煤炭资源、油气资源及CO_2封存潜力，可作为未来发展煤制氢与CCUS技术集成应用的示范基地。

当煤制氢与CCUS技术集成应用时，前期投资成本和运营成本都将增加。IEA针对我国煤制氢的评估结果显示：在煤制氢生产中加入CCUS技术预计将使资本支出和燃料成本增加5%，运营成本增加130%。

我国拥有丰富的煤炭资源，煤制氢技术可在保障能源安全的前提下满足我国的氢能需求，将在我国氢能发展的初期和中期阶段发挥重要作用，但需降低其碳足迹（"灰氢"转化为"蓝氢"）。因此，煤制氢技术与CCUS技术的集成对我国能源低碳转型及低碳化制氢具有重要意义，在我国也具有良好的发展前景。

（4）煤气化发展趋势

从煤气化技术的发展过程看，炉型从固定床到流化床，再到气流床，入炉煤颗粒直径从厘米级到毫米级，再到微米级，反应温度从中温（800～900℃）到高温（1300～1500℃），炉内反应速率逐渐增加，气化炉单位体积处理能力不断提升，煤中碳的转化率不断提高；气化炉操作压力从常压变为高压，显著增强了气化炉单位体积的处理能力；气化煤种也从早期的焦炭、无烟煤逐步扩展到烟煤和褐煤，煤种适应性不断改善。总之，煤气化技术的发展过程就是煤种适应性不断改善、碳转化率不断提高、单炉规模不断增加、污染物排放不断减低的过程。

我国煤气化技术近年来发展势头迅猛，技术升级加快，大型化、高压化趋势明显，研发综合实力不断增强；展望未来，煤气化技术将进一步朝着安全、高效、节能、绿色环保、专业化、智能信息化等方向发展。

习题

1. 列表对比归纳总结固定床工艺流程、流化床工艺流程和气流床工艺流程的特点、适用场景。

2. 分析对比急冷流程和废热锅炉流程的特点。

3. 简述国内外典型流化床工艺流程的特征并对比分析其技术优劣。

4. 简述国内外典型固定床工艺流程的特征并对比分析其技术优劣。

5. 某炼油厂由于新增用氢装置，需要补充氢气10万 m^3/h，该炼厂周边有煤矿。请你根据所学知识，结合文献查阅，给该厂建议一种氢气生产工艺。

6. 某气化煤的平均分子式为$CH_{0.75}S_{0.02}$，拟采用Shell干煤粉气化技术进行计算，试计算其碳排放量（$kgCO_2/kgH_2$）。

第3章 天然气制氢

天然气是用量大、用途广的优质燃料和化工原料。天然气化工是以天然气为原料生产化工产品的工业。天然气通过净化分离和裂解、蒸汽转化、氧化、氯化、硫化、硝化、脱氢等反应可制成合成氨、甲醇及其加工产品(甲醛、醋酸等)、乙烯、乙炔、二氯甲烷、四氯化碳、二硫化碳、硝基甲烷等。世界总产量 2020 年达到 40140 亿 m^3。天然气制氢是氢气的主要来源。全球每年约 7000 万 t 氢气产量,约 48% 来自天然气制氢,大多数欧美国家以天然气制氢为主。天然气制氢技术路线包含天然气蒸汽重整制氢、甲烷部分氧化法制氢、天然气催化裂解制氢及 CH_4/CO_2 干重整制氢等技术路线。

3.1 天然气蒸汽重整制氢

3.1.1 天然气蒸汽重整制氢的反应原理

天然气化学结构稳定,在高温下才具有反应活性。天然气蒸汽重整(Steam Methane, Reforming, SMR)是指在催化剂的作用下,高温水蒸气与甲烷进行反应生成 H_2、CO_2、CO。蒸汽重整工艺是工业上应用最广泛、最成熟的天然气制氢工艺。发生的主要反应如下:

$$CH_4 + H_2O \Longrightarrow CO + 3H_2 (\Delta H = +206.3 kJ/mol) \tag{3-1}$$

$$CO + H_2O \Longrightarrow CO_2 + H_2 (\Delta H = -41.2 kJ/mol) \tag{3-2}$$

反应(3-1)为强吸热反应,所需热量由燃料天然气及变压吸附解吸气燃烧反应提供。对甲烷含量高的天然气蒸汽转化过程,当水碳比太小时,可能会导致积炭,反应式如下:

$$2CO \Longrightarrow C + CO_2 (\Delta H = -172 kJ/mol)$$

$$CH_4 \Longrightarrow C + 2H_2 (\Delta H = +74.9 kJ/mol)$$

$$CO + H_2 \Longrightarrow C + H_2O (\Delta H = -175 kJ/mol)$$

反应动力学是研究化学反应速率及各种因素对化学反应速率影响的学科。绝大多数化学反应并不是按化学计量式一步完成的,而是由多个具有一定程序的基元反应构成。反应进行的这种实际历程称反应机理。化学反应工程工作者通过实验测定,来确定反应物系中各组分浓度和温度与反应速率之间的关系,以满足反应过程开发和反应器设计的需要。

反应平衡常数是在特定条件下(如温度、压力、溶剂性质、离子强度等),可逆化学反应达到平衡状态时生成物与反应物的浓度(方程式系数幂次方)乘积比或反应产物与反应底物的浓度(方程式系数幂次方)乘积比。用符号"K"表示。从热力学理论上来说，所有的反应都存在逆反应，也就是说所有的反应都存在着热力学平衡，都有平衡常数。平衡常数越大，反应越彻底。

可根据表3-1中的经验公式估算不同反应温度的反应平衡常数。对于蒸汽重整反应，温度越高，平衡常数越大。

表3-1 不同反应温度平衡常数的估算

反应	平衡常数	单位
蒸汽重整	$K_{p2}(T) = 1.198 \times 10^{11} e^{(-26830/T)}$	$(MPa)^2$
变换反应	$K_{p2}(T) = 1.767 \times 10^{-2} e^{(4400/T)}$	$(MPa)^0$

该反应体系中常见的热力学参数，如标准生成焓$[\Delta_f H_m^{\ominus}(298K)]$，标准生成吉布斯函数$[\Delta_f G_m^{\ominus}(298K)]$及标准熵$[\Delta_f S_m^{\ominus}(298K)]$见表3-2。

表3-2 反应体系的热力学参数

物质	$\Delta_f H_m^{\ominus}(298K)/$ (kJ/mol)	$\Delta_f G_m^{\ominus}(298K)/$ (kJ/mol)	$\Delta_f S_m^{\ominus}(298K)/$ [J(mol·K)]
$CH_4(g)$	-71.48	-50.72	188.0
$H_2O(g)$	-241.82	-228.57	188.83
$CO(g)$	-110.52	-137.17	197.67
$H_2(g)$	0	0	130.88
$CO_2(g)$	-393.51	-394.36	213.7

文献中有根据蒸汽与甲烷物质的量的比m，蒸汽转化过程CH_4转化率x，变换反应过程中CO转化率y，计算其平衡组成和各组分分压的方法(表3-3)。

表3-3 计算其平衡组成和各组分分压

组分	反应前/mol	平衡时/mol	平衡分压/MPa
CH_4	1	$1-x$	$p_{CH_4} = \dfrac{1-x}{1+m+2x}P$
H_2O	m	$m-x-y$	$p_{H_2O} = \dfrac{m-x-y}{1+m+2x}P$
CO		$x-y$	$p_{CO} = \dfrac{x-y}{1+m+2x}P$
H_2		$3x+y$	$p_{H_2} = \dfrac{3x+y}{1+m+2x}P$
CO_2		y	$p_{CO_2} = \dfrac{y}{1+m+2x}P$
合计	$1+m$	$1+m+2x$	P

其平衡常数可根据各个组分的分压进行计算。

$$K_{P1} = \frac{p_{CO}p_{H_2}^3}{p_{CH_4}p_{H_2O}} = \frac{(x-y)(3x+y)^3}{(1-x)(m-x-y)}\left(\frac{P}{1+m+2x}\right)^2$$

$$K_{P2} = \frac{p_{CO_2}p_{H_2}}{p_{CO}p_{H_2O}} = \frac{y(3x+y)}{(x-y)(m-x-y)}$$

对于常用的镍催化剂上的蒸汽重整反应，认可度比较高的一种反应机理认为反应历程如下：

(1) $CH_4 + Z \longrightarrow Z—CH_2 + H_2(^*) + Z—H$

(2) $Z—CH_2 + H_2O \longrightarrow Z—CO + 2H_2$

(3) $Z—CO + Z \longrightarrow Z + CO$

   $CH_4 + H_2O \longrightarrow CO + 3H_2$

(4) $H_2O(g) + Z \longrightarrow Z—O + H_2$

(5) $CO + Z—O \longrightarrow CO_2 + Z_2$

   $CO + H_2O \longrightarrow CO_2 + H_2$

第(1)步为反应速率控制步骤。

式中，Z 为镍催化剂表面的活性中心；Z—CH$_2$ 为化学吸附的次甲基；Z—CO 为化学吸附的 CO；Z—O 为化学吸附的氧原子；Z—H 为化学吸附的氢原子。

反应机理的研究对深入理解反应历程，研究催化剂的失活原因乃至研发新的催化剂都具有很强的指导意义。

反应动力学方程是反应器设计的重要依据，如果将蒸汽转化和变换反应都视为可逆反应，则其反应动力学方程可用下面的公式表示：

$$r_{CO} = k_1 P_{CH_4}^{0.8}\left[1 - \frac{P_{CO}P_{H_2}^2}{K_{P_2}P_{CH_4}P_{H_2O}^2}\right]$$

$$r_{CO_2} = k_2 P_{CH_4}^{0.8}P_{H_2O}^{1.5}\left[1 - \frac{P_{CO}P_{H_2}^4}{K_{P_2}P_{CH_4}P_{H_2O}^2}\right]$$

式中，r_{CO} 和 r_{CO_2} 为 CO 和 CO$_2$ 的生成速率动力学方程，分别为蒸汽转化的速率和变换反应的速率，mol/(s·g)；分压 P_i（i 分别代表 CH$_4$、CO、H$_2$、H$_2$O）的单位为 atm；k_1 与 k_2 为反应的平衡常数，量纲分别为 atm 和 atm^2。k_1 和 k_2 可由 Arrhennius 方程近似表示：

$$k_1 = 6.45 \times 10^5 \exp\left[-\frac{36200}{RT}\right]$$

$$k_2 = 512\exp\left[-\frac{18780}{RT}\right]$$

式中，R 为理想气体常数，$R = 8.314 J/(mol·K)$；T 为开尔文温度。

文献中提供了另一种 Ni/Al$_2$O$_3$ 催化剂上不考虑内外扩散影响下的反应动力学方程：

$$r_{CO} = A_1\exp\left(-\frac{E_1}{RT}\right)P_{CH_4}^{C_1}P_{H_2O}^{C_2}\left[1 - \frac{P_{CO}P_{H_2}^3}{K_{P_1}P_{CH_4}P_{H_2O}}\right]$$

$$r_{CO_2} = A_2\exp\left(-\frac{E_2}{RT}\right)P_{CH_4}^{C_3}P_{H_2O}^{C_4}\left[1 - \frac{P_{CO}P_{H_2}^4}{K_{P_2}P_{CH_4}P_{H_2O}}\right]$$

式中，A 为前因子；E 为反应活化能；C 为压力指数，其值如表 3-4 所示。

表 3-4 动力学方程的常数

$A_1/$ [mol/(h·g·kPa$^{0.89}$)]	$A_2/$ [mol/(h·g·kPa$^{2.06}$)]	$E_1/$ (kJ/mol)	$E_2/$ (kJ/mol)
1.08×10^8	1.73×10^4	178.98	139.00
C_1	C_2	C_3	C_4
0.89	0	0.85	1.21

3.1.2 天然气蒸汽重整制氢的工艺流程

英国的福斯特惠勒，丹麦的托普索，德国的林德、鲁奇及伍德，法国的德希尼布等提供天然气蒸汽重整制氢技术工艺包。天然气水蒸气重整是运转台套数最多、技术最成熟的工艺。经过净化处理的天然气与过热水蒸气在催化剂作用下发生重整反应，生成 CO、CO_2、H_2，此过程为吸热反应，高温有利于反应的进行。大规模的工业化装置中，为节约装置成本，主要采用高温高压反应模式；国内制氢装置普遍采用的重整压力在 0.6 ~ 3.5MPa，反应温度为 600 ~ 850℃。天然气蒸汽重整工艺流程包括天然气预处理脱硫、蒸汽重整反应、CO 变换反应、氢气提纯等，其工艺流程见图 3-1。此工艺流程为中国石油吉林石化公司炼油厂 $4 \times 10^4 m^3/h$ 天然气制氢装置。界区外输入的天然气进入储罐 D-101，经过压缩机 K-101A/B 增压后进入加热炉 F-102 对流段换热升温，之后进入加氢反应器 R-101，在加氢脱硫催化剂上将有机硫化物变为硫化氢，同时烯烃被加氢饱和。预处理脱硫后的天然气进入氧化锌反应器 R-102 中脱除硫化氢。脱除硫化氢后的天然气与蒸汽混合后，混合气进入转化炉 F-101 进行蒸汽重整反应，生成 H_2，CO、CO_2。高温转化气经废热锅炉 E-101 换热到 320 ~ 380℃后进入中温变换反应器 R-103 中进行 CO 与蒸汽的变换反应。中变气经换热，气-水分离后气相进入变压吸附（PSA）单元进行净化。从 PSA 得到纯度大于 99.9% 的产品氢气。变压吸附的低压解吸气送入转化反应炉 F-101 燃烧，给甲烷蒸汽重整转化反应提供热量。

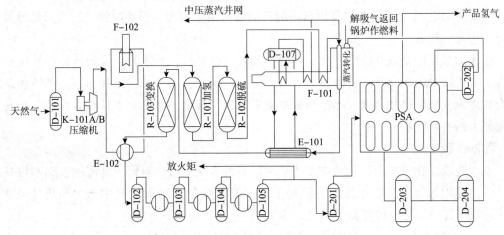

图 3-1 天然气蒸汽重整制氢工艺流程

（1）天然气的脱硫精制

由于天然气形成过程中的地质作用，原料天然气中一般含有硫化氢、硫醇、噻吩等含硫化合物。管输天然气中硫含量一般为 20×10^{-6} 左右，达不到转化催化剂所需求的低硫含量（总硫含量 $\leqslant 1 \times 10^{-6}$）。因此，在天然气制氢工艺中，都会设置脱硫工序。根据原料天然气含硫量、下游氢气使用工况的不同，常设置钴钼加氢脱硫→氧化锌脱硫→氧化铜精脱硫工序。

①钴钼加氢脱硫

钴钼加氢脱硫是指将有机复杂硫化物加氢转化成硫化氢的过程。钴钼加氢催化剂对硫化物的脱除反应如下。

a. 硫醇加氢：

$$R-SH + H_2 \longrightarrow RH + H_2S$$

b. 硫醚加氢：

$$R-S-R' + 2H_2 \longrightarrow RH + R'H + H_2S$$

c. 二硫化物加氢：

$$R-S-S-R' + 3H_2 \longrightarrow RH + R'H + 2H_2S$$

d. 噻吩加氢：

$$C_4H_4S + 4H_2 \longrightarrow n-C_4H_{10} + H_2S$$

e. 二硫化碳加氢：

$$CS_2 + 4H_2 \longrightarrow CH_4 + 2H_2S$$

f. 硫氧化碳加氢：

$$COS + H_2 \longrightarrow CO + H_2S$$

g. 稀烃加氢饱和：

$$C_nH_{2n} + H_2 \longrightarrow C_nH_{2n+2}$$

钴钼加氢工序还存在以下作用：

a. 加氢过程可使天然气中含有的部分不饱和烃在加氢的过程中变为饱和烃；保护转化催化剂。

b. 加氢过程可使有机氯转变成氯化氢，氯化氢在后续的工序中被吸附除掉。

c. 钴钼加氢催化剂同时能将原料中的其他有害杂质如砷、铅等脱除，这些都是容易让催化剂中毒的组分。

钴钼加氢反应是放热反应，反应平衡常数大，有机硫、不饱和烃等物质加氢转化脱除率高。有机硫加氢转化反应的共同特点是 S—C 键断裂，形成 C—H 和 H_2S，碳环和杂环化合物加氢变成开链化合物，不饱和键被加氢饱和。其中，噻吩由于具有芳香性，是转化难度最大的有机硫物种。

②ZnO 脱硫

ZnO 脱硫是在工业上脱除低浓度硫效率最高的方法，ZnO 对低浓度硫的去除率可高达 99.5%。钴钼加氢后再经过 ZnO 脱硫的工艺，能使净化后的天然气中硫含量低于 0.1×10^{-6}。ZnO 脱硫的反应过程如下：

$$H_2S + ZnO \longrightarrow ZnS + H_2O(g)$$

$$C_2H_5SH + ZnO \longrightarrow ZnS + C_2H_4 + H_2O(g)$$
$$C_2H_5SH + ZnO \longrightarrow ZnS + C_2H_5OH$$

由上述反应可知，ZnO 脱除有机硫的过程并不需要氢环境，但其脱硫的过程是以牺牲 ZnO 为代价进行的。实际生产过程中，在 ZnO 脱硫工序后应定期检测硫含量，若硫含量超过 1×10^{-6} 后，就应当及时更换 ZnO 脱硫剂以提高转化催化剂的使用寿命。

卸出的 ZnO 脱硫剂可通过干法或者湿法进行再生。其反应过程如下：

$$ZnS + 2O_2 \longrightarrow ZnSO_4(干法)$$
$$ZnS + H_2SO_4 + 1/2\ O_2 \longrightarrow ZnSO_4 + S + H_2O(湿法)$$
$$ZnS + 3ZnSO_4 \longrightarrow 4ZnO + 4SO_2$$
$$2SO_2 + O_2 \longrightarrow 2SO_3$$
$$ZnSO_4 \longrightarrow ZnO + SO_3$$

在原料中掺杂高碳烃的流程中还包含脱氯过程。按照脱除机理不同，脱氯有两类，一类是物理吸附法，另一类称为化学吸附法。物理吸附法一般用比表面积高的分子筛或者活性氧化铝等吸附剂来脱除 HCl。而化学吸附法中，待净化的 HCl 与脱氯剂中的有效金属组分反应而被固定下来。例如：

$$2NaAlO_2 + 2HCl \longrightarrow 2NaCl + Al_2O_3 + H_2O$$

天然气中若含有有机氯(如氯代烃)时，难以被脱氯剂吸收。需经加氢催化剂将其转化为 HCl 方可被脱除。

(2)蒸汽重整反应

天然气蒸汽重整为强吸热反应，反应条件非常苛刻。天然气蒸汽重整反应通常的反应温度为 750 ~ 950℃、反应空速为 800 ~ 1200h^{-1}、反应压力为 0.6 ~ 3.5MPa、操作摩尔水碳比为 2.5 ~ 4.0。由于反应温度高，天然气在低水碳比下会产生积炭。积炭覆盖在催化剂表面使其失去催化活性。在工业装置中，常用高水碳比 6.0 ~ 7.0 的操作清除催化剂的表面积炭，使失活的催化剂再生，不用频繁停车更换催化剂，从而提高生产效率。甲烷蒸汽的比例取决于反应条件和所用催化剂的性质。该反应通常在镍基催化剂上进行，得到主要含有 H_2(体积分数为 44.7%)、CO_2(体积分数为 5.9%)、CO(体积分数为 7.28%)、CH_4(体积分数为 3.5%)、H_2O(体积分数为 37.2%)的转化气(数据取自黑龙江某生产现场，反应温度为 830℃，反应压力为 2.0MPa)。

蒸汽重整反应是核心转化工序，通常该反应在转化炉中进行。转化炉是整个装置的核心设备，包括辐射段和对流段。辐射段排布装填有催化剂的转化反应管。通常在对流段设置换热单元用以回收烟气热量，提高热效率。脱硫后的原料气体与过热蒸汽混合。混合后的原料气在进入转化炉辐射段前，通常利用转化炉对流段烟气的热量将混合气预热到 500 ~ 650℃，以便混合气能在转化管上段开始反应，提高转化催化剂的利用率，降低转化炉辐射段燃料的消耗。

在以下反应条件下容易发生积炭：①水碳比过低；②脉冲进料；③非甲烷总烃含量高；④反应温度过高。原料会在催化剂表面产生积炭现象，导致碳沉积在催化剂活性晶面上，引起催化剂失活、严重时碳聚集会堵塞反应管。但是低的操作水碳比意味着减少了通过装置的蒸汽流量，降低了反应空速从而提高反应停留时间，因此设备尺寸变小，节省了装置的投资。但是，过低的水碳比会造成转化催化剂积炭且降低甲烷的转化率，虽然可通过将转化炉出口气体温度提高到920~930℃补偿低水碳比带来的影响，提高甲烷的转化率，但过高的反应温度会极大降低转化炉管的使用寿命。因此，各设计院/用户会根据原料的组分、装置的预期消耗、催化剂抗积炭性能及运行成本综合考虑水碳比的取值。

转化后的气体温度为750~880℃，主要组成为CH_4、H_2、CO、CO_2和H_2O（蒸汽）。工业上通常要求出口CH_4含量<6%。高温转化气经余热锅炉回收热量、副产蒸汽，同时将转化气温度降低到CO变换反应所要求的温度。在转化炉有两部分废热可以利用，一部分是转化炉对流段烟气废热，另一部分是转化炉出来的转化气体热量。充分利用好这两股余热，是装置降低能耗、增加效益的关键。天然气制氢装置在设计负荷下能实现蒸汽的自平衡且副产部分过热蒸汽，副产的蒸汽可用于提高装置自身的水碳比或通过公用工程管道向全厂提供过热蒸汽。

（3）CO变换反应

天然气经高温转化后，转化气中含有体积分数5%~8%的CO（湿基含量）。为提高H_2产率，可以将CO与转化气中的蒸汽经变换反应转化为H_2和CO_2（各个工段物料典型组成见表3-5）。

$$CO + H_2O \longrightarrow H_2 + CO_2 \quad \Delta H^{\ominus}_{298.15} = -41.2kJ/mol$$

表3-5 天然气蒸汽重整物料典型组成（体积分数） %

组分	原料气	转化炉	变换器	产品气
CH_4	88.95	3.58	3.58	0.08
N_2	1.36	0.24	0.24	0.02
CO_2	4.50	5.86	12.30	—
C_2H_6	3.20	—	—	—
C_3H_8	1.74	—	—	—
C_4H_{10}	0.24	—	—	—
COS	0.0025	—	—	—
H_2S	0.0075	—	—	—
CO	—	9.09	2.65	—
H_2O	—	34.09	27.65	—
H_2	—	47.14	53.58	99.90

按照变换温度高低不同，变换工艺分为中温变换（300~450℃）、低温变换（180~260℃）。

变换反应属于放热反应。298.15K时，变换反应的Gibbs自由能$\Delta G^{\ominus}_{298.15} = -28.6kJ/mol$，熵变$\Delta S^{\ominus}_{298.15} = -42kJ/(mol \cdot K)$。即使在常温下，变换反应也可自发进行。从动力学角度考虑，反应温度越高，反应速率越快；但是从热力学角度考虑，高温下平衡转化率低；反应温度低时转化率高，但是反应速率慢。变换过程有绝热变换和等温变换两种类型。与绝热变换相比，等温变换可以将变换过程控制在一个高反应活性区域，变换反应有较高的反应效率。由于过程不会出现过高的温度，可避免热点的出现，能有效保护催化剂。变换反应涉及大量的能量转移交换过程，如果操作工艺不合理，会导致浪费大量能量，在变换反应中，应控制变换气夹带水量及热量损耗。

传统的高温变换催化剂为 Fe 系催化剂，操作温度为 $300 \sim 450℃$。由于操作温度较高，原料气经变换后 CO 平衡浓度较高，一般在 $2\% \sim 3.8\%$。Fe – Cr 系变换催化剂具有一定的耐硫能力，适用于总硫含量低于 200×10^{-6} 的气体，具有较高的机械强度、较好的耐毒性和耐热性。但起活温度较高，在低汽气比条件下可被过度还原为金属铁和碳化铁，从而催化 F – T 合成反应的进行，产生烃类副产物，不仅消耗氢影响产量，还危及高变炉和低变炉的正常运行。

铜基低温变换催化剂主要为 Cu – Zn – Al 系和 Cu – Zn – Cr 系催化剂，操作温度为 $200 \sim 280℃$。低温变换催化剂通常串联在高温变换工艺后，将 CO 含量从约 3% 降低到 0.3% 左右。Cu – Zn 系变换催化剂不具有耐硫能力，只适用于硫低于 0.1×10^{-6} 的气体。由于铝系催化剂生产成本较低，在生产和使用中无 Cr 污染，因此多采用 Cu – Zn – Al 系低变催化剂。

（4）氢气提纯

变换反应后的变换气经过逐级换热降温，变换气中的水蒸气经冷凝分出，进入氢气提纯工段。常用的氢气提纯技术有深冷法、膜分离法和变压吸附法。每一种分离技术都有其优点和不足（表 3 – 6）。

表 3 – 6　PSA 和膜分离的对比

项目	PSA	膜分离法
装置投资	1.3	1
最高使用压力/MPa	4.0	1.5
最高氢浓度/%	99.999	99
最高氢回收率/%	85	95
操作难易程度	一般	简单

深冷法分离的原理是根据混合物中各组分相对挥发度在不同温度下存在差异。深冷法需要冷冻系统和进料气膨胀器提供分离所需的能量，能耗大，是所有回收技术中设备投资最大的技术方案，因此工业上较少采用。

膜分离法（Membrane Separation）的原理是，不同组分通过气体渗透薄膜时的相对渗透能力不同，因而在薄膜两侧同一组分存在分压差，使容易透过薄膜的 H_2 得以分离出来。膜材料的选择是膜分离技术实现的关键。

气体分离膜按膜使用的材料不同可分为有机膜和无机膜两类。无机膜包括金属钯及其合金膜、微孔玻璃膜、陶瓷膜、分子筛膜、纳米孔碳膜、超微孔无定形氧化硅膜、碳分子筛膜、$SrCeO_3$ 钙钛矿型氧化物膜等种类。通常多数无机膜化学和热稳定性较好，能够在高温、强酸的环境中工作。有机膜包括聚酰胺、聚砜、醋酸纤维、聚酰亚胺等。大多数高分子膜(如聚砜等)都存在渗透性和选择性相反的关系(但聚酰亚胺膜是一种比较理想的材料),而且需要在低温高压的条件下进行分离。膜分离的优点是可以设计膜的孔径大小,达到相对较高的氢气纯度;不足之处是膜的成本较高,适用的范围较小。

变压吸附法(Pressure Swing Adsorption, PSA)的原理是,被分离物存在沸点和分子结构(如分子极性等)的差异,高压力下非氢杂质组分容易被吸附剂吸附,从而使不容易被吸附的氢气组分得到提纯,降低压力后被吸附的非氢杂质组分容易从吸附剂上脱附使吸附剂再生。通过循环改变压力的方式,使杂质组分与氢气分离开。吸附剂是变压吸附过程实现分离的关键。

吸附剂常用的有分子筛、活性炭等比表面积高、选择吸附能力强、吸附容量大、稳定性高的物质。吸附剂对气体组分吸附能力顺序为:$H_2 < O_2 < N_2 < CO < CH_4 < CO_2 < C_nH_m$。最难被吸附的氢气将被保留在气体中,非氢杂质被吸附在吸附剂上。高纯度的氢气经过吸附剂床层从出口流出。当吸附剂吸附一段时间后(该时间远低于饱和吸附时间),通过程序控阀门切换至再生好的吸附塔进行吸附操作,吸附饱和的吸附塔则进入再生过程。吸附饱和塔经过降压、逆放、升压等操作将吸附的杂质脱除,实现再生过程。从而实现吸附剂的一次吸附和再生循环过程。PSA过程主要为物理吸附过程,具有再生速度快、能耗低、操作简单稳定等优点。氢气回收率达到80%~95%,产品氢气纯度(体积分数)很容易大于99.9%。在天然气制氢工艺中,变压吸附的部分逆放气和解吸气可以返回转化炉燃烧,为转化炉提供热量。因此,从现有的技术发展程度来看,绝大部分制氢系统的氢气提纯单元均采用PSA分离技术。

图3-2所示为某制氢装置PSA工艺流程。本变压吸附装置由12台吸附塔和3台缓冲罐组成,采用12-2-8 VPSA工艺流程。装置的12个吸附塔中始终有2个吸附塔处于同时进料吸附的状态。其吸附和再生工艺过程由吸附、连续8次均压降压、逆放、抽真空、连续8次均压升压和产品最终升压等步骤组成。具体吸附-再生循环过程如下。

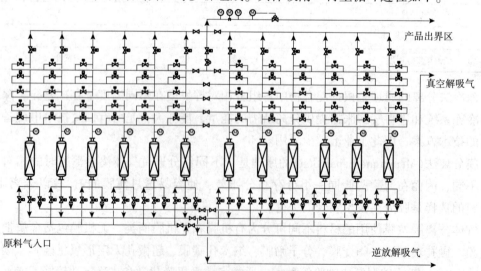

图3-2 某制氢装置PSA工艺流程

①吸附过程

压力为4.0MPa(G)左右、温度为40℃的原料气来自低温甲醇洗系统，自塔底进入正处于吸附状态的吸附塔(同时有2个吸附塔处于吸附状态)内。在多种吸附剂的依次选择吸附下，其中H_2O、CO_2、N_2、CH_4和CO等杂质被吸附，未被吸附的氢气作为产品从塔顶流出，H_2纯度大于99.5%，压力大于3.9MPa，经压力调节系统稳压后送出界区去用户。

当被吸附杂质的传质区前沿(称为吸附前沿)到达床层出口预留段某一位置时，关闭该吸附塔的原料气进口阀和产品气出口阀，停止吸附。该吸附塔床层开始转入再生过程。

②均压降压过程

在吸附过程结束后，通过打开相应吸附塔顶部之间的连通阀(均压阀)，顺着原料气进入产品气输出的吸附方向将塔内较高压力的氢气放入其他已完成再生的较低压力吸附塔，将该吸附塔内的压力逐步降低至0.38MPa(G)，即通常所说的顺放过程。均压降压结束后，关闭相应吸附塔的均压阀，该过程不仅是降压过程，更是回收床层死空间氢气的过程，本流程共有8次连续的均压降压过程，因而可保证氢气的充分回收。

③逆放过程

在顺放过程结束后，吸附前沿已达到床层出口，这时，打开塔底部逆放解吸阀，逆着吸附方向(原来气进入产品气输出)将吸附塔压力降至接近常压0.02MPa(G)，此时被吸附的杂质开始从吸附剂中大量解吸出来，逆放解吸气经过自适应调节系统调节后进入逆放解吸气缓冲罐，然后经稳压调节阀调节后送解吸气混合罐。逆放结束后，关闭塔底部的逆放阀。

④抽真空过程

逆放结束后，通过打开塔底部与真空泵系统相通的真空解吸阀，通过真空泵的抽吸，将吸附塔内压力逐渐降低至－0.08MPa(G)，进一步降低吸附塔内杂质组分的分压，使吸附剂得以彻底再生。真空解吸气进入解吸气混合罐，在解吸气混合罐中与逆放解吸气混合后再送出界区。真空解吸结束后关闭塔底部的真空解吸阀。

⑤均压升压过程

在真空再生过程完成后，依次打开塔顶的均压升压阀，用来自其他吸附塔的较高压力氢气依次对该吸附塔进行升压，逐步将吸附塔内压力从真空状态－0.08MPa(G)升至3.55MPa(G)，这一过程与均压降压过程相对应，不仅是升压过程，而且更是回收其他塔的床层死空间氢气的过程，本流程共包括了连续8次均压升压过程。

⑥产品气升压过程(终升)

在8次均压升压过程完成后，为了使吸附塔可以平稳地切换至下一次吸附并保证产品纯度在这一过程中不发生波动，通过打开塔顶的升压调节阀缓慢而平稳地用产品氢气将吸附塔压力升至吸附压力4.0MPa(G)。

经这一过程后吸附塔便完成了一个完整的"吸附－再生"循环，又为下一次吸附做好准备。

12个吸附塔交替进行以上的吸附、再生操作(始终有2个吸附塔处于吸附状态)，实现气体的连续分离与提纯。

3.1.3 天然气蒸汽重整制氢的影响因素

天然气蒸汽重整反应过程中很容易同时发生逆水煤气变换反应和甲烷化反应等副反应。为减少副反应的影响，最有效的方法是优化操作条件，从而朝有利于正反应化学反应平衡的方向进行。天然气水蒸气重整有较大影响的工艺条件包括压力、温度、水碳比和空速等。

$$CO_2 + H_2 \longrightarrow CO + H_2O(逆水煤气变换)$$

$$CO + 3H_2 \longrightarrow H_2O + CH_4(甲烷化)$$

（1）压力

蒸汽重整属于体积增大的反应，从化学反应转化平衡角度来衡量，该反应适宜在低压下进行。但大规模工业蒸汽天然气转化制氢装置中，高压力可节约动力消耗、提高过热蒸汽热回收的价值(压力高，余热品位高)、减小设备容积从而节省投资，因此大装置的操作压力为2.5~3.5MPa。此外，反应压力对氢气产率也呈一定的正相关关系(图3-3)。

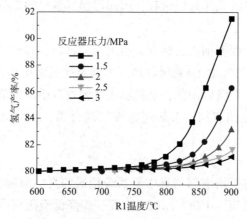

图3-3 反应压力对氢气产率的影响

（2）温度

天然气蒸汽重整反应焓变 $\Delta H = +206kJ/mol$，是较强的吸热反应。无论从热力学平衡还是动力学反应速率来考量，提高反应温度对蒸汽转化反应都是有利的。受转化炉管材的耐热限制，转化炉出口温度一般为750~880℃。转化炉管内的催化剂一般是两段，上段是抗积炭性能好的转化催化剂，下段是甲烷转化率高的转化催化剂。两种催化剂装填比例一般为1:1(质量比)。在压力和水碳比不变的条件下，转化出口的温度直接影响出口转化气的组成。提高转化出口温度，甲烷含量降低，氢气收率增加；降低出口温度，则甲烷含量升高，氢气收率降低(图3-4)。转化炉管的寿命受温度的影响非常大，当温度升至超过850℃时，金属炉管的使用寿命急速降低。因此开发出耐热强度大的金属反应器管材是提升转化炉寿命和降低转化过程能耗的关键。

变换反应属于放热反应，其反应焓变 $\Delta H = -41kJ/mol$。从反应平衡来看，提高反应温度不利于变换反应向右进行，从而降低氢气的收率(图3-5)。但温度降低，反应速率也会降低，从而降低装置的处理能力。

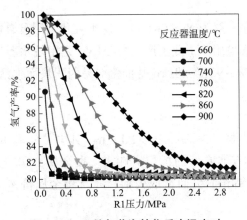

图3-4 天然气蒸汽转化反应温度对氢气收率的影响

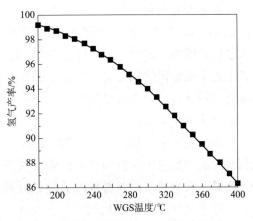

图3-5 变换反应温度对氢气收率的影响

(3)蒸汽天然气物质的量比

蒸汽的作用是携带一部分反应需要的热量，充当反应原料，在特殊情况下也可以起到清除催化剂积炭的作用。从化学平衡角度考虑，提高廉价原料比例，可促进天然气蒸汽转化反应向右进行。从节约蒸汽消耗和降低燃料(气或油)消耗角度考虑，蒸汽重整应选择较低的水碳比。此外，选用高活性和抗结碳催化剂以避免结碳的发生，也可降低蒸汽的用量(图3-6)。国内外设计的装置中，水碳比已能从3.5降至2.5左右。

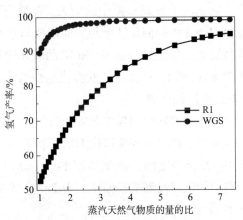

图3-6 蒸汽天然气物质的量的比对氢气收率的影响

(4)空速

空速(空间速度，space velocity)表示单位体积催化剂每小时处理的气体体积。此气体体积可用不同的方法表示，可用原料气在操作条件下的体积表示，称为原料气空速；也可用天然气的碳的物质的量表示，称为碳空速。空速可以衡量转化催化剂的反应能力。空速越大，装置生产能力大，反应原料与催化剂的接触时间越短，转化越不充分，转化反应器出口甲烷含量高，氢气收率低；反之选用低操作空速，则装置生产能力低，天然气转化充分，氢气收率高。因此，合理选用操作空速是提高天然气制氢装置效率的重要指标。

3.1.4 天然气蒸汽重整制氢的催化剂

(1)蒸汽重整催化剂

甲烷水蒸气重整工艺催化剂大致可分为非贵金属催化剂、负载贵金属催化剂、过渡金属氮化物及碳化物催化剂，这些催化剂均能在高空速下使反应达到热力学平衡，甲烷转化率和CO/H_2选择性高。

①非贵金属催化剂

以 Ni、Co 和 Fe 为主要活性组分，活性顺序一般为 Ni > Co > Fe。这类催化剂因具有良好的催化活性和稳定性，并且价格低廉，已大规模用于工业生产，Ni/Al_2O_3 是甲烷水蒸气重整工艺中最常用的催化剂，CH_4 转化率为 90% ~ 92%。但 Ni 基催化剂易因积炭而失活，不能直接转化含硫量高的原料气。

②负载贵金属催化剂

负载贵金属包括 Rh、Pt、Ir 和 Pd 等，活性顺序为 Rh > Pt > Pd > Ir，其中，Pt 和 Rh 抗积炭性能和反应活性更加优异。贵金属 Ir 具有非常好的抗积炭性能，贵金属 Pt 次之。但在高温下贵金属催化剂通常因活性组分易烧结和流失而造成失活，并且贵金属价格昂贵，不适于大规模工业化生产。

③过渡金属氮化物及碳化物催化剂

过渡金属氮化物及碳化物催化剂是指元素 N、C 插入金属晶格中形成的一类金属间充填化合物。由于 N 或 C 原子的插入，晶格发生了扩张，金属表面密度增加，因而过渡金属氮化物和碳化物的催化性能和表面性质与某些贵金属相似，在有些催化反应中可作为替代品代替贵金属催化剂。如 Mo 和 W 的碳化物均具有很好的反应活性及抗积炭性能，高比表面积的 W_2C 和 Mo_2C 反应活性和稳定性与贵金属相当。

(2) 变换催化剂

天然气蒸汽转化制氢工艺中传统的高温变换催化剂为铁铬系催化剂，变换反应温度为 330 ~ 480℃。铁铬系变换催化剂活性相为 $\gamma - Fe_3O_4$，晶型为尖晶石结构的 Cr_2O_3 均匀地分散于 Fe_3O_4 晶粒之间，防止抑制 Fe_3O_4 晶粒长大，$Fe_3O_4 - Cr_2O_3$ 组合称为尖晶石型固溶体。典型的铁基高温变换催化剂中 Fe_3O_4 为 74.2%，Cr_2O_3 为 10%，其余为助剂。作为稳定剂的 Cr_2O_3 含量 ≤14%。

由于反应温度高，转化气经变换反应后，CO 平衡浓度较高，为 3% ~ 3.88%。并且 Fe – Cr 系变换催化剂具有一定的耐硫能力，适用于总硫含量低于 200×10^{-6} 的场合。其优点是催化剂机械强度高、耐毒性和耐热性高；缺点是起活温度(能使催化剂产生催化活性的最低温度)较高，在低蒸汽/转化气物质的量比条件下，可被过度还原为金属铁和碳化铁而失去催化活性。当蒸汽/转化气物质的量比进一步降低时，容易发生歧化反应、费 – 托反应(以 CO 和 H_2 为原料，在催化剂和适当条件下合成液态的烃或碳氢化合物的工艺过程)等副反应，产生积炭，消耗大量 H_2。导致变换系统阻力升高，能耗增高。另外，铁铬系催化剂中 Cr 是剧毒物质，在生产、使用和处理过程中，对人员和环境的污染和毒害作用很大，无铬铁系高温变换催化剂的研发是大势所趋。

因上述缺陷，铁铬系高温变换催化剂进行了不少改进研发。通常是添加一定量过渡金属及稀土元素进入 $\gamma - Fe_3O_4$ 晶格形成固溶体，增大其比表面积从而改善其性能。掺杂铜盐能抑制 CO 的歧化反应，阻止积炭的发生，减少低蒸汽/转化气物质的量比下的费 – 托反应。其中 Cu^{2+} 最好。Li、Na、K、Cs、Th、V 等能促进变换反应的进行，其中 Cs 的促进作用最强。改进型铁基高温变换催化剂已经克服了之前的大部分缺点，但它抗费 – 托副反应的能力还是比较有限。当蒸汽/转化气物质的量比降至 0.26 以下时，费 – 托副反应仍然容易发生。Cr 污染问题也依然存在。

铜基变换催化剂具有良好的选择性、较好的低温活性、蒸汽/转化气物质的量比下反应无费 – 托副反应发生，起到一定的节能降耗的作用，且消除了 Cr^{3+} 的污染问题。但该催化剂最大的缺点是耐温性差，活性组分易发生烧结失活。因此，通过添加有效助剂，提高铜基高温变换催化剂的抗烧结能力。研究发现，添加一定量的 K_2O、MgO、MnO_2、Al_2O_3、SiO_2 等，以及稀土氧化物等助剂，其抗烧能力得到提高。与铁铬系催化剂相比，该类催化剂的性能有较大的提高，能在较宽的蒸汽/转化气物质的量比条件下无任何烃类产物生成，适合低蒸汽/转化气物质的量比的节能工艺。

低温变换催化剂（$190 \sim 250^{\circ}C$）的成分是金属氧化物，可分为双金属氧化物、三金属氧化物和四金属氧化物 3 种类型。应用最多的是三金属氧化物型，通常由 ZnO、CuO 和 Al_2O_3 组成。低温变换催化剂具有较高的结构强度和热稳定性，还具有较高的抗硫、氯和硅等毒物的抗中毒能力。Cu 是活性组分，Cu 的晶粒度和分散度的大小决定了活性的大小。ZnO 起抗毒作用，Al_2O_3 提供催化剂的热稳定性和机械强度。改进制备方法可以提高低温变换催化剂的活性和选择性。共沉淀法制备的催化剂催化活性优于用浸渍法制备的。优化 Zn、Cu、Al 比例，改变催化剂的孔结构，增加游离 ZnO 的含量，都能提高催化剂的抗中毒能力。添加稀土化合物可以改善催化剂的性能。Mn 元素的添加可以增强低温变换催化剂的热稳定性。Co 元素的添加可提高 CO 转化率，La、Ce 等元素能提高催化剂的抗氯中毒能力。

3.1.5 天然气蒸汽重整制氢的关键设备

天然气水蒸气重整转化的关键设备是转化炉。转化炉按照辐射室的供热方式不同可分为顶烧炉、侧烧炉、梯台炉和底烧炉 4 类。

（1）顶烧炉

顶烧炉在辐射室顶部安装燃烧器，烧嘴向下喷射燃料燃烧，烟道出口设在炉膛底部，其结构示意见图 3 – 7。

大型制氢装置多采用顶烧炉。原料入炉温度为 $500 \sim 550^{\circ}C$，出炉温度为 $800 \sim 900^{\circ}C$。转化炉的碳空速区间为 $700 \sim 1000h^{-1}$。平均炉管热强度在 $45kW/m^2$ 左右，蒸汽天然气物质的量的比为 $3.0 \sim 3.5$。

由于燃烧器分布在炉膛顶部，也是反应管的强吸热区域，燃烧散发的热量及时传递给转化管内的重整反应物料。该种炉型也能保证管壁温度沿管长分布均匀。但由于烟道出口安装在炉膛底部一侧，因而不规则流动的烟气带动热量分布不均匀，必然导致炉膛内部烟气温度不均匀分布。因此加强转化炉辐射室内部流场的研究十分必要。

天然气重整制氢转化炉辐射段是进行热量交换最强烈的区域。反应在装填了催化剂的管式反应管内进行，蒸汽重整

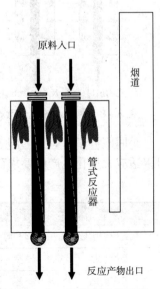

图 3 – 7 顶烧炉流程示意

反应所需热量由炉膛燃烧器燃烧提供。炉膛内部为600~850℃的运行环境，使其成为整个天然气蒸汽重整制氢过程中最薄弱的工段。转化管、管内催化剂搭桥处是最易发生故障的设备。烧嘴火焰偏向一个方向燃烧，容易导致炉管局部过热，进而引起反应管高温蠕变损伤，最终导致炉管开裂。因此炉管金属材质需要具备较强的耐高温性能。但追求炉管的高耐热性无疑会削减其传热性能。因此，炉管的偏烧导致的过热开裂还需从优化炉子温度场来防止。

（2）侧烧炉

侧烧炉的侧壁上安装了很多小型气体无焰燃烧器，火焰贴墙燃烧。通过调节燃烧器可以对不同区域的温度进行调节。该炉型烟道出口设在炉膛顶部（结构示意见图3-8）。

（3）梯台炉

梯台炉的辐射室侧墙呈梯台形，在每级"阶梯"处安装一排产生扁平附墙火焰的燃烧器，不同区域的温度可以通过燃烧器来调节。该炉型烟道出口设在炉膛顶部（流程示意见图3-9）。

（4）底烧炉

底烧炉多用于小型装置。燃烧器安装在辐射室的底部，烧嘴向上喷射燃烧。该炉型烟道出口位于炉膛顶部（流程示意见图3-10）。

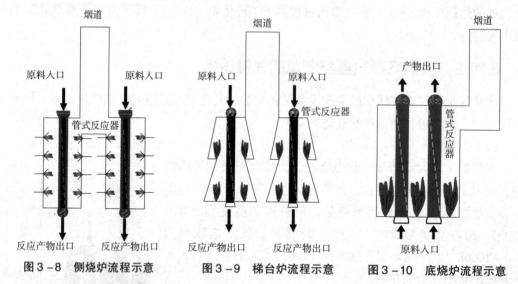

图3-8　侧烧炉流程示意　　　图3-9　梯台炉流程示意　　　图3-10　底烧炉流程示意

不同的炉型具有不同的适用性，具有各自的优缺点，见表3-7。综合而言，顶烧炉因可以适应大型化生产的要求而更具优势。

表3-7　不同炉型的性能对比

炉型	顶烧炉	侧烧炉	梯台炉	底烧炉
辐射段炉膛数	单炉膛	多炉膛	多炉膛	单炉膛
烧嘴数量	少	最多	较多	少
开车时间	短	最长（烧嘴最多）	较长	短

续表

炉型	顶烧炉	侧烧炉	梯台炉	底烧炉
管壁温度沿轴向分布	均匀	升温	升温	升温(剧烈)
炉管材料的有效利用率	几乎全部	部分利用(因升温)	部分利用(因升温)	利用率最低(因升温剧烈)
燃烧风道布置	简单	复杂(烧嘴最多)	比较复杂	简单
维护工作量	少	最多	多	少
大型化	适合	不适合	不适合	不适合

3.1.6 天然气蒸汽重整制氢的典型案例

本案例为新疆维吾尔自治区吐鲁番市某公司 20000Nm³/h 天然气制氢装置。本案例由成都科特瑞兴公司提供。该装置为 30 万 t/a 煤焦油加氢(主要消耗)及 10 万 t 汽柴油精制装置提供原料氢气。原公司有一套 15000Nm³/h 甲醇裂解制氢装置,为降低生产运行成本及扩大产能,新上一套 20000Nm³/h 天然气制氢装置。

(1)工艺流程简介

该装置的工艺流程(图 3-11)如下:管输原料气①和脱盐水②进入装置界区,转化用天然气经原料气压缩、预热脱硫、天然气水蒸气转化、中温变换,再进入变压吸附工段经脱碳、提氢后得产品高纯氢气③输出,同时副产少量蒸汽。。

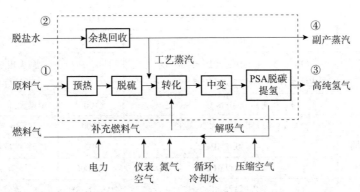

图 3-11 吐鲁番市某公司 20000Nm³/h 天然气制氢装置流程框图

来自天然气管网的天然气以温度为常温、压力小于 0.8MPa(G)进入界区缓冲分离罐。其中,大部分天然气进原料气压缩机加压送转化系统,一小部分天然气减压至 0.12~0.15MPa(G)后去燃烧气缓冲罐,作燃料使用。

原料气再经流量调节后进入转化炉对流段加热至 <350℃ 进入钴钼加氢催化剂/氧化铁锰、ZnO 脱硫槽,使原料气中的硫脱至 $0.1×10^{-6}$ 以下。脱硫后的原料气与工艺蒸汽按一定比例[物质的量比为 1:(2.8~4.0)]混合,进入混合气过热器,进一步预热至 0~550℃,进入转化炉管。在催化剂床层中,CH_4 与水蒸气反应生成 H_2、CO、CO_2,CH_4 转化所需热量由转化炉烧嘴燃烧混合气提供。转化气出转化炉的残余 CH_4 含量 0~4.0%(干基),温度为 0~830℃,进入废热锅炉产生工艺蒸汽。

出废热锅炉转化气温度小于370℃进入中温变换反应器，在铁系催化剂的作用下 CO 和水蒸气变换为 CO_2 和 H_2。变换气进入变换后换热器，与锅炉给水换热。再依次与脱盐水预热器、第一水冷器、变换气第一分离器、第二水冷器、变换气第二分离器进行热量交换，逐步回收热量，最终冷却到40℃以下，进入脱碳工序。各级工艺冷凝液进入酸性水汽提塔汽提，汽提后的水作为锅炉补水循环使用。

变换气之后，进入变压吸附脱碳工序。来自变换工序的中变气以压力小于2.8MPa，常温进入变压吸附脱碳工序，采用 8 - 1 - 5/V PSA 工艺，1 个塔进料，5 次均压，抽真空再生。

之后，进入变压吸附提纯 H_2 工序。来自脱碳的粗 H_2 压力小于2.75MPa，进入 H_2 提纯工序，采用 8 - 3 - 4/P PSA 工艺，3 个塔同时进料，4 次均压，常压冲洗解吸。

变压吸附过程排出的解吸气通过解吸气混合缓冲罐和自动调节系统在较为稳定的压力下，提供给转化炉作燃料。

(2)公用工程和三剂消耗

公用工程消耗见表 3 - 8。剂装填量见表 3 - 9。标定运行参数见表 3 - 10。

表 3 - 8　公用工程消耗

名称	主要工艺要求	用量	备注
电/(kW·h)	220V	10	仪表、照明用电
装机用量/(kW·h)	380V　50Hz	1600	动力设备 + 变压吸附用电
冷却上水/(t/h)	P: 0.45MPa, T: ≤32℃	1500	连续，最大需求量
冷却回水/(t/h)	P: 0.25MPa, T: ≤38℃	1500	连续，最大需求量
脱盐水/(m³/h)	P: 0.3 ~ 0.4MPa, Cl⁻ ≤1mg/L, 导电率≤10μS/cm, Na⁺ ≤ 0.5 × 10⁻⁶mg/kg	35	最大用水量。装置正常运行 15 ~ 18m³/h
仪表空气/(Nm³/h)	P: 0.4 ~ 0.6MPa(G)，常温	100	干燥无油，露点低于 - 40℃
氮气/(Nm³/h)	P: 0.7MPa，无油，无尘	2000	开停车置换使用，间断
工厂空气/(Nm³/h)	P: 0.7MPa	800	系统吹扫试漏试压用
天然气/(Nm³/h)	P: 0.9MPa	约9000	原料 + 燃料天然气
粗氢气/(t/h)	P: 2.75MPa	约31250	流速低于10m/s
外输蒸汽/(t/h)	P: 2.75MPa	约5.0	可用于开工蒸汽输入线

表 3 - 9　剂装填量

催化剂类型	型号	主要活性成分	一次装填量/m³	年消耗/(m³/a)
钴钼加氢催化剂	KTRX - JQ501	Co - Mo - Ni	11.3	2.26
活性氧化锌	KTRX - TL501	ZnO	24.6	4.92
转化催化剂	KTRX - ZH412Q/KTRX - ZH413Q	Ni - Ce - Al_2O_3	5.49 + 5.49	1.83 + 1.83
中(高)变催化剂	KTRX - GB501	Fe_2O_3 - Cu	15	5.0
PSA 脱碳	KTRX - PSA - 101 ~ 105 混合装填	Si - Al - O 等	21.5	4.3
PSA 提氢	KTRX - PSA - 201 ~ 205 混合装填	Si - Al - O 等	21.5	4.3

表3-10 标定运行操作参数(2d)

项目	第1天	第2天	项目	第1天	第2天
天然气总流量/(m^3/h)	8650	8678	一次配汽压力/MPa	3.09	3.09
反氢量/(m^3/h)	216	237	总水碳比	4.0	4.05
加氢反应器入口温度/℃	345	347	上集气管入口温度/℃	545	550
加氢反应器出口温度/℃	373	372	下集气管出口温度/℃	827	829
脱硫反应器A床层压降/MPa	0.03	0.03	转化管压降/MPa	0.15	0.15
脱硫反应器B床层压降/MPa	0.02	0.02	中变反应器入口温度/℃	370	367
一次配汽量/(t/h)	23.78	24.64			

3.1.7 天然气蒸汽重整制氢的发展趋势

随着技术的进步,天然气蒸汽重整制氢有以下发展趋势。

(1)采用预转化技术

当前大型化(H_2产量大于50000Nm^3/h)天然气蒸汽重整制氢装置普遍采用预转化工艺。通过回收转化炉烟气余热,加热反应原料,使原料混合气在进入转化炉前温度升高到500~650℃,大大降低了转化炉的热负荷,一定程度上可减少转化炉设备的尺寸。减少了装置的燃料消耗和设备投资。

(2)较高的转化温度

转化炉管材质经历了4次较大的变化,最初使用HK40(20Ni25Cr),然后是HP-NB合金管(25Cr35Ni),之后是改进型的HP40(25Cr20Ni Nb),用得较多的是微合金型HP40(25Cr20Ni-Microalloy)。与HP40炉管相比,改进型HP40炉管由于耐热性增强,炉管管壁更薄,管壁内外传热温差小,传热效率更高,转化炉出口温度可达到820~840℃。微合金型HP-40炉管转化炉出口温度可达到900℃以上。提高的反应温度提高了转化率,增加了转化深度,大大降低了出口转化气中CH_4含量。提高转化温度有利于降低天然气消耗量,降低反应过程中的蒸汽天然气物质的量比。更进一步,蒸汽天然气物质的量比的降低可降低转化炉的热负荷,大幅减少转化炉的燃料消耗,同时减少下游热回收设备的负荷。因此高反应温度可降低H_2的生产成本和能耗。

(3)较大的反应空速

成熟的顶烧炉和侧烧炉技术,都可实现较高水平的炉管热强度。顶烧炉炉管平均热强度可达到75MW/m^{2}左右,侧烧炉炉管平均热强度可达到80MW/m^{2}左右。高热强度的炉管给转化炉提供了较大的热流通量,为提高空速提供了有力保障。随着催化剂性能的提升,也为高空速反应条件提供了保障。转化炉碳空速最高可达到1400h^{-1}。高空速可减少催化剂装填量,减少炉管数量,从而降低设备投资。

3.2 天然气部分氧化制氢

工业上主流是采用天然气蒸汽重整法制备H_2。但蒸汽重整法属于强吸热反应,能耗高、设备投资大,且产物中$V_{H_2}:V_{CO} \geq 3:1$,不适合CH_3OH合成和费-托合成。而部分氧化法制氢具有能耗低、效率高、选择性好和转化率高等优点，且合成气中的 $V_{H_2}:V_{CO}$ 接近 2:1，可直接作为甲醇和费 – 托合成的原料。天然气部分氧化制氢工艺备受关注，国内外进行了广泛的研究，为走向大规模商业化奠定了坚实的基础。

同蒸汽重整方法比，天然气部分氧化制氢能耗低，可大空速操作。天然气催化部分氧化可极大降低一段炉热负荷同时减小一段炉设备的大小进而降低装置运行成本。因此，天然气部分氧化制氢(合成气)得以较快发展。

催化部分氧化是在催化剂的作用下，天然气氧化生成 H_2 和 CO。整体反应为放热反应，反应温度约为 950℃，反应速率比重整反应快 1~2 个数量级。该工艺需要用户单位配置大型空分系统提供纯氧，在装置运行前期，纯氧注入燃烧的工序具有较大危险性。且该方法使用传统 Ni 基催化剂易积炭，由于强放热反应的存在，使得催化剂床层容易产生热点，从而造成催化剂烧结失活。

3.2.1 天然气部分氧化制氢的反应原理

反应原理有两种，两者都有可能存在。一种原理认为天然气直接氧化，H_2 和 CO 是 CH_4 和 O_2 直接反应的产物，反应式如下：

$$2CH_4 + O_2 \longrightarrow 2CO + 4H_2 (\Delta H = -36kJ/mol)$$

另一种原理是燃烧重整过程，部分 CH_4 先与 O_2 发生燃烧放热反应，生成 CO_2 和 H_2O，CO_2 和 H_2O 再与未反应的 CH_4 发生吸热重整反应，反应式如下：

$$CH_4 + 2O_2 \longrightarrow CO_2 + 2H_2O (\Delta H = -803kJ/mol)$$
$$CH_4 + CO_2 \longrightarrow 2CO + 2H_2 (\Delta H = +247kJ/mol)$$
$$CH_4 + H_2O \longrightarrow CO + 3H_2 (\Delta H = +206kJ/mol)$$
$$2H_2 + O_2 \longrightarrow 2H_2O (\Delta H = -286kJ/mol)$$

3.2.2 天然气部分氧化制氢的反应类型

(1)非催化部分氧化

非催化部分氧化是在高温、高压、无催化剂作用下，天然气与一段炉的转化气混合后部分氧化生成 H_2、CO、H_2O、CO_2 并为反应提供热量的过程。该方法需要使用喷嘴将天然气和纯氧喷到转化炉中，在射流区发生氧化燃烧反应，为转化反应提供热量，反应平均温度为 900~950℃。此工艺仍存在转化炉顶温度偏高，有效气成分低等问题。针对以上问题，华东理工大学开发了"气态烃非催化氧化技术"，并成功运用于新疆天盈石化的天然气制乙二醇工业装置，转化压力为 3.2MPa，反应温度约为 950℃，实现了天然气非催化部分氧化制氢工艺的国产化。

气态烃非催化氧化技术不需催化剂，不用考虑更换催化剂产生的相关费用，如后续工序无特殊要求可不进行转化前脱硫，且不需外部加热，从而简化了工艺流程，但由于反应温度高，转化炉烧嘴的寿命较短，故对转化炉耐温材料和热量回收设备要求较高。

(2)催化部分氧化

国内催化部分氧化的研究主要集中在提高催化剂活性、选择性、稳定性及抗积炭能力和对反应机理的验证等方面。部分氧化工艺与蒸汽重整工艺相比，可以使用更大的空速，同等生产规模，反应器的体积更小。但由于使用纯氧作为氧化剂，需配备空气分离装置，因而增加了设备投资。无机陶瓷膜的出现有望解决空气分离的问题。这类陶瓷透氧膜在高温下，可以把氧从空气中分离出来，使制氧过程与催化氧化过程在同一反应器中完成。但仍存在高透氧量、机械强度等方面的问题尚待解决。

3.2.3 天然气部分氧化制氢的催化剂

天然气部分氧化制氢的催化剂可通过共沉淀法、浸渍法、混浆法、离子交换法、柠檬酸法、沉积－沉淀法、嫁接法、气相吸附和溶胶－凝胶法等多种方法制备。其中，浸渍法和共沉淀法是最常用的方法。活性组分、载体和助剂是对催化剂性能影响较大的因素。

(1)活性组分

金属氧化物和金属都可作为天然气部分氧化制氢催化剂的活性组分。金属活性组分包括贵金属 Pt、Pd、Ru、Rh、Ir 等和非金属 Fe、Co、Ni 等两类。贵金属活性组分具有很高的选择性和反应活性，但因价格非常昂贵，难以具有工业应用前景。Ni 系活性组分催化剂价格低廉，相对较高的反应活性使其成为研究者青睐的催化剂体系，有望得到工业应用。但在部分氧化较高的反应温度下，Ni 与催化剂载体之间容易发生不可逆转的固相反应，因而使活性组分烧结，进而造成催化剂表面积炭，导致催化剂失活。

过渡金属氧化物和稀土金属氧化物也可作天然气部分氧化制氢催化剂。稀土氧化物对 CH_4 的完全氧化也有一定的催化活性，因此其在催化 CH_4 部分氧化制氢时，同时伴随着完全氧化反应，大量放热造成催化剂烧坍塌而破坏，甚至失活。过渡金属氧化物 YSZ(Y_2O_3/ZrO_2)用作部分氧化反应的催化剂具有不错的催化效果。

(2)催化剂载体

天然气部分氧化制氢的催化剂载体主要有活性炭、分子筛、硅胶、Al_2O_3、ZrO_2、TiO_2、MgO、CaO 等。利用载体的结构性质及酸碱性等的差异，可改性和优化催化剂，提高催化剂的各项性能。载体的相对碱性强弱、催化剂的活性和选择性都有较大的影响，Al_2O_3、TiO_2 及 HY 等酸性载体上 CH_4 转化率低。ZrO_2、TiO_2 等比表面较小的载体可以减少反应产物在催化剂表面上的吸附，避免深度氧化产生积炭。载体与金属之间的相互作用的不同及载体结构性质的差异，可使 Ni 负载型催化剂具有不同催化反应活性。

(3)助剂

天然气部分氧化制氢的催化剂助剂包括碱土金属、碱金属、部分过渡金属及稀土金属的氧化物。助剂与活性组分之间存在协同作用，有利于活性组分的分散和稳定，可改善部分氧化催化剂的稳定性和抗积炭能力。

3.2.4 天然气部分氧化制氢的反应器

(1)固定床反应器

实验室规模常用固定床反应器。天然气部分氧化制氢常利用固定床石英反应管内进行。反应温度为 1070～1270K，压力为 1atm。反应器的结构保证其在绝热条件下工作，且可周期性地逆流运行，可达到较高温度。CH₄ 接触催化剂，部分 CH₄ 完全燃烧，使温度达到 1220K。未反应的 CH₄ 与 H₂O 和 CO₂ 深入催化剂内部进行重整反应生成合成气。CH₄ 转化率≥85%，H₂ 的选择性为 75%~85%，CO 的选择性为 75%~95%。天然气部分氧化制氢反应活性最好的催化剂是负载在 Al₂O₃ 上的 Ni 和 Pd 催化剂，抗积炭性好的是 Pt 和 Ir。

（2）蜂窝状反应器

催化剂结构为多孔状或蜂窝状的反应器称为蜂窝状反应器。蜂窝状催化剂的表面积与体积比为 20~40cm²/cm³。蜂窝状反应器上进行天然气部分氧化制氢，原料气进口的温度要求不能低于混合气体自燃温度(561~866K)。

（3）流动床反应器

流动床反应器在很多方面优于固定床反应器。天然气部分氧化制氢反应是放热过程，需要慎重操作，避免天然气与氧气混合浓度处于爆炸极限内。流动床内进行反应，混合气体与翻腾状态的催化剂可以充分接触，热量可以及时传递，反应可以更加完全。此外，相同空速和相同尺寸固定床内、流动床内的压降低。

3.2.5　天然气部分氧化制氢的发展前景

天然气部分氧化制氢受到以下几方面的因素限制：①空分制氧设备投资大、成本高；②至今尚未解决催化剂床层的热点难题；③催化剂的稳定性也有待提高；④由于天然气和助燃气氧气同时存在，容易进入爆炸极限(5%~15%)；⑤二段炉火焰喷口位置存在高流速气体冲蚀的问题，使用寿命较短，反应体系的安全性有待解决。

3.3　天然气自热重整制氢

天然气自热催化重整(Autothermal Reforming of Methane，ARM)是在部分氧化反应中加入蒸汽，部分氧化反应产生热量，之后蒸汽重整中吸收热量，让强放热的部分氧化反应和强吸热的蒸汽重整反应耦合，控制放热量和吸热量使两者达到热平衡的一种自热式重整法。

天然气自热重整结合了部分氧化和蒸汽重整，通过调整 CH₄、H₂O、O₂ 的比例，实现自热重整。氧化反应放出的热量提供给吸热的蒸汽重整反应，实现整个系统的热量平衡，不需要外部热源。天然气自热重整的反应如下：

$$CH_4 + 0.5O_2 \longrightarrow CO + 2H_2 (\Delta H = -36.0kJ/mol)$$
$$CH_4 + 2O_2 \longrightarrow CO_2 + 2H_2O (\Delta H = -802.0kJ/mol)$$
$$CH_4 + H_2O \longrightarrow CO + 3H_2 (\Delta H = +205.8kJ/mol)$$
$$CH_4 + 2H_2O \longrightarrow CO_2 + 4H_2 (\Delta H = +164.6kJ/mol)$$
$$CO + H_2O \longrightarrow CO_2 + H_2 (\Delta H = -41.2kJ/mol)$$

通过调节 CH₄、H₂O、O₂ 的比例，自热重整的优势是得到较为理想产物时能耗尽可能小。H₂O/CH₄、O₂/CH₄ 是至为关键的影响条件，将影响反应热量平衡、最终产物中各组分含量、CH₄ 转化率和析碳等。根据催化剂性能、反应压力，通过调节 H₂O/CH₄、O₂/CH₄

比例，可以避免催化剂上热点区域的出现，减少积炭，获得比较理想的反应产物。将选择性透氢膜与流化床反应器结合起来的流化床膜反应器，可以直接将反应产物中的 H_2 分离出来，有利于 CH_4 蒸汽重整反应平衡向右移动，使 CH_4 转化率和 H_2 产量都得到提高。

可用于 CH_4 自热重整制氢的催化剂主要有两类：一类为贵金属基催化剂，另一类是掺杂了贵金属的镍基催化剂。催化剂成本较高，难以形成商业规模化。

3.4 天然气二氧化碳重整制氢

天然气二氧化碳重整（Carbon dioxide Reforming of Methane，CRM）是 CH_4 和 CO_2 在催化剂作用下生成 H_2 和 CO 的反应。CRM 给 CO_2 的利用提供了新的途径。

$$CH_4 + CO_2 \longrightarrow 2CO + 2H_2 (\Delta H = +247.0 kJ/mol)$$

$$CO + H_2O \longrightarrow CO_2 + H_2 (\Delta H = -41.2 kJ/mol)$$

CRM 为强吸热反应，其反应焓变 $\Delta H = +247.0 kJ/mol$，大于蒸汽重整的 $\Delta H = +206 kJ/mol$。反应温度 $>640 ℃$ 时才能进行。温度升高，可使平衡反应向正向移动，使 CH_4 和 CO_2 转化率提高。研究发现，常压下 850℃ 进行 CRM 反应，CH_4 转化率 $> 94\%$，CO_2 转化率 $> 97\%$，反应产物 H_2/CO 接近 1。积炭失活是催化剂存在的主要问题。CH_4 高温裂解和 CO 的歧化反应都会产生积炭。

3.5 天然气催化裂解制氢

CH_4 在催化上裂解，产生 H_2 和碳纤维或者碳纳米管等碳素材料（成熟技术主要生产炭黑，碳纤维或者碳纳米管尚处于实验室阶段）。天然气经脱硫、脱水、预热后从移动床反应器底部进入，与从反应器顶部下行的镍基催化剂逆流接触。天然气在催化剂表面发生催化裂解反应生成 H_2 和炭。其反应如下：

$$CH_4 \longrightarrow C + 2H_2 \quad (\Delta H = 74.8 kJ/mol)$$

从移动床反应器顶部出来的 H_2 和 CH_4 混合气在旋风分离器中分离出炭和催化剂粉尘后，进入废热锅炉回收热量，之后通过 PSA 分离提纯得到产品 H_2。未反应的 CH_4、乙烷等作为燃料或者循环使用。反应得到的炭附着在催化剂上从反应器底部流出，热交换降温后进入气固分离器，之后在机械振动筛上将催化剂和炭分离，催化剂进行再生后循环使用。分离出的炭可作为制备碳纳米纤维等高附加值产品的原料。

该方法的优点是制备的 H_2 纯度高，且能耗比蒸汽重整法低。碳纤维或者碳纳米管等碳素材料附加价值高。其缺点是裂解反应中生成的积炭聚集附着在催化剂表面，易造成催化剂失活。此外，连续操作工艺过程中，需要通过物理或化学方法剥离催化剂的积炭。物理方法除炭后，可一定程度延长催化剂使用寿命，但催化剂终究还是会失活，需进行再生或更换新的催化剂。增加了生产成本，且也不适合长周期运行。化学方法除碳是通入空气或纯氧燃烧掉催化剂上的积炭而使催化剂得到再生。该过程会引入 CO_2。

因此，天然气催化裂解制氢的研究重点是：①开发容炭能力强且更加高效的催化剂，以达到减少再生次数的目的；②找到更有效更彻底地从催化剂上移除积炭的方法。

3.6 铁基天然气化学循环制氢

以天然气为原料生产H_2，不论采用何种工艺过程，都会产生CO_2。CO_2的分离回收需增加额外的设备投资，并且当前技术条件下，CO_2的捕获效率尚差强人意。

化学循环制氢的方法很多，本章只提及与天然气有关的化学链循环。其他化学链循环制氢的内容将在第8章进行介绍。研究人员提出了利用Fe_2O_3的不同氧化态氧化天然气。其化学反应历程如下：

$$4Fe_2O_3 + CH_4 \longrightarrow 8FeO + 2H_2O + CO_2$$
$$8FeO + 8/3\ H_2O \longrightarrow 8/3\ Fe_3O_4 + 8/3\ H_2$$
$$8/3\ Fe_3O_4 + 8/3\ O_2 \longrightarrow 4Fe_2O_3$$
$$CH_4 + 2/3\ O_2 + 2/3\ H_2O \longrightarrow 8/3\ H_2 + CO_2 (总反应)$$

该化学循环经历以下过程：

(1)还原反应器中，天然气通过吸热反应被氧化，Fe_2O_3被还原为FeO。出口气态产物是水蒸气和CO_2，CO_2在水蒸气冷凝后直接被分离出来。

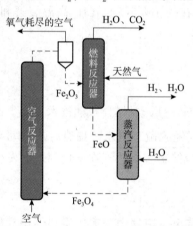

图3-12 提升管式三段化学循环反应器

(2)FeO在蒸汽反应器中发生放热反应，FeO与水蒸气反应形成Fe_3O_4和H_2。此反应需要大量水蒸气使FeO氧化，反应器出口的气体产物是蒸汽和H_2。

(3)氧化反应器中Fe_3O_4(以及未反应的微量FeO)被完全氧化成Fe_2O_3。

化学循环制氢与天然气蒸汽重整制氢相似，不同的是，还原反应、蒸汽反应和氧化反应在不同的反应器中进行(图3-12)。反应产物可通过简单的冷却和冷凝从蒸汽反应器中分离出H_2和从还原反应器中分离CO_2。该过程不需要额外的气体处理和分离过程。该过程可实现CO_2捕获效率100%，H_2的生产效率高达77%。

3.7 小型橇装天然气制氢

国内运行的加氢站的H_2来源是使用管束车将压缩H_2从制氢工厂运输至加氢站，其运输成本占总成本25%~30%。降低运输成本才能使氢能产业发展。在加氢站站内制氢能省去昂贵的H_2运输环节所产生的费用，还可以大幅降低H_2成本。

站内制氢方法有电解水制氢、甲醇制氢、液化石油气制氢和天然气制氢、氨气制氢等方式。我国天然气制氢技术上工艺流程的改进、催化剂品质的提高、设备形式和结构的优化、控制水平的提高保证天然气制氢工艺的可靠性和安全性。在大规模可再生能源制氢时代来临之前，天然气制氢将是未来较环保、经济、可行的制氢方式。天然气制氢可借助完善的天然气输配和城市燃气基础设施，实现贴近市场进行10~1000kg/d规模的低成本制氢。小型橇装天然气制氢正是适应这一需求的技术方案。其橇装化、模块化的集装箱式设计，便于公路运输。占地面积小，便于进行灵活、便捷、快速地建设安装和运行，也便于对已有加气站实施快速 H₂ 补充。

小型橇装天然气制氢并非大型成熟天然气制氢的缩小版，其催化剂、工艺流程、重整反应器、系统集成与控制、氢气净化、热量平衡等方面都有待创新和研发，技术挑战性很大。加氢站通常为燃料电池汽车补充 H₂，H₂ 的高纯要求高。GB/T 37244—2018《质子交换膜燃料电池汽车用燃料　氢气》中要求 CO 含量≤0.2μmol/mol，实际一般控制在≤10×10⁻⁶以内。小型橇装天然气制氢工艺流程中包括水蒸气重整、CO 深度脱除和氢气提纯 3 个主要工段。图 3-13 所示为大阪燃气公司 HYSERVE30 工艺流程。该装置长 2m、宽 2.5m、高 2.5m，集成度非常高，可以放进普通货车。中压条件下进行反应，PSA 单元的弛放气被用作燃料以补充重整反应所需热量。HYSERVE30 工艺集高效小型重整反应器、脱硫反应器和 CO 变换反应器为一体，PSA 小型化，纯水代替工艺水蒸气。可制得 H₂ 纯度≥99.999%，单耗 0.42m³CH₄/m³H₂，处于技术先进水平。

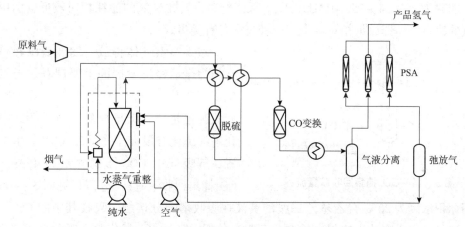

图 3-13　大阪燃气公司 30m³/h 制氢规模的 HYSERVE30 工艺流程

受移动现场条件影响，小型橇装天然气制氢更倾向于接近常压(<0.15MPa)、温度为 600~750℃的条件下进行，因而对反应器的金属材料要求低于传统高温重整反应器，可减少投资。此外，低温蒸汽重整有以下优势：①蒸汽天然气比低，蒸汽需求量大幅降低；②重整反应转化率高，CO 也基本转化，无须 CO 水汽变换单元；③PSA 解吸尾气作燃料便足够重整反应的热量，无须额外补充燃料。

随着小型橇装天然气制氢技术日趋成熟，其在城市生活、能源交通等方面将大展身手，市场前景十分光明。

3.8　天然气制氢的 HSE 和技术经济

根据《危险化学品目录》制氢装置属于甲类火灾危险性装置。甲烷和 H₂ 属于甲类火灾危险性气体，易燃易爆，而 CO 则属于乙类火灾危险性气体，易燃易爆且有毒。因此氢气生产是重点监管对象。

天然气蒸汽重整制氢、天然气催化部分氧化制氢、天然气二氧化碳重整制氢、天然气自热重整制氢4种制氢技术各有其优缺点。天然气水蒸气重整制氢技术成熟可靠，投资大成本高；天然气二氧化碳重整制氢效率较低，但经济效益和环境效益最好，为CO_2的利用找到一个新的途径；天然气催化部分氧化技术投资小，能耗低，但需要增加空分装置，投资成本增加；天然气自热重整技术投资小、效益高，但两种技术的结合增加了工艺复杂性。

天然气制氢生产$1m^3$氢气需消耗天然气$0.42 \sim 0.48m^3$，锅炉给水1.7kg，电0.2kW·h。$50000m^3/h$及以下H_2产量时，天然气具有成本优势。大于$50000m^3/h$时，则以煤为原料制氢更具有成本优势。

生命周期评价是整体上评估一个服务（或产品）体系在整个寿命周期内所有投入、产出及其对环境直接造成或潜在影响的方法。生命周期评价结果表明，制氢运行环节的能耗和CO_2释放量分别占系统生命周期总量的87.1%和74.8%，是整个系统的主要影响过程。天然气蒸气重整制氢技术的生命周期温室气体释放当量为11893g CO_2/kg H_2，能耗为165.66MJ/kgH_2。天然气热解制氢系统生命周期的温室气体释放当量为3900 $\sim$ 9500gCO_2/kgH_2，能耗为298.34 $\sim$ 358.01MJ/kgH_2。天然气蒸汽转化制氢的能耗相对较低，而甲烷热解制氢的温室气体释放量相对较少，两种技术各有优劣。

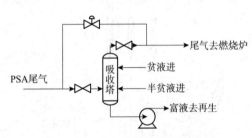

图3-14 CO_2捕集回收装置流程

减少温室气体排放，发展低碳经济，正在成为全球经济发展的重要课题。天然气制氢不可避免会排出CO_2，因此增设CO_2捕集回收装置是减少碳排放的有效手段。中国石化塔河炼化有限责任公司20000Nm^3/h制氢装置，解吸气中CO_2体积含量为46%，增设CO_2捕集回收装置（工艺流程见图3-14）。解吸气用体积浓度为20%羟乙基乙二胺的贫液在吸收塔充分接触，吸收其中的CO_2。吸收后的富液经过解吸释放出溶剂中的CO_2后循环使用。经过CO_2捕集装置吸收后尾气中CO_2体积含量降低到0.08%。对生产装置的主要影响是外输蒸汽温度下降近10℃，影响中压蒸汽品质，严重时导致蒸汽湿度增加。

习题

1. 简述天然气蒸汽重整制氢主要工艺流程，列出每一工段发生的主要化学反应。

2. 简述天然气部分氧化制氢各组分的作用。

3. 某天然气蒸汽重整制氢装置，水碳比为3.0，CH_4转化率为95%，变换反应中CO的转化率为80%。计算变换反应器出口各个组分的含量及反应平衡常数。

4. 查找文献资料，找出其他用于制氢反应的热化学链循环，并简述其反应原理。

5. 查找文献资料，找出一个天然气蒸汽重整制氢的案例，概括总结其生产能力、工艺参数等。

6. 试计算反应温度700℃，水气比2.5，天然气蒸汽重整制氢甲烷平衡转化率。

第4章 甲醇制氢

甲醇由天然气或者煤为原料制取。甲醇常温下是液体，便于储存和运输。工业上大规模制氢的原料多使用煤或天然气。但用氢场景和用氢规模千差万别。对于用氢规模较小的场景，使用煤制氢和天然气制氢投资太大。在国内需大量进口天然气的现状下（2021年中国天然气进口量12136万t），天然气管网的覆盖率及天然气的可及性有限。对于小型用氢场景则使用甲醇制氢是比较经济的选择。甲醇具有较高的储氢量，适宜作为分布式小型制氢装置的制氢原料。

2017年以来，中国氢能产业呈爆发式发展，加氢站作为氢能的交通基础设施正在全国多个城市布局建设。加氢站供应的氢气主要依靠长管拖车运输，而长管拖车运输氢气存在安全风险，并且装卸载时间长，运输能力低，运输成本高，综合能效不合理，使得加氢站的氢气保供与价格问题变得越来越突出，成为制约整个氢能产业持续发展的关键要素。甲醇制氢适合应用于加氢站供氢。

甲醇是大宗化工原料，2020年中国甲醇产量6728万t，甲醇原料资源丰富。在近几年甲醇制氢工艺得到迅速推广。

甲醇作原料制氢气主要有3种方法：甲醇水蒸气重整制氢，甲醇分解制氢，甲醇部分氧化制氢。

4.1 甲醇水蒸气重整制氢

20世纪70年代，研究人员开发了实验室级的重整器制造氢气。甲醇当选为化学储氢物质，主要有以下几方面的原因：①便于储存和运输；②常温下是液体；③分子结构简单，易于重整；④不含硫；⑤氢碳比高；⑥重整温度低；⑦产物中CO含量低。通过甲醇蒸汽重整制得的氢气经进一步处理，可成为理想的燃料电池燃料。

4.1.1 甲醇水蒸气重整制氢的反应原理

甲醇蒸汽重整（Methanol Steam Reforming，MSR）发生如下反应：

$$CH_3OH + H_2O \Longrightarrow CO_2 + 3H_2 \quad \Delta H = 40.5 kJ/mol$$

甲醇蒸汽重整制氢具有 H_2 产量高，储氢量可达到甲醇质量的18.8%，CO产量低，成本低，工艺操作简单等优点。最终产物是 CO_2 和 H_2，摩尔成分比例1：3，但 H_2 中会掺杂着微量的CO。

（1）反应机理

由于反应体系复杂，甲醇水蒸气重整制氢反应机理一直争议不断。不同催化剂和反应条件下，MSR 反应机理也有所不同，文献中常见的机理有五种。

第一种是甲醇分解 - 水汽置换（Decomposition and Water Gas Shift，DE - WGS）机理。

DE：$CH_3OH \rightleftharpoons 2H_2 + CO$

WGS：$H_2O + CO \rightleftharpoons CO_2 + H_2$

该机理较早提出，认为两种反应是串联进行的，先进行 DE 反应，之后进行 WGS 反应。虽然能分别从催化剂和活化能角度间接验证该机理。后来发现使用这一机理，实测得的 CO 浓度远低于 WGS 反应的理论平衡计算值，仅在甲醇转化率足够高和接触时间足够长的条件下才能检测到 CO 的生成等问题。

第二种是甲醇水蒸气重整 - 甲醇分解（Steam Reforming and Decomposition，SR - DE）机理。

SR：$CH_3OH + H_2O \rightleftharpoons CO_2 + 3H_2$

DE：$CH_3OH \rightleftharpoons 2H_2 + CO$

该机理认为 SR 和 DE 反应是同时进行的。研究人员通过对催化剂 $Cu/ZnO/Al_2O_3$ 中的氧原子 ^{18}O 进行标记，发现 MSR 反应产物中 90% 的 CO_2 含有两个 ^{18}O，而 CO 中未检测到 ^{18}O。认为绝大部分 CO_2 的生成是直接来源于 SR 反应，且催化剂贡献了 CO_2 生成所需的氧原子；而 CO 应该是来源于 C - O 键未发生断裂的 DE 反应。

第三种是甲醇水蒸气重整 - 水汽置换逆变换（Steam Reforming and reverse Water Gas Shift，SR - rWGS）机理。

SR：$CH_3OH + H_2O \rightleftharpoons CO_2 + 3H_2$

rWGS：$CO_2 + H_2 \rightleftharpoons CO + H_2O$

该机理认为 MSR 反应是由 SR 和 rWGS 反应串联进行的，CO 是二级产物。研究人员通过原位红外光谱法，得到在 MSR 反应启动过程中 CO_2 是在 CO 之前生成的，从而否定了 DE - WGS 和 SR - DE 机理。另外，由于反应产物中 CO 含量远低于 WGS 反应的理论平衡计值量，且发现 CO 含量随着接触时间的减小而下降，在低甲醇转化率和较短接触时间下并未生成，所以许多学者推断 CO 的产生很可能来源于 rWGS 反应。

第四种是甲醇水蒸气重整 - 甲醇分解 - 水汽置换（Steam Reforming，Decomposition and Water Gas Shift，SR - DE - WGS）机理。

SR：$CH_3OH + H_2O \rightleftharpoons 3H_2 + CO_2$

DE：$CH_3OH \rightleftharpoons CO + 2H_2$

WGS：$CO + H_2O \rightleftharpoons CO_2 + H_2$

为了可以完整预测 MSR 反应中各产物的组分含量，特别是 CO 含量，研究人员认为SR、DE 和 WGS 这 3 种反应均应被包含在 MSR 反应中。研究者发现在 $Cu/ZnO/Al_2O_3$ 催化剂上存在两类催化活性位：一类是有利于 SR 和 WGS 反应的活性位；另一类是有利于 DE 反应的活性位。

第五种是含中间产物的反应机理，许多学者在 Cu 系催化剂上进行 MSR 反应时，发现反应过程中出现甲酸甲酯(CH_3OCHO)、甲酸($HCOOH$)和甲醛($HCHO$)等中间产物。研究人员在基于$Cu/ZnO/Al_2O_3$催化剂的MSR反应中引入大量$CO(0 \sim 30\%)$，发现其对产氢率和H_2/CO_2的比值没有明显影响，推断MSR制氢反应中不涉及WGS反应，并根据反应过程中存在CH_3OCHO、$HCOOH$等中间产物，提出以下反应机理，该机理忽略了CO的形成。

脱氢反应：$2CH_3OH \Longrightarrow CH_3OCHO + 2H_2$

酯水解反应：$CH_3OCHO + H_2O \Longrightarrow HCOOH + CH_3OH$

酸分解反应：$HCOOH \Longrightarrow H_2 + CO_2$

总反应：$CH_3OH + H_2O \Longrightarrow 3H_2 + CO_2$

(2)反应热力学

热力学基本定律反映自然界的客观规律。热力学上肯定能进行的过程，由于还存在速率问题，若是反应速率极其缓慢，实际上不一定会发生；反之，若热力学上不可能发生的反应过程，则一定不会发生。利用吉布斯自由能最小原理可计算反应的平衡组成时，平衡计算无须具体的反应和催化剂，只需反应温度、进料组成比和平衡组成。所有的计算都是基于一个封闭的系统。

$$\ln K_f = \frac{-\Delta G_{298.15}^0}{298.15R} + \int_{298.15}^T \frac{1}{RT^2} \left(\Delta H_{298.15}^0 + \int_{298.15}^T \Delta C_p T dT \right) dT$$

$$K_f = \frac{\hat{f_{CO_2}} \hat{f_{H_2}^3}}{f_M f_W}$$

$$= \exp\left(-17.655 - \frac{4211.466}{T} + 5.753\ln T + 1.709 \times 10^{-3} T - 2.684 \times 10^{-7} T^2 + 7.037 \times 10^{-10} T^3 / 0.101325^2 \right)$$

(3)反应动力学

由于MSR反应是一个复杂的多相催化反应体系，其反应机理的研究还处于探索阶段，为此许多学者也开展了大量相关的反应动力学研究。MSR反应动力学研究中催化剂的颗粒尺寸通常小于700μm，其比表面积为$70 \sim 170m^2/g$。当颗粒直径小于700μm时，可忽略内扩散效应的影响，获得MSR反应的本征动力学模型。

基于不同的MSR反应机理发展出了许多相关的反应动力学模型，用于预测反应器内物料的传输特性。根据MSR反应过程中所包含的反应方程个数，可分为单速率、双速率和三速率模型3类。其形式主要有幂函数(Power – Law，PL)型和双曲线(Langmuir – Hinselwood，LH)型2种形式。其中，PL型方程一般不基于反应机理，是通过实验数据拟合得到的经验型反应动力学方程，而LH型方程则大多基于不同的反应机理提出。

①单速率模型

单速率模型大多以SR反应反映整个反应过程，较多以PL型方程的形式出现，一般如下式所示。

$$r = k_0 \exp\left(-\frac{E_a}{RT} \right) P_{CH_3OH}^a P_{H_2O}^b P_{H_2}^c P_{CO_2}^d$$

式中，指前因子$k_0 = 2.673 \times 10^{11} mol/(h \cdot g_{cat})$；活化能$E_a = 116.7kJ/mol$；$a = 0.402$；

$b = -0.468$；$c = -0.793$；$d = 0.578$。

②双速率模型

根据 MSR 反应机理可得，双速率模型有 DE – WGS、SR – DE 和 SR – rWGS 3 种模型，文献中出现的一种 SR – DE 速率方程见下式。

$$r_{SR} = 6.147 \times 10^{15} \exp\left(-\frac{E_a}{RT}\right) p_{CH_3OH}^{0.8541} p_{H_2O}^{1.1452}\left(1 - \frac{p_{H_2}^3 p_{CO_2}}{K_S R p_{H_2O} p_{CH_3OH}}\right)$$

$$r_{DE} = 2.883 \times 10^{18} \exp\left(-\frac{E_a}{RT}\right) p_{CH_3OH}^{0.01435}\left(1 - \frac{p_{H_2}^2 p_{CO}}{K_{DE} p_{CH_3OH}}\right)$$

式中，SR 的活化能 $E_a = 151.46 \text{kJ/mol}$；DE 的活化能 $E_a = 195.72 \text{kJ/mol}$。

③三速率模型

三速率模型包含 SR、DE 和 WGS 3 个反应。三速率模型虽然可以完整预测 MSR 反应中甲醇、H_2O、H_2、CO_2 和 CO 各组分的含量。但是其比较复杂，可调参数较多，求解也较为困难，从而影响其应用的广泛性。且三速率模型的研究还较少，发展还很不成熟，所以很少应用于实际工程设计中，本教材中不再赘述。

4.1.2 甲醇水蒸气重整制氢的工艺流程

甲醇水蒸气转化制氢的工艺流程主要分为 3 个工序：①甲醇水蒸气转化制气。这一过程包括原料汽化、转化反应和气体洗涤等步骤。②转化气分离提纯。常用的提纯工艺有变压吸附法和化学吸附法，前者适合于大规模制氢，后者适合于对 H_2 纯度要求不高的中小规模制氢。③热载体循环供热系统。甲醇水蒸气转化制氢为强吸热反应，必须从外部供热，但直接加热易造成催化剂的超温失活，故多常用热载体循环供热。

设计的甲醇水蒸气重整制氢分为 4 个工序(图 4 – 1)：

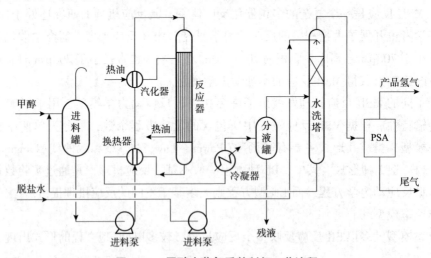

图 4 – 1   甲醇水蒸气重整制氢工艺流程

(1)甲醇/脱盐水混合汽化过热；

(2)甲醇/蒸汽转化；

（3）反应气体冷却分离；

（4）粗氢气提纯。

4.1.3　甲醇水蒸气重整制氢的催化剂

甲醇重整反应使用的催化剂主要有三大系列，即镍系催化剂、贵金属催化剂和铜系催化剂，除此之外，还有新开发的催化剂。

（1）镍系催化剂

镍系催化剂稳定性好，适用条件广，不易中毒。但反应选择性较差，特别是在反应温度低于 300℃时，生成较多的 CO 及一定量的 CH_4，且易积炭失活。在甲醇水蒸气重整反应中，Ni 对 CH_3OH 的吸附远强于对 CO 的吸附，故在 Ni/Al_2O_3 催化剂上，还原的 Ni 活性位为 CH_3OH 的吸附位，H_2O 的吸附位为 Al_2O_3 或 Ni 与 Al_2O_3 的界面，两者的吸附位之间存在能垒，故水汽直接与 CH_3OH 或其脱氢中间体反应极为困难。只有当反应温度升高时，水蒸气和 CH_3OH 获得足够能量时，才能克服吸附位间的能垒进行反应。虽然镍系催化剂在较高温度时具有很好的活性和稳定性，但由于其选择性较差，产物 CO 含量较高。在铜系催化剂中加入适量的 Ni，可提高催化剂的稳定性和活性，对开发铜系催化剂有很好的作用。

CeO_2 由于具有较强的储放氧能力，可以作为 Ni 系催化剂的载体用于抑制积炭的形成，在反应过程中可以观察到 $NiO \rightarrow NiC \rightarrow Ni$ 和 $CeO_2 \rightarrow CeO_{2-x}$ 的相转变。Ni 与 CeO_2 之间的金属载体相互作用促进了 CeO_2 与 Ni 之间的氧转移，有助于提高催化剂的选择性，

（2）贵金属催化剂

贵金属催化剂的优点是活性高，选择性和稳定性好，受毒物和热的影响小。贵金属催化剂多以 Pt、Pd 活性组分为主催化剂，以 ZnO、Al_2O_3、TiO_2、SiO_2、ZrO_2 为载体，碱土金属作改性剂。

Pd/ZnO 催化剂是有代表性的贵金属催化剂。部分 ZnO 在高温下被还原为 Zn，Zn 与 Pd 生成 PdZn 合金。PdZn 合金改变了金属 Pd 的电子结构。在含有合金的催化剂上，反应形成的甲醛物种很容易被转化为 CO_2 和 H_2。PdZn 合金形成的电子结构与 Cu 相似。与其他贵金属体系相比，尤其抑制了 CO 的生成。其优点是催化剂稳定性好，受毒物和热的影响小。缺点是低温活性不如 Cu 基催化剂。甲醇蒸汽重整反应中的 CO_2 选择性与合金中 Pd/Zn 的比例有关，富锌 PdZn 合金催化剂比富钯催化剂具有更高的活性和 CO_2 选择性。

除了将 Pd 负载在 ZnO 上，研究人员还将 Pd 负载于含 Zn 的复合氧化物上。以 ZnO - CeO_2 纳米复合材料为载体，制备的 Pd/ZnO - CeO_2 催化剂比 Pd/ZnO 催化剂的稳定性更好。在 ZnO - ZrO_2 混合氧化物上浸渍 Pd 制得高分散度的 Pd 基催化剂对选择性生成 CO_2 起重要作用。同时，ZrO_2 的加入促进了 ZnO 和 Pd 的分散，抑制了 Pd 晶粒的生长。

Pd/ZnO 催化剂的失活原因有两个：一是催化剂表面的积炭降低了催化剂的活性；二是 PdZn 合金的表面被部分氧化，使 CO 生成增多。失活后，Pd/ZnO 催化剂可以在较低温度的含氧气氛中氧化去除积炭，并在较高温度的含 H_2 氛中还原实现再生。

（3）铜系催化剂

甲醇水蒸气重整制氢催化剂研究中，应用最多的是铜系催化剂。铜系催化剂可分为 3

类：二元铜系催化剂，三元铜系催化剂和四元铜系催化剂。二元铜系催化剂常见的有：Cu/SiO_2，Cu/MnO_2，Cu/ZnO，Cu/ZrO_2，Cu/Cr_2O_3，Cu/NiO。三元铜系催化剂常用的是$Cu/ZnO/Al_2O_3$，对 $Cu/ZnO/Al_2O_3$ 催化剂进行改性，添加 Cr、Zr、V、La 作助剂就可制备四元铜系催化剂。这些铜系催化剂用于甲醇水蒸气重整制氢反应，选择性和活性高，稳定性好，甲醇最高转化率可达到 98%，产气中氢含量高达 75%，CO 含量小于 1%，是比较理想的甲醇水蒸气重整制氢催化剂。

二组分 Cu/Al_2O_3 催化剂要求反应温度高达 250℃，高的反应温度导致 CO 含量增加，而燃料电池的反应温度在 80℃左右，因此，高温对该反应不利。添加第三组分 Cr、Mn、Zn 可提高催化剂的活性，在 250℃时，甲醇转化率提高到 99%，氢的选择性提高到 93%；在 200℃时，甲醇转化率提高到 93%，氢的选择性提高到 99%。

铜系催化剂的活性组分主要是还原态的铜。一般认为：ZnO 起促进作用，并且认为 Cu/ZnO 协同作用产生高活性。但铜锌相互作用的机理尚不明确，研究者们提出了以下几种可能的理论模型：氢溢流模型、金属 – 氧化物界面模型和 Cu – Zn 合金模型。其中，氢溢流模型认为铜锌协同作用与 Cu/ZnO 体系中 Cu 与 ZnO 的双向溢流有关。ZnO 能够捕获最初在 Cu 表面产生的氢原子，并作为储氢器，促进了氢在催化体系中的溢出。而 Cu – Zn 合金模型认为溢流效应是存在的，但并不是 ZnO 起主要作用，ZnO 在体系中主要作为隔离物分离 Cu 颗粒，催化剂中形成的 Cu – Zn 或 Cu – O – Zn 表面合金才是铜锌相互作用的原因。

Ga_2O_3 助剂掺杂的 Cu 基催化剂在低于 473K 的温度下表现出优异的活性、稳定性和选择性，Ga_2O_3 的掺杂促进了 $ZnGa_2O_4$ 尖晶石的形成，并在缺陷 $ZnGa_2O_4$ 尖晶石氧化物表面形成更多小尺度、高度分散的 Cu 团簇，促进了 Cu 物种的稳定和分散。

Al_2O_3 作载体，起分散剂和支撑作用，可改善催化剂的热稳定性和机械强度，延长催化剂的活性寿命。Zn、Cr、Mn 作助剂使催化剂性能提高的机理是：Cu^0/Cu^+ 共同构成 Cu/Al_2O_3 催化剂的活性中心，Cr、Mn 助剂的加入，生成了 $CuMnO_2$、Mn_2O_3、$CuCr_2O_4$ 及 Cr_2O_3。其中 Mn、Cr 都以正 3 价（Mn^{3+}、Cr^{3+}）存在，它们可以接受或失去电子，保证了催化剂中 Cu^0/Cu^+ 活性中心的稳定存在，从而使催化剂性能得到提高。另外，Zn – Al 之间产生了酸 – 碱对协同位点，产生了比双组分（Cu – Zn/Cu – Al）催化剂更强的低温转化率和 H_2 收率。有关活性中心存在两方面的认识：①0 价表面金属铜为活性物质；②Cu^0/Cu^+ 共同构成活性中心。研究人员用 $Cu/\alpha – Al_2O_3$ 作催化剂，在 300℃该反应有较好的选择性，该催化剂的高稳定性归因于在 900℃焙烧能生成 $CuAl_2O_4$，且催化剂的活性与 Cu（Ⅰ）、Cu（Ⅱ）二者相关。研究者通过同位素标记、原位红外、密度泛函（DFT）计算得出结论：在甲醇脱氢生成甲酸甲酯反应中，零价铜位点促进了 CH_3OH 的 O—H 键和 CH_3O 的 C—H 键裂解，而一价铜位点则使得 HCHO 快速分解为 CO 和 H_2。为了在 MSR 过程中保持较低 CO 选择性，需要维持一个特殊的 Cu^+/Cu^0 比例。

尽管 Cu 基催化剂 MSR 机理存在争议，但反应步骤大致有如下部分：甲醇脱氢生成 CH_3O*，CH_3O* 脱氢生成 CH_2O*，水离解生成 OH* 或 O*，而后来自催化剂载体的氧物种与 CH_2O* 进行偶联反应生成中间体，中间体进一步脱氢形成 CO_2 或 CO。其中

CH_3O*脱氢生成CH_2O*为整个反应的速控步骤。对于反应中的活性位点，认为含氧中间体和氢原子分别吸附于不同的反应位点。对于氧物种与CH_2O*偶联发生的竞争反应，CH_2O*脱氢成$CO*$的反应具有最高的能垒，这可能是造成Cu基催化剂具有较低CO选择性的重要原因。

研究者发现不同的晶面具有不同的反应活性。首先，既然CH_3O*脱氢生成CH_2O*是反应的控制步骤，那么CH_3O*在Cu表面的丰度尤为关键；其次，Cu表面应有足够丰富的$O*/OH*$物种参与和CH_2O*的偶联反应，进而反应生成H_2和CO_2；而空位（*）的存在有助于避免表面中毒，为反应提供位点。所以，能提供CH_3O*、$O*$、空位（*）最优分布的表面将呈现出较高的MSR活性。密度泛函理论（Density functional theory，DFT）计算表明，Cu（110）有最高的CO_2选择性。而铜（111）表面全被$O*$覆盖导致中毒，Cu（221）不适用于MSR反应。Cu（110）晶面对MSR反应表现出最好的活性和CO_2选择性，因此在制备催化剂过程中，应尽可能多地暴露Cu（110）晶面。在真实的反应过程中，Cu基催化剂往往会发生一些价态和结构的改变。一般来说，Cu基催化剂在反应器中会先进行还原活化，使得Cu的价态保持零价，在实际的运行过程中，不同的工程公司采用不同的还原方法得到的Cu晶面结构也有所区别，主要体现在催化活性及寿命上。

铜系催化剂制备多采用浸渍法、沉淀法、捏和法和离子交换法。其中以沉淀法制备催化剂的最多，常用硝酸盐溶液与碱性溶液共沉淀制备催化剂，共沉淀法制备的催化剂具有活性高、组分含量可控、生产成本较低等特点。共沉淀法制备催化剂的影响因素主要有：①沉淀剂的影响；②沉淀方法的影响；③沉淀温度和pH的影响；④热处理条件的影响。

活化条件对催化剂性能有很大影响，特别是活性和选择性。选择合适的活化条件可极大地提高催化剂活性。有3种催化剂的活化方法：①用氢-氮混合气还原活化催化剂；②先用氢-氮混合气还原活化催化剂，再用甲醇和水还原活化催化剂；③直接用甲醇和水还原活化催化剂。实验表明，用前两种方法还原活化催化剂的效果好，催化剂活性高。一般认为直接用甲醇-水方法还原活化催化剂最方便，还原效果比前两种还原方法稍差。

反应温度，水和甲醇配比，液体空速和催化剂装填量都影响转化反应的性能。一般情况下，反应温度越高，甲醇转化率越高，副产物CO含量越高；反应温度越低，甲醇转化率越低，副产物CO含量越低。工业上随着装置运行的时间增长，反应温度会逐渐提高。另外，催化剂的物理结构如铜系催化剂的孔结构、孔径大小、分散度、铜晶粒尺寸、活性铜的面积、催化剂中铜组分的含量、活性组分Cu^0和Cu^+含量等都影响催化剂的性能。

Cu基催化剂失活的原因主要有烧结、积炭、中毒等，其中，烧结是甲醇蒸汽重整反应中导致Cu基催化剂失活的主要原因。铜基催化剂的活性与铜比表面积存在线性关系。Cu晶粒长大，Cu比表面积下降，催化剂活性位减少，因此导致了铜基催化剂的失活。Cu比其他常用的金属对热要敏感。另外，Cu的塔曼温度，即固体晶格出现明显的原子移动的温度接近190℃。虽然结构性助剂等提高了催化剂体系的热稳定性，但铜基催化剂一般不能在高于300℃的温度下使用，否则会因重结晶而迅速老化。如果还原及反应时的操作条件控制不当，床层温度大幅度波动，反应床层出现局部高温，或者频繁地开停车使催化剂反复氧化还原，都能导致活性晶粒的长大，丧失活性比表面积，造成催化剂失活。

催化剂的中毒主要与硫化物、氯化物有关。硫化物会与金属 Cu 和 ZnO 生成 Cu_2S、ZnS，覆盖催化剂的活性中心，进而导致催化剂的失活。

当水醇比较低或反应温度较高时，甲醇蒸汽重整中 Cu 基催化剂容易发生副反应生成积炭导致失活。积炭一方面来源于反应过程中形成的碳氢化合物，另一方面由 CO 通过 Boydouard 反应($2CO \rightleftharpoons CO_2 + C$)转化为单质碳，这些积炭会堵塞催化剂的孔隙及覆盖催化剂表面活性物种，从而降低催化剂的甲醇蒸汽重整制氢性能。

(4)$ZnO - Cr_2O_3$ 催化剂

以 $ZnO - Cr_2O_3$ 催化剂为代表的非铜基催化剂相较于 Cu 基催化剂有较好的热稳定性，且在高温时有和 Cu 基相似的催化性能，但其缺点是在低温时反应活性差，且产物中 CO 含量较高。采用共浸渍法制备了以 $\gamma - Al_2O_3$ 为载体的 Zn - Cr 催化剂，并在 H/C = 1.4，GHSV = $25000h^{-1}$ 条件下测试 MSR 性能在 380 ~ 460℃ 范围内 H_2 和 CO_2 的比例约为 3 : 1，CO 是主要的副产物。相比于 Cu 基催化剂，Zn - Cr 催化剂需要一个更高的反应温度，甲醇才能有 100% 转化率，在 GHSV = $25000h^{-1}$ 下反应温度须达到 460℃，此时产物中 CO 含量为 1.5%。因为 Zn - Cr 基催化剂仅在高温时才有较好的催化表现，所以在低温时的甲醇转化率和 CO 选择性均不如 Cu 基催化剂。

4.1.4　甲醇水蒸气重整制氢的反应器

工业应用的 MSR 制氢反应器从结构上又可分为列管式、板式(包括板翅式)和微通道 3 种形式。它们都是固定床反应器，都通过在管内、板间、微通道中填装颗粒催化剂进行反应。但是催化剂颗粒的粒度、反应器的结构不同。反应器设计的目标是减少扩散的影响，使流体分布均匀。

(1)列管式反应器

列管式反应器是工业化生产中最常见的反应器形式，其优点是结构简单、加工方便、流速和温度的操作范围宽、运行时间长、催化剂不易磨损、制造成本低、催化剂容易更换。缺点是管式反应器的体积一般较大，不容易减小，而且反应器填充床中可能会温度过高、催化剂有效利用系数较低、产氢效率较低等。

列管式反应器在实验室 MSR 制氢反应器中最为常见。其特点是长(高)径比很大，内部没有任何构件。反应物料混合的作用较小，一般用于连续操作过程。由于工业催化剂多为颗粒形状，通过在管式反应器中填充一定量的催化剂进行实验最为方便和可靠。根据所采用模型的不同，列管式反应器又可分为微分式和积分式，微分式反应器内各物质浓度和反应速率不随时间和空间变化；积分式反应器内各物质浓度和反应速率随时间或空间变化；两者结构上并无原则的差别，只体现了理论意义上的区别。实验一般都采用积分式连续操作管式反应器，反应器出口甲醇的转化率较高。采用列管式反应器的 MSR 反应器具有强吸热的特性，这样会导致催化剂床层存在部分"冷点"。将在反应物进口处出现一个降温区域；缩小反应器管径可以增加反应器的传热效果，而且催化剂活性也较高。例如，在直径为 4.1mm 的反应器中，反应器进出口温度差达到 40K；而当直径为 1mm 时，传热性能有所改善，反应器进出口温差可减小到22K。但是反应的效果不够理想，且反应管的直径太小会造成催化剂填装困难。

华中科技大学设计了直管式和螺旋管式两种车用甲醇重整反应器(图4-2)，并对反应器模型进行了CFD模拟，研究催化反应过程中反应器的宏观换热性能。对反应器的温度、流体场及各反应涉及的组分浓度分布等因素进行了模拟计算研究。研究比较了螺旋管与直管反应器换热性能的差异。并通过改变边界条件，分别研究了水醇比、反应物流量、换热载体的流速对反应器催化换热性能、甲醇转化率及 H_2 产出量的影响。结果表明，控制水醇比在0.7~0.9，通过增大换热载体流速，提高反应物流量，可以提高催化换热效果，增加 H_2 的产量。

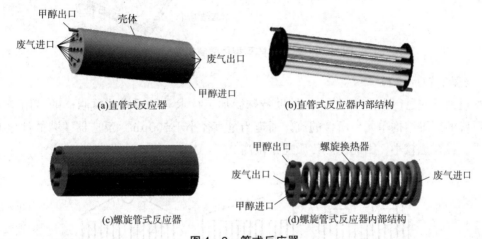

图4-2 管式反应器

(2)板式反应器

板式反应器通常在其一侧装填 MSR 催化剂，另一侧装填催化燃烧催化剂；利用催化燃烧产生的热量给蒸汽重整提供反应所需热量。潘立卫等研制的板翅式反应器集预热、气化、重整和催化燃烧于一体，在反应过程中可实现完全自供热，结果表明该板式反应器具有较高的 H_2 产率及较低的 CO 选择性。

近年来，具有高传热效率和紧凑结构的板式反应器引起人们的研究兴趣。为了增加热交换板和催化剂的接触面积，催化剂颗粒通常负载在板的表面，这样可以提高反应器的传热效率，缩短启动时间，同时紧凑的结构可以减小重整器的体积，可以做成微型的重整器。板式反应器增加了反应气体和催化剂颗粒的传质面积，提高了催化剂的利用率，减少了催化剂的用量。

研究人员设计了一种微凸台阵列的微型重整器，为板式结构，反应载体为矩形结构，在反应载体表面加工有微凸台阵列结构，结构如图4-3所示。通过在反应载体表面负载铜基催化剂，进行了甲醇水蒸气重整制氢实验，测试表面重整器产生的 H_2 可达到燃料电池对氢的需求，同时微凸台阵列结构实现了高效率低成本的甲醇重整制氢。采用板式设计可以使反应器内部温度均匀，解决管式反应器中局部温度过高的问题；而且甲醇重整单元和反应气净化单元的一体化设计可以减轻系统的质量和体积，使反应器更加微型化。

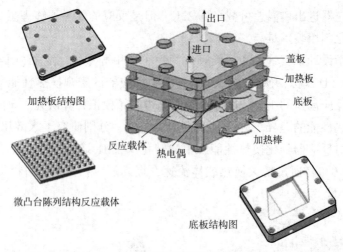

图4-3　微凸台阵列型甲醇制氢微反应器

（3）微通道反应器

微通道反应器（图4-4）是一种借助特殊微加工技术，以固体基质制造的可用于进行化学反应的三维结构单元。所含的流体通道当量直径小于500μm。反应器填装的催化剂颗粒较少，粒径也较小，因此传热传质速率很高。

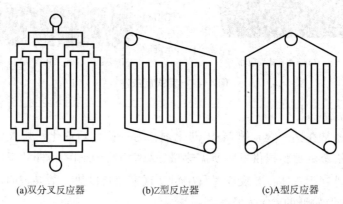

图4-4　微通道反应器

双分叉反应器物料在反应器入口处分成两股（图4-4~图4-6），反应完毕又汇集成一股。其优点是反应器内物料具有统一的流速分布，高传热效率和低压力损失；不足之处是入口处的蒸汽涡流将破坏物流的一致性。Z型反应器结构更加紧凑，但其流体流动的一致性不如双分叉反应器。A型反应器中物料流场的均一性优于Z型反应器。

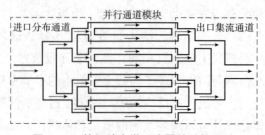

图4-5　并行放大微反应器的结构设计

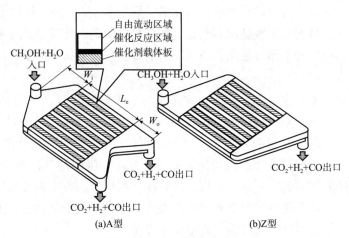

图 4-6 反应器物流示意

4.1.5 甲醇水蒸气重整制氢的典型案例

本案例为山东省某能源公司 15000Nm³/h 甲醇蒸汽制氢装置。该装置为 20 万 t/a 蒽醌法制备过氧化氢装置提供原料氢气,氢气纯度(体积分数)要求 99.99%。原公司有一套 12000Nm³/h 天然气制氢装置,由于在冬季供暖季,天然气价格上涨至 7 元/Nm³,因此新上一套甲醇蒸汽重整制氢装置,用于冬季供暖后制氢原料的切换,以节约生产成本。

其工艺流程包括转化部分、转化气洗涤、脱碳提氢 3 部分。

(1)转化部分

甲醇催化转化制氢工艺过程包括:原料汽化、过热过程,催化转化反应,转化气冷却冷凝等。

①原料汽化、过热过程

原料汽化、过热是指在加压条件下,将甲醇和脱盐水按规定比例用泵加压送入系统进行预热、汽化过热至转化温度。完成此过程需:原料液储槽、原料液泵、汽化器、过热器等设备及其配套仪表和阀门。该工序目的是为催化转化反应提供规定的原料配比、温度等条件。

②催化转化反应

在规定温度和压力下,原料混合气在转化器中进行气相催化反应,同时完成催化裂解和转化两个反应。完成此反应过程需转化器、导热油供热系统及其配套仪表和阀门。该工序的目的是完成化学反应,得到主要含有 H_2 和 CO_2 的转化气。

③转化气冷却、冷凝

将转化器下部出来的高温转化气经冷却、冷凝降到常温。完成该过程的设备有:2 台换热器、冷凝器 2 台设备及其配套仪表和阀门。该工序目的是降低转化气温度,冷凝并回收部分甲醇、水等物质。

(2)转化气洗涤

含有 H_2、CO_2 和少量甲醇、水的低温转化气,进入净化塔用脱盐水洗涤吸收其中未反应的甲醇的过程。完成该过程的设备有：净化塔、脱盐水泵(一开一备)2 台设备及其配套仪表和阀门。该工序目的是用脱盐水与转化气在净化塔填料上传质吸收甲醇等有机物，塔釜收集未转化完的甲醇和水循环使用，塔顶制得的转化气送 PSA 工段。

(3)脱碳提氢工序

从净化器塔顶出来的含有 H_2、CO_2、少量甲醇、水的转化气、CO 和少量 CH_4，自塔底进入吸附塔中正处于吸附工况的塔，在其中多种吸附剂的依次选择吸附下，除去转化气中大部分的水分及 CO_2，获得纯度大于 90 的粗氢气，经压力调节系统稳压后送出界区。当吸附剂吸附饱和后，通过程控阀门切换至其他塔吸附，吸附饱和的塔则转入再生过程。在再生过程中，吸附塔首先经过连续 8 次均压降压过程尽量回收塔内死空间氢气，然后通过逆放和抽真空 2 个步序使被吸附杂质解吸出来。解吸气经真空泵抽至液体 CO_2 工段作原料气。完成该过程的设备有：脱碳塔、真空泵等设备。

从脱碳塔出来的脱碳气(主要含 H_2、CO_2、CO 和少量 CH_4)从提氢塔底部进入提氢塔，塔内吸附剂将 CO、CO 和 CH_4 吸附掉，高纯度的氢气从塔顶出来送入下一工序，提氢部分的解吸气进入解吸气缓冲罐，然后经调节阀调节混合后稳定地送往导热油炉房，用作导油炉的燃料。完成该过程的设备有：提氢塔、真空泵等设备。

公用工程消耗见表 4-1，三剂装填量见表 4-2，两天运行参数见表 4-3。

表 4-1 公用工程消耗

序号	名称	连续量	间断量	备注
一	水耗量			
1	循环水/(t/h)	187.5	—	—
2	脱盐水/(t/h)	—	3	
二	电耗量(轴功率)			
1	380V，kW	370		动力设备
2	220V，kW	5		仪表及照明用
三	燃气/(Nm³/h)	1100		导热油炉用
四	压缩空气			
1	净化压缩空气/(Nm³/h)	200		仪器仪表用
	非净化压缩空气/(Nm³/h)		200	现场吹扫
五	氮气/(Nm³/h)	150	9000	开车置换

表 4-2 三剂装填量

序号	名称	型号及规格	数量/m³	寿命/a	备注
1	MSR 催化剂	KTRX - JL101	40.14	3	一次装入量
2	高温瓷球	φ10	2.475	3	一次装入量
3	脱碳吸附剂	KTRX - PSA101~105	202	10	脱碳用
4	提氢吸附剂	KTRX - PSA101~105	139	10	提氢用

表 4-3　两天标定运行参数

参数	第1天	第2天	参数	第1天	第2天
甲醇总流量/(kg/h)	8032	7678	PSA 脱碳入口压力/MPa	2.16	2.16
脱盐水量/(kg/h)	8538	8275	PSA 脱碳出口压力/MPa	2.14	2.13
MSR 反应器入口温度/℃	227	231	PSA 提氢出口压力/MPa	2.12	2.11
MSR 反应器出口温度/℃	216	221	氢管网压力/MPa	2.05	2.05
MSR 反应器出口压力/MPa	2.18	2.19	产氢量/(Nm³/h)	15043	14765
一级换热器热端出口温度/℃	144	138	脱碳解吸气流量/(Nm³/h)	7633	7302
原料换热器热端出口温度/℃	124	117	提氢解吸气流量/(Nm³/h)	768	711
洗涤塔顶部气体出口温度/℃	38	37			

4.1.6 甲醇水蒸气重整制氢的现状和发展趋势

根据热力学研究,在水醇比(S/M)为 2、反应温度为 100℃条件下,MSR 甲醇转化率理论上就可达 100%,且 CO 含量大幅下降,这为低温(<200℃)催化剂设计指明了方向。低温甲醇水蒸气重整(LT-MSR)制氢催化剂具有多方面的优势,不仅可有效降低副产物 CO 含量(1×10^{-5}),还可以加强吸热的 MSR 系统与放热的燃料电池系统之间的热耦合,以提升甲醇重整制氢燃料电池系统(MSR-FCS)的整体效率。

4.2 甲醇裂解制氢

化肥和石油化工工业大规模的(5000Nm³/h 以上)制氢方法,一般用天然气转化制氢、轻油转化制氢或水煤气转化制氢等技术,但由于上述制氢工艺须在 800℃以上的高温下进行,转化炉等设备需要特殊材质,同时需要考虑能量的平衡和回收利用,所以投资较大、流程相对较长,故不适合小规模制氢。

在精细化工、医药、电子、冶金等行业的小规模制氢(200Nm³/h 以下)中也可采用电解水制氢工艺。该工艺技术成熟,但由于电耗较高(5~8Nm³/h)而导致单位氢气成本比较高,因而较适合于 100Nm³/h 以下的规模。

甲醇裂解制氢在石化、冶金、化工、医药、电子等行业的应用已经很广泛。浮法玻璃行业为有效降低制氢成本和投资,多用氨分解制氢来替代电解水制氢,而甲醇裂解制氢工艺由于其所产氢气质量、制氢成本优势正逐渐被玻璃行业所认可。

甲醇分解制氢即甲醇在一定温度、压力和催化剂作用下发生裂解反应生成 H_2 和 CO。采用该工艺制氢,单位质量甲醇的理论 H_2 收率(质量分数)为 12.5%,产物中 CO 含量较高,约占 1/3,后续分离装置复杂,投资高。甲醇裂解制氢:该工艺过程是甲醇合成的逆过程,其工艺简单成熟、占地少、运行可靠、原料利用率高。生产 1m³ 氢气(0℃,101.325kPa)需消耗:甲醇 0.59~0.62kg,除盐水 0.3~0.45kg,电 0.1~0.15kW·h,燃料 11710~17564kJ,其成本高于天然气制氢。

4.2.1　甲醇分解制氢的反应原理

通过热力学理论计算得知，甲醇分解反应能够进行的最低温度为 423K，水汽变换能够进行的最低温度为 198K。因此，要使该反应能够顺利进行（假设按分解变换的机理进行），反应温度必须要高于 423K。不同温度的反应平衡常数见表 4－4。

主反应：$CH_3OH \Longrightarrow CO + 2H_2$　　　　　　　$\Delta H = -90.7kJ/mol$

副反应：$2CH_3OH \Longrightarrow CH_3OCH_3 + H_2O$　　　$\Delta H = +24.9kJ/mol$

$CO + 3H_2 \Longrightarrow CH_4 + H_2O$　　　　　　　　$\Delta H = +206.3kJ/mol$

$2CH_3OH \Longrightarrow CH_3OCH_3 + H_2O$　　　　　$CH_3OH + H_2 \Longrightarrow CH_4 + H_2O$

$CH_3OH + H_2O \Longrightarrow 3H_2 + CO_2$　　　　　$CO + H_2O \Longrightarrow CO_2 + H_2$

$CH_3OH \Longrightarrow CH_2O + H_2$　　　　　　　　$2CO \Longrightarrow C + CO_2$

$2CH_3OH \Longrightarrow HCOOCH_3 + 2H_2$　　　　$2CH_3OH \Longrightarrow C_2H_5OH + H_2O$

表 4－4　不同反应温度下各反应的平衡常数

T/K	反应 1	反应 2	反应 3	反应 4
273	0	446140.09	0	5.039×10^{43}
298	0	97268.04	3.62	4.084×10^{40}
323	0	26889.30	17.19	1.010×10^{38}
348	0	8958.16	67.12	5.972×10^{35}
373	0	3464.76	223.70	7.074×10^{33}
398	0	1512.74	653.95	1.471×10^{32}
423	2.3472	729.72	1712.82	4.844×10^{30}
448	10.6858	382.46	4086.86	2.337×10^{29}
473	41.8832	214.93	9001.89	1.555×10^{28}
498	144.3820	128.14	18500.56	1.354×10^{27}
523	445.4082	80.35	35787.63	1.488×10^{26}
548	1247.3006	52.62	65630.46	1.993×10^{25}
573	3208.4790	35.78	114790.97	3.168×10^{24}
598	7656.9435	25.13	192455.07	5.855×10^{23}
623	17095.5438	18.17	310616.98	1.233×10^{23}
648	35965.1108	13.47	484370.80	2.914×10^{22}
673	71730.8778	10.21	732060.85	7.618×10^{21}

注：反应 1：$CH_3OH \Longrightarrow CO + 2H_2$；　　　反应 2：$CO + H_2O \Longrightarrow CO_2 + H_2$；
反应 3：$CH_3OH + H_2O \Longrightarrow CO_2 + 3H_2$；反应 4：$CH_3OH + 1/2O_2 \Longrightarrow CO_2 + 2H_2$。

甲醇分解反应的动力学方程

$$r_{DE} = 5.69 \times 10^4 e^{\left(-\frac{68600}{RT}\right)} P_{CH_3OH} P_{H_2O}^{-0.1} P_{H_2}^{-0.1}$$

4.2.2 甲醇裂解制氢的工艺流程

山梨醇是一种重要的精细化工产品，广泛用于医药、食品、轻工等行业。2021年，中国山梨醇产量约为116.57万t。图4-7所示为某公司2万t/a山梨醇配套的甲醇裂解制氢工艺。氢气是生产山梨醇的主要原料之一。每生产1t山梨醇消耗的氢气为100~130Nm³。甲醇和脱盐水进入系统经过汽化和过热后，进入转化反应器，在固体催化剂上进行催化裂解和转化反应，生成 H_2、CO_2 和少量 CO 的混合气。将甲醇裂解得到的混合气冷却冷凝后，通过装有吸附剂的变压吸附塔，这时粗 H_2 中的杂质 CO、CO_2 等被选择性吸附。从而达到 H_2 和杂质气体组分的有效分离，得到纯度较高的 H_2。

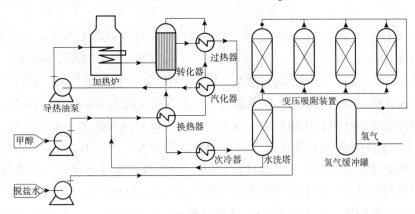

图4-7 甲醇裂解制氢工艺流程

4.2.3 甲醇裂解制氢的催化剂

甲醇裂解制氢副反应多，要抑制这些副反应的发生，需要选择适当的催化剂。它不仅要有高活性，还必须具有高选择性，同时又要有良好的低温活性。应用于甲醇裂解反应的催化剂有很多，包括贵金属催化剂(如 Pd、Pt、Rh)和非贵金属催化剂(如 Cu、Ni、Zn、Cr)等。

Pd 作为甲醇分解的催化剂，已有很多报道。载体主要是金属氧化物如 CeO_2、γ-Al_2O_3、ZrO_2、SiO_2、TiO_2 等。还有碱金属交换的沸石(MY)、氟四硅云母等。影响其催化性能的因素很多，如催化剂组成(Pd 负载量及掺杂)、载体的性质、工作条件(温度、压力、空速 SV)、制备方法及前处理工艺等。

铜基催化剂被认为是甲醇分解的催化剂，Cu-Zn 催化剂是甲醇合成的良好的催化剂，所以 Cu-Zn 催化剂也就成为甲醇分解的催化剂体系中研究最早的催化剂，近年来，研究人员对其反应机理进行了大量的研究。虽然 Cu/ZnO 催化剂是性能优良的甲醇合成催化剂，但其在甲醇裂解制氢过程中的活性较差、稳定性不高和甲醇转化率较低，而 Cu/Cr 系催化剂虽然具有较好的活性和稳定性但选择性不高，还存在污染问题。

最近发展起来的 Cu-Cr 催化剂体系是高温活性甲醇低温分解催化剂，加入 Ba、Si、碱金属等助剂能进一步提高此催化剂体系的活性、稳定性及选择性，改性的 Cu-Cr 催化剂的活性、稳定性要比 Cu‒Zn 好。

在 Cu‒Zn 催化剂体系中，如果去掉 Zn 则表现出更好的活性，但其选择性下降，通过引入 Ni、Mn 等助剂能明显提高其活性和选择性。以 Cu/Cr 为基础，通过加入 K、Mg、Ni、Y 等助剂提高催化剂的选择性和稳定性。

催化剂的稳定性是指它的活性和选择性随时间变化的情况，包括热稳定性、化学稳定性和机械强度稳定性。

无 Zn 的 Cu/Cr 催化剂，具有较高的活性和稳定性，近年来受到重视，Zn 虽然是甲醇合成催化剂中重要组分，但它会使甲醇裂解催化剂的活性和稳定性都有所降低，所以 Zn 的加入不利于甲醇裂解催化反应。同时，Cr 的加入能显著提高甲醇的转化率，但 CO 的选择性低。

非贵金属型复合催化剂的研究较早，最早被应用在合成甲醇工业生产中。实践证明，单种金属的催化能力非常有限，也经常会因为实际操作条件的限制而受到影响，因此，一般会以某种金属为主体，其他金属为助剂，以 Ti 改性的 Al_2O_3、活性炭、硅胶、分子筛等载体，采用浸渍法和溶剂凝胶法，以及新型的纳米管负载技术，将两种或两种以上的金属催化剂制成复合型催化剂，互相作用，互相弥补。而该系列催化剂，主要有 Cu 系列催化剂、Cr 系列催化剂和 Ni 系列催化剂。Cu 基催化剂最初被应用于 H_2、CO 合成甲醇，1966 年，由英国帝国化学工业(I.C.I)公司研制成功。由微观可逆性原理可知，甲醇裂解反应作为合成甲醇的逆过程，催化剂必然也对裂解反应有较好的活性。因此，近 20 年来，铜基催化剂被广泛地使用于甲醇裂解，Cu 基催化剂占有重要地位。Cu 基催化剂虽然价格便宜、制备容易，但选择性和稳定性相对较差。随着研究的深入，各种新型的 Cu 基催化剂及其活性、各种特性和作用机理都不断地被研究出来。使用的 Cu 系列催化剂都是以合金的形成使用，其中 Cu/ZnO 型催化剂是合成工业甲醇中广泛使用的催化剂，但由于分散度不高、铜晶体易长大，因而在甲醇裂解过程中的活性较差、稳定性不高。普遍接受的观点是，在该甲醇催化裂解反应，Cu^0/Cu^+ 是主要的活性中心，其中 ZnO 虽可以帮助 Cu 的分散，是甲醇合成催化剂不可缺少的组分，但也会加快催化剂失活。失活的主要原因在于：反应过程中，ZnO 被还原成 Zn 并渗透到 Cu 的晶格中生成 Cu‒Zn 合金，使得 Cu 的催化活性降低，导致催化剂失活。研究发现，通过添加其他一些金属或非金属助剂，可以在一定程度上改善催化剂的性能，如 Ni、Ba、Mn、Si 等，会对 Cu/ZnO 型催化剂的性能有明显的改善。在催化剂的制备使用中，添加 Ni 可以有效地抑制 Cu‒Zn 合金的形成，维持 Cu^0 活性物种的稳定性，可以诱导 Cu/Zn/Ni 催化剂表面在甲醇裂解反应过程中出现 Cu^+，从而由 Cu^0/Cu^+ 共同构成催化剂稳定的活性中心，提高活性物种的分散度，并维持催化过程的平稳进行，最终使得 Cu/Zn/Ni 催化剂具有高活性。据报道，中国科学院兰州化学物理研究所的席靖宇、吕功煊等，分别进行了 Cu/Zn/Mg、Cu/Zn/Ti、Cu/Zn/Mn、Cu/Zn/Ni 等 12 组金属催化剂对催化甲醇裂解反应性能的影响的研究。其中 Ni 的添加具有最佳的效果，Ni‒Cu/ZnO 催化剂的甲醇转化率、CO 选择性、稳定性均较高。另外，Si 能够帮助铜分散，使细小铜晶体保持稳定，BaO 能抑制二价铜完全还原，都能达到增强 Cu/ZnO 催化剂活性的目的。

Cr 系催化剂通常是将 Cr 和 Cu 复合而得到 Cu/Cr 基催化剂，该类催化剂虽然具有良好的活性和稳定性，但选择性不高。中国科学院成都有机化学研究所的宋卫林等，以 Cu/Cr 为基础，通过加入 K、Mg、Ni、Y 等助剂提高催化剂的选择性和稳定性，结果表明，加入助剂碱金属 K、Ni 后的 Cu/Cr 催化剂的活性虽略有下降，但催化剂的稳定性和对 CO 的选择性有了很大的提高。加入 Ni 后催化剂的初始转化率和稳定转化率分别为 73.9% 和 72.6%，而加入 K 催化剂的初始转化率和稳定转化率分别为 72.8% 和 71.1%。另外，加入 K 和 Ni 后催化剂的初始选择性由 Cu/Cr 催化剂的 20.7% 分别提高到 29.9% 和 28.6%。碱金属 K 能使 Cu 更好地分散并稳定，而且碱金属 K 具有碱性，能抑制 Al_2O_3 和 Cr 的酸性，从而抑制了酸性中心上 CH_3OH 脱水生成 CH_3OCH_3 的反应，所以催化剂选择性和稳定性较高。徐士伟等研究发现，浸渍法制得的催化剂甲醇转化率低于溶胶凝胶法；而添加助剂的几种催化剂中，Cr 的活性最好，添加 La 和 Ce 反而降低了催化剂的活性，尤其是 Ce 使催化剂的活性降低较大。可见，Cr 是提高甲醇低温转化率的一种较好的助剂。另外，加入 Ba、Si、碱金属等助剂也能进一步提高催化剂的活性、稳定性及选择性。各种助剂对催化剂性能的影响，少量的（质量分数为 2%～4%）Ba、Mn、Si 氧化物能显著地增加 Cu 系催化剂的活性。Cu/Cr/Si/Mn 多元催化剂通过其各种组分的协同作用而具有最佳的性能，250℃时甲醇的转化率及 CO 的选择性均高于 90%，但此催化剂存在 Cr 污染的问题。

Ni 系催化剂是报道较多的甲醇裂解催化剂，主要依靠表面上的零价镍起催化作用，表面金属粒子的大小是决定催化剂活性的重要因素。与前两种催化剂相比，Ni 系催化剂具有稳定性较好的特点，但低温时活性不高，选择性较差，CO 和 CH_4 副产物也较多。大多数情况 Ni 都是作为 Cu、Cr 催化剂的助剂而发挥作用的，经大量实验证明，Ni 的引入能够非常有效地削弱金属催化剂与载体之间的互相作用。除此之外，无 Cu 的 Ni 系催化剂也同样能够应用于甲醇制氢反应。在应用于甲醇裂解反应的镍系催化剂中，对 Ni-CeO_2-Pt/SiO_2、Ni/Al_2O_3、Ni/SiO_2、Ni/TiO_2 及镍合金的研究较多。Ni/SiO_2 是一类常见的催化剂，含 Ni 量与活性的变化关系与制备方法有关。Sol-gel 法的最大活性显著大于浸渍法，但在低含量时（如 5%）浸渍法的活性要好一些。Ni/SiO_2 虽开始活性较高，但反应过程中下降较快。选择其他载体，Al_2O_3、MgO 负载活性较高，但 Al_2O_3 有较多的二甲醚生成，而 ZrO_2 负载活性低。

贵金属催化剂以 Pd 和 Pt 基催化剂为主，相对来说，贵金属催化剂比 Cu、Ni 催化剂稳定得多。Pd 催化剂的载体主要是金属氧化物，如 CeO_2、γ-Al_2O_3、ZrO_2、SiO_2、TiO_2 等，还有碱金属交换的沸石（MY）、氟四硅云母等。载体对 Pd 担载催化剂的性能有显著影响，而且影响催化性能的因素有很多，不同的载体催化性质差别大。共沉淀法制备的负载 Pd 催化剂，载体有 ZrO_2、Pr_2O_3、CeO_2、Fe_3O_4、TiO_2、SiO_2、ZnO，在 200～300℃，Pd/ZrO_2、Pd/Pr_2O_3、Pd/CeO_2 的活性大，而 Pd/SiO_2 和 Pd/TiO_2 活性较小。在 Pd（质量分数 15%）/ZrO_2 上，在 200℃、250℃、300℃下，甲醇转化率分别约为 22%、68%、97%。关于选择性，在 200℃、250℃时，这些催化剂的 CO 选择性都很高（>98%）；而在 300℃时，除低活性的 TiO_2、SiO_2 外，CO 的选择性均下降，副产物 CH_4 或 CO_2 的含量增加。Pd/

ZrO_2 的主要副产物是 CH_4，而 Pd/Pr_2O_3、Pd/CeO_2、Pd/Fe_3O_4 的主要副产物则是 CO_2。研究人员研究了金属氧化物负载的 Pd 催化甲醇裂解，结果表明，镧系金属氧化物（如 CeO_2、Nd_2O_3、Pr_6O_{11}）作载体催化活性高，而 SiO_2、TiO_2、ZnO 活性低。在 Pd 质量分数为 2%、CH_3OH 体积分数为 3.4%、体积空速 $4200h^{-1}$、CeO_2、Nd_2O_3、Pr_6O_{11} 的完全转化温度（$T100\%$）为 200℃、230℃、240℃，同时 H_2 和 CO 的选择性也很高（>90%）。

用沉积沉淀法制备 Pd/ZrO_2，Pd 的电子态和颗粒尺寸与无孔 ZrO_2 差不多，但 Pd 比表面积要小，然而活性却更大（160~220℃），推测中孔结构对催化性能有促进作用。在 Pd 和 Pt 催化剂中加入 Ce、Zr 可以提高催化剂的活性。杨成等发现 Pd 与 CeO_2 在 $\gamma-Al_2O_3$ 载体上的强相互作用，有助于提高 Pd 催化剂的甲醇分解活性。La_2O_3、CeO_2 共同改性的催化剂一方面掩蔽了催化剂的表面酸性，从而抑制了裂解过程中脱水反应的进行；另一方面使 CeO_2 在 $\gamma-Al_2O_3$ 表面的分散度提高，从而使 CeO_2 和活性组分 Pd 之间的相互作用加强，促进了裂解反应的进行。Cowley 等发现在 Pd/Al_2O_3 催化剂中添加少量的助剂，如 Ca、Ce、Li、Ba、Na、K、Ru 等，以降低催化剂的酸性，可以提高甲醇裂解反应对 H_2 和 CO 的选择性。但修饰过的催化剂的初始活性均低于未修饰的催化剂。

4.2.4 甲醇裂解制氢的典型案例

四川天一科技股份有限公司设计的浙江某公司建成的一套 $1000m^3/h$ 甲醇裂解制氢装置。甲醇、脱盐水经导热油加热至 170℃汽化并过热，再过热至 210℃后进入反应器，甲醇、水在催化剂的作用下进行裂解反应。裂解气经换热后进入 PSA 分离得到纯 H_2。PSA 采用六塔流程，每个吸附塔在每个循环周期中都要经历吸附、一均降、二均降、逆放、抽空、二均升、隔离、一均升、隔离、最终升压 10 个步骤（图 4-8）。任何时候都有两塔处于吸附状态。当某两塔进行吸附时，其他四塔分别处于再生的不同阶段，六塔依次循环操作，达到连续产氢的目的，吸附各步骤均通过程控阀自动进行。

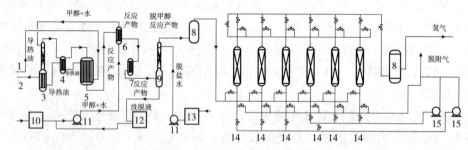

图 4-8 甲醇裂解制氢工艺流程

1—导热油进；2—导热油出；3—气化塔；4—过热气；5—转化炉；6—换热器；7—冷却器；8—缓冲罐；9—水洗塔；10—甲醇中间罐；11—进料泵；12—循环液储罐；13—脱盐水中间罐；14—吸附塔；15—真空泵

甲醇裂解的最佳操作条件为：①温度在 215~260℃；②操作压力在 0.8~1.5MPa；③水/甲醇物质的量比在 1.1~2.6；④催化剂选用铜系催化剂。

物料消耗：

（1）甲醇消耗量 532kg/h，2200 元/t；

（2）动力消耗：真空泵、水泵、导热油系统共 122kW·h，0.58 元/kW·h；

（3）水耗：30t/h；

（4）仪表空气：50m³/h，0.06 元/m³；

（5）煤：2t/d，300 元/t。

4.2.5　甲醇裂解制氢的展望

裂解甲醇可应用于以下几个方面：①汽车发动机。裂解甲醇像纯氢一样，具有火花点火燃烧的优良性质。使用裂解甲醇的内燃机可以在更贫乏的燃烧条件下工作。而且比用汽油有更高的压缩比，这样可进一步提高裂解甲醇燃料的热效率。裂解甲醇的效率比汽油约高 60%，比未裂解甲醇高 34%。同时裂解甲醇燃料（包括 CO 和 H_2）燃烧更加清洁，NO_x 的释放可大大减少。②燃气涡轮。可以利用燃气涡轮的废热，增加燃料热值。对于发电厂在用电高峰裂解甲醇就成为一种值得关注的燃料。③燃料电池。由于甲醇裂解可以产生富 H_2 体，可用于燃料电池。④作为 CO 和 H_2 的现场来源，应用于一些化学过程，如羰基化、加氢等，以及材料处理过程。

4.3　甲醇部分氧化制氢

甲醇蒸汽重整和甲醇裂解制氢为吸热反应，而甲醇部分氧化为放热反应。甲醇裂解制氢由于尾气中 CO 浓度过高而不适于直接作为燃料电池的氢源。水蒸气重整法虽然可获得高含量的 H_2，但该反应为吸热反应，且水蒸气的产生也需消耗额外的能量，这对该反应的实际应用非常不利。甲醇部分氧化制氢反应的优点：①反应为放热反应，在温度接近 227℃ 时，点燃后即可快速加热至所需的操作温度，整个反应的启动速率和反应速率很快。②采用氧气甚至空气代替水蒸气作氧化剂，减少了原料气气化所需的热量，具有更高的效率，同时简化了装置。③部分氧化气作为汽车燃料能降低污染物的排放和热量损失，在负载变化时的动态反应性能良好，在低负载时用甲醇分解气或部分氧化气，而在高负载或车辆加速，即电池组需要较多的氢流量以提高电力输出时，只要改变燃料的流量就可以快速地改变氢的产量或采用甲醇和汽油的混合物作燃料。

甲醇部分氧化为放热反应，既提供了维持反应温度所需的热量，又产生了氢气。由于不同氧醇比（空气/甲醇物质的量比）所放出的反应热不同，所以可通过控制氧醇比来控制反应温度。不同氧醇比时的反应热为：

$$CH_3OH + 0.5O_2 \Longrightarrow 2H_2 + CO_2 \qquad \Delta H_{298} = -155kJ$$

$$CH_3OH + 0.25O_2 \Longrightarrow 2H_2 + 0.5CO_2 + 0.5CO \qquad \Delta H_{298} = -13kJ$$

当氧醇比降为 0.23 时，反应热为 0。因此，可根据需要调整空气进料速度，在反应开始阶段需要升温时，可控制氧醇比为 0.5，升至反应温度后，控制氧醇比在 0.23 ~ 0.4，略微放热以维持反应温度。

甲醇部分氧化过程中可能发生的反应多达 11 个。

$$CH_3OH + 0.5O_2 \longrightarrow 2H_2 + CO_2 \qquad\qquad (4-1)$$

$$CH_3OH + 1.5O_2 \longrightarrow 2H_2O + CO_2 \qquad (4-2)$$
$$CH_3OH + H_2O \rightleftharpoons CO_2 + 3H_2 \qquad (4-3)$$
$$CH_3OH \longrightarrow 2H_2O + CO \qquad (4-4)$$
$$CH_3OH + 0.5O_2 \longrightarrow HCHO + H_2 \qquad (4-5)$$
$$CH_3OH \longrightarrow HCHO + H_2 \qquad (4-6)$$
$$CH_3OH \longrightarrow 0.5CH_3OCH_3 + 0.5H_2O \qquad (4-7)$$
$$CH_3OH \longrightarrow 0.5HCOOCH_3 + H_2 \qquad (4-8)$$
$$CO + H_2O \rightleftharpoons CO_2 + H_2 \qquad (4-9)$$
$$CO + 3H_2 \rightleftharpoons CH_4 + H_2O \qquad (4-10)$$
$$CO_2 + 4H_2 \rightleftharpoons CH_4 + 2H_2O \qquad (4-11)$$

各反应的热力学参数如表 4-5 所示。

表 4-5　各反应的热力学参数

J/mol

	式(4-1)	式(4-2)	式(4-3)	式(4-4)	式(4-5)	式(4-6)
$\Delta H_{298.15}^{\ominus} \times 10^{-3}$	-192.34	-675.99	49.48	90.65	-156.56	85.27
$\Delta G_{298.15}^{\ominus} \times 10^{-3}$	-232.55	-689.70	-3.97	24.55	-176.75	51.83
$\ln K_{p298.15}^{\ominus}$	93.81	278.22	1.60	-9.90	71.30	-20.91
	式(4-7)	式(4-8)	式(4-9)	式(4-10)	式(4-11)	
$\Delta H_{298.15}^{\ominus} \times 10^{-3}$	-23.66	52.32	-41.16	-206.20	-165.04	
$\Delta G_{298.15}^{\ominus} \times 10^{-3}$	-17.92	26.27	-28.52	-142.16	-113.64	
$\ln K_{p298.15}^{\ominus}$	7.23	-10.60	11.50	57.35	45.84	

其中 3 个主要反应的动力学方程如下:

$$CH_3OH + H_2O \rightleftharpoons CO_2 + 3H_2 \quad (SRM)$$
$$CH_3OH \longrightarrow 2H_2 + CO \quad (DE)$$
$$CH_3OH + 1.5O_2 \rightleftharpoons CO_2 + 2H_2O \quad (OX)$$

$$r_{SRM} = 6.865 \times 10^7 e^{\left(-\frac{119663}{RT}\right)} P_{CH_3OH}^{0.7566} P_{H_2O}^{0.1230} P_{CO_2}^{-0.1224} P_{H_2}^{-0.1777}$$

$$r_{DE} = 2.957 \times 10^7 e^{\left(-\frac{126847}{RT}\right)} P_{CH_3OH}^{0.6640} P_{CO}^{-0.0618} P_{H_2}^{-0.0792}$$

$$r_{OX} = 5.784 \times 10^5 e^{\left(-\frac{100094}{RT}\right)} P_{CH_3OH}^{1.0067} P_{H_2O}^{-0.1304} P_{CO_2}^{-0.3561}$$

商业化的低温甲醇合成催化剂 Cu-Zn/Al$_2$O$_3$ 对甲醇部分氧化反应表现出较好的催化活性。甲醇的部分氧化反应与甲醇水蒸气重整反应相比有以下优点:一是该反应是放热反应,在温度接近 500K 时,反应以很快的速率进行;二是用氧气代替水蒸气作为氧化剂,具有更高的能量效率。文献中报道了对该反应的不同催化剂体系研究,其中以 Cu/Zn 体系的效果最佳。Cu/Zn 双组分体系催化剂的稳定性较差,为了提高催化剂的稳定性,加入第 3 组分 Al$_2$O$_3$ 后,催化剂表现出较好的稳定性。为了较好地发挥催化剂的性能,反应器的设计是很重要的,在反应器的上部装填 3% Cu/SiO$_2$ 催化剂,下部装填 3% Cu/SiO$_2$ 和 5% Pd/SiO$_2$ 混合催化剂(其比为 9:1),其量占整个催化剂的 20%,当氧醇比为 0.5 时,甲醇转化率达到 90%。文献报道,将甲醇、水与空气混合后喷入反应器内,部分甲醇直接燃烧以提供其余甲醇重整反应所需的热能。与传统的甲醇重整反应器相比具有以下优点:①在点燃后即可快速加热至所需的操作温度,整个反应器系统的启动容易且迅速;②直接使用液体燃料,可省去汽化装置;③在负载变化时的动态反应性良好。当车辆在加速中,即电池组需要较多的氢流量以提高电力输出时,只要在重整器的设计容量范围内,此种系统可经变化燃料流量而快速地改变氢产量。采用上述方法必须解决以下问题:①在反应器的进口部分,由于受到甲醇燃烧的影响,此处的催化剂易发生高温烧结或积炭,将会引起催化剂快速失活;②为了避免燃烧过多甲醇而降低燃料经济性,甲醇重整的操作温度需要比传统的重整反应低,这样将导致甲醇转化率下降;③重整器操作温度较低时,也会使水煤气变换反应转化率降低,重整气中 CO 的含量增加。文献认为甲醇部分氧化反应包括以下 3 个反应:

$$CH_3OH + 1/2O_2 \longrightarrow CO + H_2 + H_2O$$

$$CH_3OH \longrightarrow CO + 2H_2$$

$$CO + H_2O \longrightarrow CO_2 + H_2$$

而甲醇水蒸气重整反应仅由后两个反应组成,因此甲醇水蒸气重整反应是甲醇部分氧化反应的一部分。甲醇部分氧化法制氢的优点是放热反应,反应速率快,反应条件温和,易于操作、启动;缺点是反应气中氢的含量比水蒸气重整反应低,由于通入空气氧化,空气中氮气的引入也降低了混合气中 H_2 的含量,氢含量可能低于 50%,这就不利于燃料电池的正常工作,因燃料电池要求氢含量为 50% ~ 100%。

甲醇蒸汽重整为强吸热过程,需要 49kJ/mol 的热量。反应温度为 160 ~ 260℃。所以该过程需要外部能量来汽化进料,因此能量消耗较大。同时该过程还会造成车辆启动慢、动态响应迟缓等问题。甲醇部分氧化为强放热过程,因此有利于快速启动、迅速动态响应等,同时还可以将反应器设计得更加致密。其操作温度可以通过调节氧气与甲醇的物质的量比进行控制。但是由于强放热反应使得反应速率比较难以控制。在反应过程中,由于较高的反应温度会产生微量的 CO,使阳极催化剂发生中毒现象。甲醇制氢的研究重点集中于甲醇部分氧化蒸汽重整(POSR)反应。部分氧化蒸汽重整仍采用 Cu/ZnO 系列催化剂,由于该类催化剂的双功能性,使得吸热和放热反应可在同一催化剂床层进行,这种耦合的催化反应效果,不仅充分利用了反应热,节约了能量,而且直接的热传递会产生快速启动和出色的动态响应效果,在部分氧化重整器中不需要直接点火,具有稳定、致密、质量轻、易于操作和控制等突出优点。部分氧化蒸汽重整反应的机理是复杂的,在管式反应器中相同的催化剂上同时发生如下多个反应:

$$CH_3OH(g) + 1/2O_2 \longrightarrow CO_2 + 2H_2 \quad \Delta H_{298.15} = -192kJ$$

$$CH_3OH(g) + H_2O(g) \longrightarrow CO_2 + 3H_2 \quad \Delta H_{298.15} = 49kJ$$

$$CH_3OH(g) \longrightarrow CO + 2H_2 \quad \Delta H_{298.15} = 91kJ$$

$$CO + H_2O(g) \longrightarrow CO_2 + H_2 \quad \Delta H_{298.15} = -41kJ$$

典型的甲醇部分氧化重整器在 25℃ 下的进料由甲醇、空气及水组成。一般拟采用的氧气/甲醇物质的量比为 0.25,而水/甲醇的物质的量比为 0.55。反应产生的热量约有 1% 通过器壁损失。产物中含有氢气 56%、二氧化碳 22%、氮气 21% 及水 1%。将产物冷却至 80℃，满足 PEMFC 的进口温度。空气进入燃料电池的阴极。该类电池的效率可达到 55%，能够消耗重整产物中约 80% 的氢气，产生 266kJ 的电能。为了保持电池及流出物的温度在 80℃ 左右，需要将 200kJ 的热量从燃料电池中交换排出。阳极流出的废气中含有 20% 的氢气，而阴极流出物中含有 12% 的氧气。阳极中流出的未反应氢气是系统能量损失的最主要因素，可将阴极和阳极的流出物结合在一起再次实现氢气的氧化，产生的热量可以使气体温度升高至 342℃，该热量可以回收并用于辅助系统及车厢内部加热等。甲醇部分氧化重整器相于甲醇蒸汽重整器最大的优点表现在不需要外部热交换。可以降低燃料电池的体积和质量。例如，50kW 规模的磷酸燃料电池所需甲醇重整器的质量和体积分别为 200kg 和 388L。如果采用部分氧化重整器，则质量和体积分别降为 35kg 和 25L。启动时间从常规的蒸汽重整器的 30min 左右降为 2min 左右，启动期间所消耗的燃料也大大降低。甲醇部分氧化反应为强放热反应，重整器内的温度会出现瞬时升高及热点现象，如何确保不产生过热现象对催化剂造成损害是应当十分注意的问题。同时由于该反应体系较为复杂，对该过程反应动力学的研究将是一项富有理论和工程价值的工作。

4.4 甲醇制氢的展望

燃油车百公里消耗的总热值为 255.2MJ，CO_2 排放量经核算约为 18.35kg/100km；对于甲醇氢燃料电池来说，氢燃料电池汽车的百公里能源消耗约为 1kg H_2/100km，百公里总热值仅需 124MJ，相应的碳排放也仅为 7.3kg/100km。

醇类极高的质量和体积比能量表明其是一类理想的储能介质，在高效催化重整过程的辅助下，其储能密度可达到各类储能电池的 10~50 倍，与现有其他化石能源基本持平。甲醇直接以燃料的形式加注，能够避免加氢站建设的巨大成本投入，并发挥与现有的基础设施联用等优势。

甲醇蒸汽重整制氢的一个可期的应用场景是为车用燃料电池提供氢气。甲醇重整燃料电池的关键部件即重整器及质子交换膜。质子交换膜决定系统能达到的最高性能，而重整器则决定质子交换膜能发挥多少性能。

美国 UltraCell 公司开发出一种基于甲醇水蒸气重整的甲醇燃料电池系统 XX25，其系统尺寸为 23cm×15cm×4.3cm，重 1.24kg，最大输出功率为 25W，可储存燃料 240mL，持续工作 72h。此后，该公司又基于该型号推出了 XX55，该型号是 XX25 的加强版，可在输出功率 50W 下持续工作，最大输出功率可达到 85W。XX25，XX55 的整体外观如图 4-9 所示。

甲醇水蒸气重整制氢在热力学上是一个高温有利的吸热反应（$\Delta H = 49.7$kJ/mol），实际应用和基础研究中报道的甲醇水蒸气重整制氢过程的工作温度一般高于 220℃。相对较高的工作温度和汽化单元的存在导致分布式甲醇制氢系统在启动工况下的响应较慢。然而，对于连续现场制氢、现制现用的工业化应用来说，如作为加氢站氢气来源的前端，甲醇水蒸气重整制氢技术的 H_2 含量高、技术成熟，是当前制氢反应的最佳选择。

(a)XX25   (b)XX55

图4-9   甲醇水蒸气重整的甲醇燃料电池系统

以氧气部分或完全替代水作为氧化剂可以显著改变甲醇制氢反应的反应热力学。当反应气氛中分子氧含量超过水浓度的1/8时，甲醇制氢反应即转化为放热反应。利用这一方式开发的空气－水－甲醇共进料的制氢过程被称为甲醇氧化重整或甲醇自热重整。如完全使用空气作为氧化剂，则反应称为甲醇部分氧化制氢。上述过程在实际体系中响应较快，大幅提升能源利用效率，减少附加装置的配备，简化工艺流程。自热重整过程中每分子甲醇能产生 2~3 分子氢。由于氧化重整是以空气为氧化剂，每分子氧气的消耗就会引入 1.88 当量的 N_2，导致出口 H_2 的浓度在41%~70%。对于甲醇部分氧化制氢来说，每分子甲醇仅能获得2分子氢，实际出口氢气的浓度仅为41%。在甲醇制氢中引入氧化剂，虽然制氢能耗降低，但是氢气选择性的控制难度较水蒸气重整大幅提高，易出现过度氧化的产物；另外空气作为氧化剂，也可能导致氮氧化物等环境污染物生成；同时氧化放热反应对反应器换热要求较高，催化剂容易在局部热点的影响下烧结失活。车用甲醇制氢的技术还处在开发中，尚未实现产业化。

习题

1. 概述甲醇水蒸气重整制氢的反应原理的反应机理。
2. 简述甲醇制氢的优点和不足。
3. 计算甲醇水蒸气重整制氢240℃的平衡转化率。
4. 列表归纳总结甲醇3种制氢方法的特征和优缺点。
5. 试计算反应温度230℃，水醇比1.1，甲醇蒸汽重整制氢时甲醇的平衡转化率。
6. 计算4.1.5案例中甲醇的转化率及反应平衡常数。

第5章 电解水制氢

使用天然气和煤生产的 H_2 会产生 CO_2，属于"灰氢"。业界公认的发展方向是过程中不产生 CO_2 的"绿氢"。当前"绿氢"的主要生产方式是电解水。

水是最廉价、最广泛的取之不尽用之不竭的"氢矿"。而且制得的氢气燃烧后只生成水，又可继续用来生产氢气，不产生任何有害物质，真正实现了可再生清洁能源的利用。以水为原料的制氢方法主要有电解水制氢、热化学循环分解水制氢、光化学分解水制氢等。本章只介绍电解水制氢，光化学分解水制氢在第 7 章进行介绍，热化学循环分解水制氢在第 8 章进行介绍。

电解水制氢以水为原料，原料价格便宜，制氢成本的主要部分是电能的消耗。理论计算表明，电压达到 1.229V 时，水就可被电解。实际上，由于 O_2 和 H_2 的生成反应中存在过电压、电解液及其他电阻的缘故，电解水需要更高的电压。根据法拉第定律，制取 1 标准 m^3 H_2 用电 2.94kW·h，而实际用电量为理论值的 2 倍，电解水制 H_2 难以避免能量损失。电解水的耗电量一般不低于 $5kW·h/Nm^3$，此问题不是通过提高电解水设备的效率就可以完全解决的。

5.1 电解水反应和机理

电解水过程包含阴极析氢（Hydrogen Evolution Reaction，HER）和阳极析氧（Oxygen Evolution Reaction，OER）两个半反应。电解水在酸性环境和碱性环境中都可进行，由于所处的环境不同，发生的电极反应存在差异。在酸性环境中，阴阳两极的反应如下：

阴极析氢：$2H^+ + 2e^- \longrightarrow H_2$

阳极析氧：$H_2O \longrightarrow 2H^+ + 1/2O_2 + 2e^-$

酸性条件下 HER 的反应机理已得到充分研究，普遍认为酸性条件下的催化剂表面的 HER 反应涉及以下步骤：

$$H^+ + e^- \longrightarrow H^* \quad （Volmer 步骤）$$

$$H^* + H^+ + e^- \longrightarrow H_2 \quad （Heyrovsky 步骤）$$

$$H^* + H^* \longrightarrow H_2 \quad （Tafel 步骤）$$

$$H^+ + H^+ + 2e^- \longrightarrow H_2 \quad （总反应）$$

在碱性环境中，阴阳两极的反应如下：

阴极析氢：$2H_2O + 2e^- \longrightarrow H_2 + 2OH^-$

阳极析氧：$2OH^- \longrightarrow 1/2O_2 + H_2O + 2e^-$

碱性条件下 HER 机理认为包括以下步骤：

$$H_2O + e^- \longrightarrow H^* + OH^- \quad （Volmer 步骤）$$

$$H^* + H_2O + e^- \longrightarrow H_2 + OH^- \quad （Heyrovsky 步骤）$$

$$H^* + H^* \longrightarrow H_2 \quad （Tafel 步骤）$$

$$2H_2O + 2e^- \longrightarrow H_2 + 2OH^- \quad （总反应）$$

从动力学角度考察，析氢反应在酸性条件下过电位较低，而析氧反应则在碱性环境中有利。然而，无论电解水过程是在酸性还是在碱性中进行，都无法同时在两侧均保持动力学的优势。在实际生产中，由于酸性介质对设备的强腐蚀性，电解水制氢通常在碱性环境下进行。

5.2 碱液电解制氢技术

碱性电解水制氢(Alkalinous Water Electrolysis，AWE)产业化时间较长，技术最成熟。其具有投资费用少、操作简便、运行寿命长等优点。但能量转化效率较低，且产品气体需要脱碱。碱性电解水制氢由于电极与隔膜间隔较远，导致整个电解槽体积巨大，存在电解性能低(2.0V 电压下电流密度仅有约 $300mA/cm^2$)等问题。

5.2.1 碱液电解池的基本原理

AWE 装置主要由电源、电解槽体、电解液、阴极、阳极和隔膜组成。通常电解液都是氢氧化钾溶液(KOH)，质量分数为 20%～30%，隔膜常用石棉隔膜，主要用作气体分隔器。阴极与阳极主要由金属合金组成，如 Ni - Mo 合金、Ni - Cr - Fe 合金等。电解池的工作温度为 70～100℃，压力为 100～3000kPa。

AWE 电解槽按照结构不同分为单极电解槽和双极电解槽两种。单极电池的电极是并联的，而双极电池的电极是串联的。双极电解槽结构紧凑，减少了电解液电阻造成的损耗，从而提高了电解槽的效率。然而，由于双极电池结构紧凑，增加了设计的复杂性，导致制造成本高于单极电池。

隔膜是电解水制氢电解槽的核心部件，其作用是分隔阴阳小室，实现隔气性和离子穿越的功能，因此开发新型隔膜是降低单位制氢能耗的主要突破点之一。石棉隔膜曾被广泛使用。由于石棉具有致癌作用，各国纷纷下令禁止使用石棉。因此开发新型的碱性水电解隔膜势在必行。常用的非石棉基隔膜为 PPS 布（聚苯硫醚纤维，Polyphenylene Sulfide Fibre，PPS），具有价格低廉的优势，但缺点也比较明显，如隔气性差、能耗偏高。因此研发出复合隔膜，这种隔膜在隔气性和离子电阻上具有明显优势。

碱性电解槽基本原理如图 5 - 1 所示。在阴极，水吸收电子被电解产生 H_2 和 OH^-；在阳极，OH^- 被电解生成 O_2

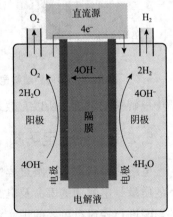

阳极：$4OH^- \longrightarrow 2H_2O + O_2 + 4e^-$
阴极：$4H_2O + 4e^- \longrightarrow 2H_2 + 4OH^-$

图 5 -1 碱性电解槽的工作原理

并释放电子。阴极产生的 OH^- 通过电解液、隔膜传导到阳极补充消耗掉的 OH^-；阳极产生的电子通过外电路传导到阴极补充被消耗的电子。隔膜起到离子传导和隔离开产物 H_2 和 O_2 的作用。

单极式电解槽和双极式电解槽分别如图 5-2、图 5-3 所示。

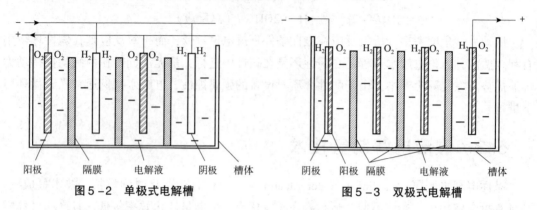

图 5-2 单极式电解槽 　　　　　　　图 5-3 双极式电解槽

在单极式电解槽中电极是并联的，而在双极式电解槽中电极则是串联的。一方面，双极式的电解槽结构紧凑，减小了因电解液的电阻而引起的损失，从而提高了电解槽的效率。但双极式电解槽在另一方面也因其紧凑的结构增大了设计的复杂性，从而导致制造成本高于单极式的电解槽。鉴于更强调的是转换效率，工业用电解槽多为双极式电解槽。为了进一步提高电解槽转换效率，需要尽可能地减小提供给电解槽的电压，增大通过电解槽的电流。减小电压可通过发展新的电极材料、新的隔膜材料，以及新的电解槽加构，如零间距结构（Zero-Gap）来实现。Raney Nickel 和 Ni-Mo 等合金作为电极能有效加快水的分解，能提高电解槽的效率。而由于聚合物隔膜良好的化学和机械稳定性，以及气体不易穿透等特性，可取代石棉材料成为合适的隔膜材料。提高电解槽的效率还可通过提高电解温度来实现，电解温度越高，电解液阻抗越小，电解效率越高。零间距结构由于电极与横隔膜之间的距离为零，有效降低了内部阻抗，减少了损失，从而提高了效率。零间距结构电解槽示意如图 5-4 所示。多孔的电极直接贴在隔膜两侧，由于没有传统碱性电解

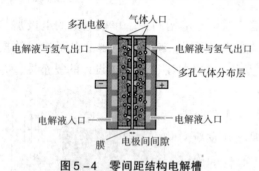

图 5-4 零间距结构电解槽

槽中电解液的阻抗，所以有效地提高了电解槽的效率。

5.2.2 碱性电解质

电解液是碱性水电解过程中不可缺少的，电解液的质量可直接影响水电解的性能、气体的质量、电解槽的寿命及电解水制氢（氧）设备的安全运行。因此对电解液中的有害杂质的影响进行探讨有重要的现实意义。

纯水的电导率很小 $[1 \times 10^{-5} \sim 1 \times 10^{-7}/(\Omega \cdot cm)]$，只有在水中加入一定量的导电介质才能成为电解液，理论和实践均已证明，一定浓度的 NaOH 或 KOH 水溶液是较理想的

碱性电解液。理论上水电解过程中仅消耗水，碱仅起导电作用，但是由于氢、氧气的夹带，过滤器的清洗，管道系统的跑、冒、滴、漏会损失少量的碱，因而需经常补充碱。用于配制电解液的碱含有各种杂质，这些杂质的存在对水电解过程有很大的影响。

(1) 碳酸盐

电解液中的碳酸盐主要来源于两个方面：一是碱本身含有的杂质；二是原料水中的碳酸盐。另外，如果电解液长期存放在敞开的容器中，它会吸收空气中的 CO_2，使碳酸盐含量增加。碳酸盐导电率低，其含量越高电解液的导电性能越低。当碳酸盐含量高到一定量 (1mg/L) 时，直接影响水电解的性能，导致电解液的电导率降低，电解电流下降，单位电耗提高，电解效率降低。实验证明，随着碳酸盐含量增加，电解液的导电性能迅速降低，电解效率急剧下降，最终导致电解槽返修，甚至报废。如果碳酸盐含量进一步增加至饱和态，导致析出碳酸盐的结晶，使电解槽的部分通道堵塞。

(2) 钙、镁离子

电解液中的钙、镁离子来源于两个方面：一是固体碱中的杂质；二是原料水中的杂质，后者是主要的。钙、镁离子积累到一定程度，会在电解隔膜及电极上沉积，阻碍氢、氧离子在隔膜上渗透，影响电极的导电性能，导致电解效率降低，电流上不去，单位电耗提高，严重时形成盐结晶(碳酸钙、镁)，缩短电解槽寿命。

(3) 固体杂质

碱本身的杂质、原料水中的固体悬浮物、隔膜布脱落的毛绒等组成的固体杂质，可直接影响氢气和氧气的气体纯度。水电解时产生的氢(氧)气体在分离器中进行气液分离，当有固体杂质时，微小的氢(氧)气泡附着在固体杂质颗粒的表面，使分离不彻底，固体颗粒夹带氢(氧)气泡随着循环电解液返回电解槽内。由于这些附着在固体杂质颗粒表面的气泡处于不稳定的状态，随时都可能分离出来。这样，在氢气系统中掺入少量的氧气，在氧气系统中也混入少量的氢气，从而降低了氢(氧)气体的纯度，电解液中的固体杂质越多，氢(氧)气体纯度降低越多。在电解液的冲击下，石棉隔膜布的毛绒经常脱落，碱液过滤器可将大部分的毛绒过滤掉。过滤网孔疏密的选择很重要，网孔太密影响电解液的循环畅通，太疏会导致固体杂质过滤不干净，如果过滤网破损，将严重影响过滤效果，直接影响气体的纯度。

(4) 氯离子、硫离子

Cl^- 来源于两个方面：一是固体碱中的杂质(氯化物)；二是原料水中 Cl^-。S^{2-} 主要来源于固体碱中的杂质(硫酸盐)，而原料水的 S^{2-} 一般很少。电解液中过高的 Cl^-、S^{2-} 含量对不锈钢容器有腐蚀作用。奥氏体不锈钢对 Cl^-、S^{2-} 非常敏感，美国曾报道过仅含 1mg/L Cl^- 的水引起不锈钢容器出现裂纹的例子，过高的 Cl^-、S^{2-} 使不锈钢产生应力腐蚀。电解液中的 Cl^- 含量应控制在 ≤70mg/L，原料水中的 Cl^- 含量应控制在 ≤2mg/L。

5.2.3 电极

电极作为电化学反应的场所，其结构的设计、催化剂的选择及制备工艺的优化一直是电解水技术的关键，它对降低电极成本、提高催化剂的利用率、减少电解能耗起到极其重要的作用。同时又影响其实用性，即能否大规模工业化。

（1）阴极

根据 Brewer - Engel 价键理论，d 轨道未充满或半充满的过渡系左边的金属（如 Fe、Co、Ni 等）同具有成对的但在纯金属中不适合成键的 d 电子的过渡系右边的金属（如 W、Mo、La、Ha、Zr 等）熔成合金时，对氢析出反应产生非常明显的电催化协同作用，这也为寻找替代贵金属的电催化剂提供了理论依据。

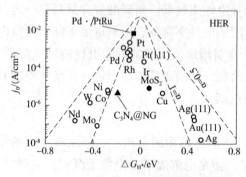

图 5 - 5　HER 反应中不同催化剂 j_0 和 ΔG_{H*} 之间的关系

通过密度泛函理论（Density Functional Theory，DFT）可以计算出各种催化剂材料在适当氢覆盖率下的 ΔG_{H*}（氢吸附的自由能）数值，结合实验测量的催化剂在一定过电势下析氢电流密度的数据，可绘制出 HER 反应交换电流密度 j_0 和 ΔG_{H*} 之间的关系，其中 j_0 表示反应速率。根据火山图（图 5 - 5）可选择合适的析氢催化剂。

析氢电极的制备方法主要有电沉积法、化学还原法、离子溅射法、高温烧结法、金属粉末烧结法、聚四氟乙烯黏接法等。与其他方法相比，电沉积法具有操作简单、成本低、镀层均匀、厚度易控、制成的电极稳定性好等优点。

在早期研究中，Fe 基合金电极由于其制备成本低且长期电解稳定性良好而受到格外关注。采用电沉积法相继制备了 Fe - Ni、Fe - P、Fe - Mo 等合金电极。尽管在模拟工业电解实验中表现出长时间的电化学稳定性，但其析氢过电位仍在 200mV 以上，电催化活性成为限制其进一步发展的瓶颈。

过渡金属 Ni 的电子排布为 [Ar]$3d^84s^2$，具有未成对的 3d 电子，在析氢电催化反应中，能够与氢原子 1s 轨道配对，形成强度适中的 Ni - H 吸附键，兼具优异的析氢催化性能和价格优势，因而被公认为贵金属理想的替换材料。Ni 电极有合金析氢电极、复合析氢电极和多孔析氢电极 3 种形式。

①合金析氢电极

电极催化材料经历了由单一金属到多元合金转变的过程。合金化的方式能够最为直接有效地改变金属 Ni 的原子外层 d 电子所处结构状态，改善 Ni 基合金电极与活性氢原子之间的键合强度，提升 Ni 基材料的固有析氢活性。

作为最早的工业化合金析氢电极 Ni - S 合金电极得到了较为深入的研究。在泡沫镍上制备了多孔 Ni - S 合金电极。经测试，在 80℃、30% KOH 溶液中，当电流密度为 4kA/m² 时析氢过电位仅为 160mV。Ni_3S_2 金属间化合物析氢电极在 25℃、1mol/L NaOH 溶液中的析氢反应表观活化能为 31.81kJ/mol，析氢过电位为 164mV。Ni_2S_3 相在碱性溶液中极化时能够大量吸氢，并且瞬间达到饱和状态，有利于析氢电催化活性的提高。含 S 量为 25% ~ 30%（原子比）的 Ni - S 合金电极具有非晶态结构，催化活性较高。

长时间电解可能会由于 S 的溶出导致电极活性降低。为了进一步提高 Ni - S 电极的催化活性和电极稳定性, 研究开发了 Ni-S-Co、Ni-S-Mn、Ni-S-P, 非晶态 Ni-S-Co 电极。在 150mA/cm² 电流密度下, 析氢过电位仅为 70mV, 比非晶态 Ni-S 合金降低了 20mV。工业条件(80℃、28% NaOH, 300mA/cm²)连续电解 60h, 非晶态 Ni-S-Co 合金电极的析氢过电位始终稳定在 118mV。非晶态 Ni-S-Mn 电极, 在 200mA/cm² 电流密度下, 析氢过电位比 Ni-S 电极低 34mV。Mn 和 Ni、S 共沉积时, 能够给出更适合于质子结合与传递的电极结构, 提供了比 Ni-S 合金更多的 d 电子共享, 从而提高电极的析氢电催化活性。同时, 电极比表面积得到进一步加大, 比 Ni-S 合金提高了近 1 倍。

Ni-Mo 合金被认为是镍基二元合金中析氢活性最高的电极材料, 其交换电流密度是纯镍的 24 倍。然而, 由于 Mo 的溶出效应, 间歇电解条件下, 该合金的电化学稳定性不够理想, 析氢反应活性退化快, 极大地限制了工业化应用。为了改善这一问题, 国内外学者尝试了多种工艺改进方式。用脉冲电沉积法制备 Ni-Mo 非晶合金, 制备的含 31% Mo 的析氢电极在 200mA/cm² 电流密度下过电位仅为 62mV, 同时电极机械强度和耐蚀性能也得到改善。但是, 长时间电解对脉冲沉积的合金层同样有破坏作用。对泡沫镍表面进行 LaNiSi、TiNi 等储氢合金修饰, 然后再电沉积 Ni-Mo 镀层。得到的析氢电极在电流密度为 0.2A/cm², 70℃, 30% KOH 中, 析氢过电位仅为 60mV。同时, 在电解间歇期间, 利用吸附氢放电来降低 Ni-Mo 电极中 Mo 的溶解损失, 显著提高了稳定性和抗氧化性。还有学者采用 NiCoMnAl、TiO₂ 等作为中间层储存氢, 以抵消反向电流的影响。当往 Ni-Mo 金中添加第三种元素时, 可以显著改变电极的表面形貌和晶粒大小, 进而改善 Ni-Mo 合金的稳定性和电催化活性。当电流密度为 0.1A/cm² 时, Ni-Mo-P 合金的析氢电位比纯 Ni 电极正移约 250mV, 虽析氢电位相对于 Ni-Mo 合金负移 70mV, 但提高了合金电极的耐蚀性, 从而提升了合金电极的稳定性。通过电沉积法制备 Ni-Mo-Co 合金析氢电极, Mo 不能单独从水溶液中沉积出来, 但能同铁系元素(Fe、Co、Ni)进行诱导共沉积, 而 Ni-Mo-Co 合金中 Co 元素的添加增大了 Mo 的诱导作用, 提高了镀层中 Mo 的含量, 使镀层晶粒更小, 呈现纳米晶结构。对比其析氢活性发现, Ni-Mo-Co 合金电极的交换电流密度是 Ni-Mo 电极的 3 倍, 纯 Ni 电极的 6 倍。在 60℃, 30% KOH 溶液中连续电解 200h, Ni-Mo-Co 合金电极槽电压增幅仅为 1.18%(Ni-Mo 电极槽压增幅 6.44%)。

非晶/纳米晶 Ni-Mo-Fe 合金电极, 沉积层中含 68% Ni、25% Mo、7% Fe。在 30% KOH 溶液中, 交换电流密度为 4.8mA/cm² 下的析氢过电位为 240mV。Ni$_{74.1}$Mo$_{25}$La$_{0.9}$ 非晶/纳米晶混合结构的三元合金电极。在 25℃, 7mol/LNaOH 溶液, 150mA/cm² 电流密度条件下, 析氢过电位较 Ni-Mo 合金降低 80mV, 这可能与 Ni-Mo-La 三元合金具有储氢特性有关。除此之外, 近年来相继采用电沉积法制备了 Ni-Cu、Ni-Co、Ni-W、Ni-Sn、Ni-Co-Sn 等合金电极, 在电催化性能和电解稳定性方面都获得了一定改善。

②复合析氢电极

复合析氢电极是指电极中加入第二相粒子的电极。按加入的第二相粒子种类大致可分为无机颗粒复合电极、有机颗粒复合电极及金属粉末复合电极 3 大类。

无机颗粒复合电极加入的第二相粒子主要包括 Al₂O₃、TiO₂、ZrO₂、SiC 等惰性粒子, 以及 RuO₂、LaNi₅、CeO₂ 等活性粒子。在 Ni-W 镀液中加入粒径为 20nm 的 ZrO₂ 粒子制备出 Ni – W/ZrO$_2$ 纳米复合电极，ZrO$_2$ 纳米微粒的加入使复合镀层的表面得到细化，真实比表面积增大，30% NaOH 溶液中的表观活化能为 44.2kJ/mol。Ni/SiO$_2$ 复合电极中，发现 SiO$_2$ 的加入增大了 Ni 沉积过程的电化学传荷阻抗，同时提高了镀层的比表面积。随着 SiO$_2$ 加入量的增加，复合材料的硬度和耐蚀性均有所提高。Ni/SiC 复合电极中，第二相粒子尺寸对沉积行为产生影响。其分别加入微米和纳米 SiC 颗粒，发现不同粒径颗粒在镀液中的 Zeta 电位不同，微米 SiC 的 Zeta 电位更负，尺度较大的颗粒更易进入镀层。

与添加惰性粒子不同，活性第二相粒子在增加真实比表面积的同时，还会与基体金属产生协同析氢效应，更大程度提升析氢催化活性。复合电沉积法将 LaNi$_5$ 和 Al 颗粒嵌入镀层中，制备了 Ni – S/(LaNi$_5$ + Al) 复合镀层。然后，采用碱溶法将镀层中的 Al 溶出制得 Ni – S/LaNi$_5$ 多孔复合镀层。测试发现，常温下，20% NaOH 溶液中复合多孔电极的表观活化能为 35.23kJ/mol。同时，复合电极的恒电位间断电解实验表明其具有较好的抗断电性能和稳定性。Ni – Mo/LaNi$_5$ 多孔复合电极也使电极的性能提高。

在 Ni/RuO$_2$ 复合电极中，RuO$_2$ 可与 Ni 基体形成协同效应，有利于增加析氢催化活性。同时，RuO$_2$ 的加入还能起到强化镀层力学性能，提高真实比表面积的作用。加入不同粒径的 CeO$_2$ 制备的 Ni/CeO$_2$、Ni – S/CeO$_2$、Ni – Zn/CeO$_2$ 中，微米 CeO$_2$ 复合镀层的复合量要高于纳米 CeO$_2$ 复合镀层，低复合量镀层的耐蚀性高于镍镀层。微米 CeO$_2$ 加入量为 15g/L 时，Ni/CeO$_2$ 复合镀层活性最高，析氢交换电流密度为纯镍层的 70 倍；微米 CeO$_2$ 加入量为 10g/L 时，Ni – S/CeO$_2$ 复合镀层的析氢性能最佳；纳米 CeO$_2$ 浓度为 1g/L 时，Ni – Zn/CeO$_2$ 复合镀层的析氢性能最佳。CeO$_2$ 出色的析氢催化活性主要源于 Ce 元素具有空的 d 轨道和 f 轨道，有利于氢原子的吸附。

复合电极中第二相有机颗粒是指导电聚合物颗粒。聚乙烯(PE)及聚噻吩(PTh)被添加到复合 Ni – Mo 合金电极中。Ni – Mo/PE 交换电流密度达到 1.15mA/cm^2，较 Ni – Mo 合金的催化性能提升了一个数量级。可能复合电极中嵌入的聚合物局部屏蔽了电极表面电化学过程的非活性位点，从而提高了析氢反应的动力学过程。Ni – Mo/PTh 复合电极展现出粗糙的表面结构。具有较低 PTh 含量的电极析氢活性较高，其中含 4.6% PTh 的复合电极的活性最佳，与 Ni – Mo 电极相比，复合电极的交换电流密度提升了 1 倍。聚苯胺(PAn)修饰镍电极，有助于提高复合电极比表面积，同时降低析氢过程的电荷传递电阻。

复合电极同样可以加入金属粉末作为第二相粒子。在镀 Ni 液中添加 Ti、V、Mo 金属颗粒，在碳钢基体上分别制备出含 14% ~53% Ti 的 Ni/Ti 电极、含 6% ~45% V 的 Ni/V 电极，以及含 22% ~56% Mo 的 Ni/Mo 电极。发现镀层中颗粒含量随着镀液中颗粒添加量的增加而提高，随着沉积电流密度的增大而减小，还发现含 50% Mo 的 Ni/Mo 复合电极析氢催化活性最强。其主要原因为金属颗粒的添加使电极比表面积增加，同时 Ni、Mo 间的协同效应保证了其更为出色的析氢活性。

③多孔析氢电极

20 世纪 20 年代，Raney 发现 Ni – Al(Ni – Zn) 合金在碱液中溶去 Al(Zn) 元素后形成的 Raney – Ni 因具有多孔及大比表面积而表现出良好的析氢催化活性。作为最经典的多孔电极，Raney – Ni 电极一直沿用至今。但在 Raney – Ni 电极的制备过程中，需要高纯度的

Raney－Ni 合金作原料，以确保其高活性和稳定性，有的还需要等离子设备及高温高压条件，使制备成本加大；另外，Raney－Ni 电极还存在抗逆电流能力弱，长时间断电情况下电极催化组分易溶出而导致电极活性降低等问题。多孔电极的主要制备方法包括类似 Raney－Ni 电极的金属溶出法，以及有机模板溶出法、无机模板溶出法、气泡模板法等。

金属溶出法的机理主要源自 Raney－Ni 电极的制备方法，利用中性金属 Al 和 Zn 能溶于碱性溶液留下空洞，从而制备多孔结构电极。可采用电沉积技术在基体上制备 Ni－Co－Zn 合金镀层，然后将合金电极放入温度为 50℃、6mol/L NaOH 溶液中浸泡 48h，用以溶出合金中的 Zn，形成多孔 Ni－Co 合金电极。其不仅提高了电极的比表面积，而且引入了析氢活性较强的 Co，大大提高了电极的析氢活性。利用含有 Ni^{2+}、Cu^{2+}、Zn^{2+} 硫酸盐的镀液，采用电沉积法制备了 Ni－Cu－Zn 复合电极，然后在 NaOH 溶液中持续浸泡，直到不再有氢气泡产生，从而制备具有大比表面积的 Ni－Cu 多孔电极。$100mA/cm^2$ 连续电解 120h，表现出稳定的电化学性能。先在 Ni 电极上电沉积 Zn，然后将电极放入 400℃ 的管式炉中加热 4h，使基体 Ni 与 Zn 镀层互熔，形成 Ni－Zn 合金。随后，将 Ni－Zn 合金电极放入 1mol/L KOH 溶液中，在合适的电位下将合金中的 Zn 溶出，得到多孔 Ni 电极。

在有机模板溶出法方面，泡沫 Ni 不仅广泛用作析氢电极的阴极基体材料，还为多孔电极的制备提供了很多有益思路。以聚氨酯海绵为基体，在化学镀导电化处理后电沉积 Ni－Mo－Co 合金，然后置于 600℃ 高温管式炉中，烧结 2h 以除去聚氨酯海绵基体，制备了三维多孔 Ni－Mo－Co 合金电极，比表面积是市售泡沫镍的 6.14 倍。室温下，在电流密度为 $100mA/cm^2$ 的 6mol/L KOH 中，多孔合金电极的析氢过电位仅为 115mV。但是，此方法工艺过程复杂，步骤烦琐，极大地限制了工业化大面积生产。采用电化学自组装法将 PS 球均匀排列于镀 Ni 层的点阵中，然后利用乙酸乙酯将 PS 微球模板从电极中溶出以制备多孔 Ni 电极。此方法通过控制 PS 微球粒径，间接实现了多孔镍电极表面多孔结构的可控制备。制备的多孔 Ni 电极在碱性溶液中表现出较高的析氢电化学活性，当极化电位为 －1.5V 时，析氢电流密度可达到 $206mA/cm^2$。经过 120h 长期电解，该电极析氢活性未表现出明显的劣化现象。

为了简化模板沉积法，避免模板移除过程对电极结构的影响，研究人员尝试在高电流密度下电沉积合金，以动态气泡为模板制备多孔电极。在 $0.5A/cm^2$ 的大电流密度条件下，以氢气泡为动态模板，利用气泡留下空位形成多孔 Cu 结构。然后，以多孔铜为模板电沉积 Ni，最终获得多孔 Ni 电极。在 30% KOH 溶液中进行电解析氢实验，发现三维多孔 Ni 电极因大比表面积降低了析氢反应真实交换电流密度，从而降低了析氢过电位。在含有沸石颗粒的碱性镀 Ni 液中，通过电沉积制备了 Ni/沸石复合电极。将复合电极置于 1mol/L 硫酸中以溶出内部沸石颗粒，从而得到多孔 Ni 电极。在电极的粗糙表面发现很多沸石溶出后留下的孔道，极大地提升了电极的真实比表面积，同时残存的沸石颗粒还提升了电极固有析氢活性。采用二次氧化法制备了氧化铝，并以氧化铝的多孔结构为模板，采用电位沉积技术在氧化铝表面组装了 Ni－W－P 合金纳米线阵列。电化学测试结果表明，Ni－W－P 合金纳米线阵列电极的析氢电荷传递电阻减小，电流密度为 $10mA/cm^2$ 时，析氢过电位比 Ni－W－P 合金电极正移 250mV。

实际工业化电解水生产中，析氢阴极必须在高温、高碱浓度、高电流密度等条件下长期并间歇性工作。因此，除了考虑其催化析氢性能外，必须着重考虑电极的安全性及稳定性。工业生产更多出于稳定性方面的考虑，仍以铁和镀 Ni 阴极为主，单位氢气的能耗为 $4.5 \sim 5.5 kW \cdot h/m^3$。电流密度为 $150 mA/cm^2$ 时，析氢过电位达到 $300 mV$ 以上，极大地增加了生产能耗。RaneyNi 及 Ni 基多元合金电极，虽能够将析氢过电位降低到 $100 \sim 200 mV$，近似达到贵金属的电催化水平，但是其长期电解稳定性存在隐患。同时，析氢电极的实验室研究普遍存在重视催化活性等直接性能指标，而忽视稳定性、安全性等长期间接性能指标的问题。出于工业化需求的考虑，如多孔电极的力学稳定性、合金电极的电化学稳定性等长期性能指标应逐渐成为实验室研究的重点。应遵循工业化应用规律，将电极催化活性、稳定性、经济性三方面内容进行综合考量。木桶理论在析氢电极的筛选中同样适用，单纯追求其中某一方面的性能出色，而忽视其他问题，都是不正确的电极评价体系。

(2) 阳极

降低阳极的析氧过电位也是降低电解制氢能耗的重要手段之一。通常，在降低阳极过电位上，可从以下 3 个方面努力：①提高电解温度；②增加电化学活性表面积；③采用新型阳极电催化剂。但是，高温常造成电极的腐蚀，活性表面积的增加也是很有限的，最好的途径是选择高活性的催化剂，3 个方面综合考虑有望得到更好的效果。

具有析氧电催化活性的材料有许多种，但能用于工业化的却为数不多。考虑实际应用，对工业电极材料的要求主要有以下几点：①高表面积；②高导电性；③良好的电催化活性；④长期的机械和化学稳定性；⑤小气泡析出；⑥高选择性；⑦易得到和低费用；⑧安全性。由于实际应用中使用较大的电流密度，高导电性和长期的机械和化学稳定性显得更重要。因为高导电性可以降低欧姆极化引起的能量损失，高稳定性保证电极材料的长寿命。第③点是降低析氧阳极过电位的主要途径之一，也是评价电极性能的重要指标，尤其值得重视。在众多的电极材料中，具有金属或准金属导电性的过渡金属氧化物，尤其是 AB_2O_4 尖晶石和 ABO_3 钙钛矿氧化物最能满足上述要求，因此得到了广泛的研究。另外 Ta_2O_5、$\alpha - PbO_2$、IrO_2 等都具有较好的析氧催化活性。覆盖了钙钛矿型氧化物、尖晶石型氧化物等活性涂层的镍电极析氧能力都会提高。Co_3O_4 和 $NiCo_2O_4$ 活性高、耐腐蚀、相对廉价和容易制备，是有前景的碱性水电解用阳极材料。

①金属及合金阳极

镍相对便宜，并且在碱性电解质中阳极极化条件下有很高的耐腐蚀性，同时在金属元素中 Ni 的析氧效率是最高的，所以传统上用 Ni 作为碱性水电解阳极材料。为了改善 Ni 阳极效率，通过各种方法提高比表面积，如烧结由羰基镍分解得到的镍粉或烧结由羰基镍化学气相沉积而生成的多晶镍须。Raney 镍特殊的隧道状孔结构和精细裂纹使它具有高的比表面积和高的电化学活性。Raney 镍活化的铁阳极具有很好的稳定性，电化学测试表明，各种 Raney 镍合金阳极在 90℃ 下析氧过电位都比常规的低表面镍阳极低 $60 mV$。在高温电解过程中，由于阳极腐蚀产物 NiO 和 $Ni(OH)_2$ 堵塞孔隙及氧化膜的高电阻率，镍阳极活性逐渐退化。离子注入可以大大改善镍阳极活性，在 80℃、30% KOH 电解液中的电化学测试结果表明，Ag^+注入镍阳极上，析氧过电位降低 20%～40%。Li^+注入可增加镍表面氧化膜的电导，因此也使过电位明显下降。Ni^{3+}对析氧反应有显著的催化作用，因此，电极表面引入适量$Ni(OH)_2$通过阳极极化使Ni^{2+}转变为Ni^{3+}可以提高其催化性能。

在合金电极中，Ni-F合金显示相对低的析氧过电位，Ni-Co合金、$Co_{50}Ni_{25}Si_{15}B_{10}$和Ni-Co-P合金等由于在达到析氧电位之前表面形成高活性的$NiCo_2O_4$或$CoO(OH)$等含氧钴化合物大大地改善了 Ni 阳极的电催化活性。Ni-Mo基合金电极$Ni_{56.5}Mo_{22.5}Fe_{10}B_{10}$表现低的 Tafel 斜率，电沉积的 Ni-Ir 合金经阳极氧化后，形成混合氧化物表面，对析氧反应也具有很好的催化活性和耐腐蚀性。

Ni-Fe基析氧材料包括 Ni-Fe 合金、Ni-Fe 氧化物、Ni-Fe 层状双金属氢氧化物及Ni-Fe基复合材料等。获得 Ni-Fe 合金主要有两种方法：一种是将 Ni、Fe 两种金属直接混合；另一种是使 Ni、Fe 的金属盐溶液在阴极共还原。例如，通过硬模板技术，将氮、镍、铁等非贵金属元素通过掺杂与合金化作用结合在一起，得到介孔结构的 Ni-Fe 合金电极催化剂（m-Ni-Fe/CNx）。

电沉积还原法可以将活性金属材料直接沉积在基底上，使它们之间的结合力增强，同时还能够通过控制各种参数来控制 Ni-Fe 合金的形貌特征，因此得到更广泛的应用。

$Ni_{50}Fe_{50}$泡沫镍合金电极具有最低的析氧过电位和较好的稳定性。另外，Ni-Fe 合金还可以通过与不同的基底相结合得到新的材料，以两类代表性的导电聚合物（聚苯胺和聚乙烯亚胺）包裹片状硫化银，然后通过直流电沉积的方法负载 Ni-Fe 合金，制备了具有高催化性能的催化剂。不同于 Ni 和 Fe 元素在 Ni-Fe 合金中的金属状态，Ni-Fe 氧化物的Ni 和 Fe 分别具有 +2 价和 +3 价的氧化态，它们更接近镍铁元素在析氧反应中的价态。制备Ni-Fe 氧化物膜阳极材料最常见的方法是：先通过电化学沉积法得到 Ni-Fe 合金，然后在高温条件下进行退火处理，最终使合金变成氧化物。该方法能够得到十分规整的晶态结构，使 Ni-Fe 氧化物材料拥有非常优异的耐久性和稳定性。在 Ni-Fe 氧化物中，有一种十分特殊的氧化物$NiFe_2O_4$，它具有尖晶石结构，抗腐蚀能力非常强。

镍铁水滑石为前体经过高温焙烧得到了$NiO/NiFe_2O_4$纳米复合材料，发现它比采用共沉淀法制备的氧化镍（C-NiO）、镍铁尖晶石（C-$NiFe_2O_4$）及它们的机械混合物具有更高的 OER 催化活性。这可能是由于$NiO/NiFe_2O_4$材料中的 NiO 相有效地阻隔了$NiFe_2O_4$的团聚，使其具有更大的比表面积，同时有利于电子的传输。

②AB_2O_4尖晶石型氧化物

许多具有尖晶石结构的氧化物$A_{1-x}A'_xB_2O_4$（A、A' = Ni、Cu、Zn、Sr、La、Co 等；B = Al、Cr、Mn、Fe、Co 等）可用于制备氧电极，如$CuCo_2O_4$、$NiCo_{2-x}Rh_xO_4$、$Cu_{1+x}Mn_{2-x}O_4$（1.4 > 1 + x > 1）、Co_3O_4和$NiCo_2O_4$等，其中Co_3O_4和$NiCo_2O_4$由于活性高、在碱性溶液中耐腐蚀且相对廉价易得，所以被认为是很有前景的碱性水电解阳极材料。Co_3O_4属正规尖晶石结构，由于占据八面体位的都是Co^{3+}，使Co_3O_4具有很高的电阻率（40Ω·m）。RuO_2具有金属导电性和良好的析氧活性，因此在基体-氧化物界面插入RuO_2不仅可以提高其电导率，避免生成TiO_2绝缘层（若用 Ti 做基体），同时也提高了电极的活性。掺入Li^+（进入四面体位）可使占据四面体位的Co^{2+}一部分变成Co^{3+}，这使Co^{2+}-Co^{3+}间的电子转移成为可能，有助于提高 Co_3O_4 的导电性。利用高电导率的 Tl_2O_3 做基底，通过电沉积制备出 $Ni/Tl_2O_3/Co_3O_4$ 复合电极材料，其析氧活性有显著提高。$NiCo_2O_4$ 具有如下反尖晶石结构：

$$[Co_{0.9}^{2+}Co_{0.1}^{3+}]_O[Ni_{0.9}^{2+}Ni_{0.1}^{3+}Co^{3+}]_TO_{3.2}^{2-}-O_{0.8}^-（O：八面体，T：四面体）$$

这样的结构和它的高导电性相一致。

为使氧化物材料具有高催化活性，在提高氧化物电导率的同时，应尽可能地增大其比表面积，这在很大程度上取决于制备方法。镍钴氧化物可通过金属盐热分解、喷涂热解、电沉积、冻干 – 真空热分解和共沉淀等方法制备。制备方法、原料尤其是处理温度显著影响氧化物的相组成和表面形貌，因此影响其催化活性。高活性的催化剂更适于在较低温度下制备，由冻干法制得的氧化物具有很高的比表面积，由该方法制备的掺 Li 的 Co_3O_4 阳极，在 70℃、5mol/L KOH 溶液中，在 $10000A/m^2$ 电流密度下，电位为 1.52V［DHE：动态氢电极，在不同电解质及不同温度下，其电位相对可逆氢电极（RHE）为 $-20\sim40mV$，现已很少使用］，5800h 寿命测试结果表明该电极具有良好的稳定性。同样方法制得的 $NiCo_2O_4$ 阳极，在 60℃、5mol/L KOH 溶液中，在 $10000A/m^2$ 电流密度下，电位为 1.6V（DHE）。溶胶 – 凝胶法可以使氧化物在分子水平上达到均相，非常适于制备高比表面积氧化物材料。通过溶胶 – 凝胶法制备出高比表面积的镍钴氧化物粉末并得到较高的析氧催化活性。

Ni – Fe 尖晶石结构具有较优异的催化性能，研究者开始考虑将此结构中部分 Ni 元素或者 Fe 元素替换成其他金属元素得到 OER 催化性能更优异的 Ni – Fe 基氧化物复合材料。利用沉淀法合成了尖晶石型三元组合物 $NiFe_{2-x}Cr_xO_4$（$0\leqslant x\leqslant1$），Cr 的取代增加了尖晶石氧化物在 1mol/LKOH 溶液中的表观电催化活性。镍、铁和钒组成的尖晶石型三元过渡金属氧化物 $NiFe_{2-x}V_xO_4$（$0\leqslant x\leqslant1$），在尖晶石矩阵中使 V 从 0.25 至 1.0 取代 Fe 时，氧化物电催化活性得到显著的提高，其中 $x=0.5$ 时活性最大。

③ABO_3 钙钛矿型氧化物

具有钙钛矿结构的过渡金属氧化物通常表现良好的导电性和电催化活性，因此被广泛地用作电极材料。在碱性介质中，钙钛矿氧化物 $LnMO_3$（Ln：镧系元素，M：过渡金属）如 $LaCoO_3$、$LaNiO_3$ 和取代型钙钛矿氧化物 $La_{1-x}Sr_xCoO_3$、$La_{1-x}Sr_xMnO_3$、$LaNi_{1-x}Fe_xO_3$、$La_{0.7}Pb_{0.3}MnO_3$ 及 $La_{1-x}Sr_xFe_{1-y}Co_yO_3$、$La_{1-x}Sr_xNi_{1-y}Co_yO_3$ 和 $SrFeO_3$ 等都具有很高的析氧活性。通常取代型钙钛矿氧化物是电子和离子混合导体，由于掺杂受体，产生高浓度氧空穴，因此具有很高的电导率。$La_{1-x}Sr_xCoO_3$ 的电导率随着 x 增加而减小，当 $0.2<x<0.6$ 时，电阻率最小，这与其析氧催化活性随着 x 的变化趋势一致。结果表明，$La_{1-x}Sr_xFe_{1-y}Co_yO_3$ 系列氧化物的析氧催化活性随着 x，y 的增加而增加，其中，$La_{0.2}Sr_{0.8}Fe_{0.2}Co_{0.8}O_3$ 的催化活性最高，在 25℃、1mol/L KOH 溶液中，在 $1000A/m^2$ 电流密度下，40h 电解期间保持稳定的电位 0.90V（Hg/HgO）。研究发现，Ni 和 Fe 低取代可以改善 $La_{0.8}Sr_{0.2}CoO_3$ 的几何因素和电子因素，Ni 的高取代对 $La_{0.8}Sr_{0.2}CoO_3$ 的析氧活性是有害的，而 Fe 的高取代却由于增加了膜的粗糙度而提高了它的催化活性。在 25℃、45% KOH 中，在低过电位区，$La_{0.5}Sr_{0.5}CoO_3$ 和 $La_{0.8}Sr_{0.2}CoO_3$ 的活性近似相等，但都优于 $LaCoO_3$，在高过电位区，$La_{0.6}$

$Sr_{0.4}CoO_3$ 高于 $La_{0.8}Sr_{0.2}CoO_3$。$LaNiO_3$ 是一种非化学计量化合物，三价、二价镍离子和氧空穴共存，高密度的氧空穴（$10^{26}m^{-3}$）使 $LaNiO_3$ 具有金属导电性。在25℃、1mol/L NaOH 溶液中，同一电位下，在 $LaNiO_3$ 表面的析氧速度是 Pt 表面上的 10^5 倍，是 $NiCo_2O_4$ 表面上的 10^2 倍。铁部分取代镍的氧化物 $LaNi_{1-x}Fe_xO_3$，当 $x = 0.25$ 时，其析氧催化活性最高，在25℃、1mol/L KOH 中，在 1000A/m² 电流密度下，$Ni/LaN_{0.75}Fe_{0.25}O_3$ 的析氧过电位为 395mV，比 $LaNiO_3$ 的低 30mV；在25℃、30%KOH 中，在 5000A/m² 电流密度下，前者过电位比后者低 86mV，连续电解 48h 保持良好的稳定性。在钴取代氧化物 $LaNi_{1-x}Co_xO_3$ 中，$LaNi_{0.2}Co_{0.8}O_3$ 的催化活性最高。

合成钙钛矿氧化物有许多方法，常用的有高温固态反应、共沉淀、金属盐热分解、射频溅射和气相沉积等方法。利用改进的金属盐热分解法 – 冻干 – 真空热分解法和有机酸辅助法可以在相对低的温度下制备高比表面均相的钙钛矿氧化物，大大提高了材料的催化活性。通过羟基丁二酸辅助方法制得的 $La_{0.8}Sr_{0.2}CoO_3/Ni$ 电极，在70℃、30% KOH 溶液中，在 5000A/m² 电流密度下，析氧过电位近似 305mV，用同样方法制得的 $LaNiO_3$ 的活性是由其他方法得到的 10 倍。

④ABO_2 型金属氧化物

用于析氧阳极的 ABO_2 型氧化物（A：Pt，Pd；B：Co，Rh，Cr 等）相对较少。通常，ABO_2 为赤铁矿结构，如 $PtCoO_2$、Pt 和两个氧原子线性配位，Co 和氧八面体配位，其析氧催化活性主要取决于过渡金属 B（Co > Rh > Cr），和贵金属 A 几乎无关。在23℃、1mol/L NaOH 溶液中，含 Co 氧化物上的析氧过电位比 Pt 的低 100mV 以上。制备 ABO_2 系列氧化物可通过热分解法和射频溅射等方法。由热分解制得的 $NiCoO_2$，在120℃、10000A/m² 下，其析氧过电位和 $NiCo_2O_4$ 及 $La_{0.5}Sr_{0.5}CoO_3$ 的相近。

⑤层状双金属氢氧化物

层状双金属氢氧化物（Layered Double Hydroxides，LDHs）是研究较热的一种材料，它包括带正电荷的氢氧化物层和层间平衡电荷的阴离子。氢氧化物层可以由二价金属（Ni^{2+}、Mg^{2+}、Ca^{2+}、Mn^{2+}、Co^{2+}、Cu^{2+}、Zn^{2+}）、一价金属（Li^+）和三价金属（Al^{3+}、Co^{3+}、Fe^{3+}、Cr^{3+}）组成，而阴离子包括 CO_3^{2-}、NO_3^-、SO_4^{2-}、Cl^-、Br^- 等。Ni – Fe LDH 具有优异的电化学催化性能。Ni – Fe – LDH 纳米片长在轻度氧化的多壁碳纳米管（CNT）上，研究发现其在碱性溶液中具有比商业贵金属 Ir 催化剂更高的 OER 电催化活性和稳定性。

随着石墨烯、碳纳米管等碳材料的高速发展，其高导电性、高导热性、高比表面积等优异性能引起了许多学者的注意。研究人员研究了一种新的策略得到 Ni – Fe LDH 与石墨烯的复合材料。来自 Ni – Fe LDH 的催化活性和来自石墨烯的强电子传输能力的协同作用使 Ni – Fe – GO 复合物在析氧反应中具有更优异的特性。将 Ni – Fe LDH 和石墨烯组装，通过控制 Ni 和 Fe 的含量比例，利用均匀沉淀法成功地合成了不同 Ni – Fe 含量的层状双氢氧化物。当双金属 Ni – Fe 体系中 Fe 的含量增加时，材料的催化活性增强，而 $Ni_{2/3}Fe_{1/3-r}$ – GO 超晶格复合物具有最佳的 OER 催化性能。此外，该复合催化剂也能够有效催化析氢反应。

⑥贵金属氧化物

在碱性介质中，RuO_2、IrO_2 和 RhO_2 等贵金属氧化物都具有析氧催化活性，但由于存在以下几个原因限制了它们在碱性介质中作为析氧阳极的应用：①单独的贵金属及其氧化物的电催化活性基本上不如 Ni（RuO_2 例外）；②在阳极极化下发生腐蚀；③在碱性介质中的析氧活性低于在酸性中的活性。为了解决这些问题，在贵金属氧化物中加入金属（Ti、Zr、Ta、Nb）氧化物如 ZrO_2、TiO_2，或 IrO_2 在 RuO_2 中，电极性能得到显著改善。增加 RuO_2 基阳极稳定性的一个可能途径是使用混合氧化物，在 RuO_2 活性层中加入惰性氧化物 ZrO_2，由于 ZrO_2 稳定了活性 RuO_2 晶格，在 $60 \sim 100 mol\% \ RuO_2$ 范围内，其析氧催化活性保持不变，处于最佳组成（$RuO_2/ZrO_2 = 80/20mol$）的电极 $RuO_2/ZrO_2/Ti$ 寿命达到 $200h$。具有烧绿石结构的氧化物 $A_2(B_{2-x}A_x)O_{7-y}$（$A = Pb$，Bi；$B = Ru$，Ir），$0 < x < 1$，$0 < y < 0.5$，表现良好的析氧活性，在 $75℃$、$3mol/L \ KOH$ 溶液中，在 $1000A/m^2$ 下，$Pb_2[Ru_{2-x}Pb_x^{4+}]O_{6.5}$ 的析氧过电位近似 $120mV$，比 Pt 黑、RuO_2 或 $NiCo_2O_4$ 的低 $100mV$；在 $2000A/m^2$ 下，其寿命高达 $1000h$，$200h$ 后，电位只上升 $50mV$。从碱性水电解阳极材料的研究与发展现状看，材料的选取主要基于含 Ni、Co 和 Ru 的混合金属氧化物，尤其是 $NiCo_2O_4$ 和 $La_{1-x}Sr_xCoO_3$ 已被实验证实是最有前景的碱性水电解阳极材料。

5.2.4 隔膜

电解槽隔膜的功能，是靠物理的或者化学的手段阻止电解槽两极的生成物互相混合，而又不妨碍电流的通过。各种多孔材料，如陶瓷、多孔橡胶、多孔塑料、纤维织物（天然的或合成的）、石棉（石棉纸、石棉布、堆积物）、改性石棉隔膜等都是借助孔隙的物理作用或者机械作用来限制离子和气体通过隔膜的扩散，但是这种膜对离子的通过没有选择性，有人把这种膜叫作"机械膜"。而把有选择性的离子交换膜叫作"化学膜"。在水电解工业中应用最广的石棉隔膜和改性石棉隔膜都属于"机械膜"。

理想的电解隔膜（机械膜）应当满足下列条件：①能使离子通过，气体分子不通过；②为保持低电阻，孔隙率大；③平均孔径小，阻止气泡的透过和抑制扩散；④材质的物理和化学性质要均一，保证电流分布均匀，电流效率高；⑤耐电解原料和产物的腐蚀；⑥对电解槽的操作条件如温度、pH 值等有充分的化学稳定性；⑦有一定的机械强度和刚度；⑧原料来源容易，价格便宜，适合在工业上使用；⑨使用后的废料容易处理；⑩制膜工艺方便，容易实施工业化。从上述条件可以看出，隔膜材料的选择是非常困难的。石棉是唯一的能大体上满足这些苛刻条件的优良材料。在隔膜电解槽的隔膜材料中，石棉仍然占据主要地位。因此，开发具有良好氢氧根传导率、高度耐碱稳定性及优异阻气性的离子膜具有重要意义。

（1）石棉隔膜

石棉隔膜除了基本上能够满足上述条件，还有两个无可比拟的优点，一是它的亲水性能优良；二是它的表面水合硅酸镁中的负电荷和 OH^- 的浓度有抑制 OH^- 反扩散的功能。因此，长期以来石棉一直作为水电解槽隔膜的主要原料。但是在生产实践过程中，人们逐渐认识到由于石棉隔膜自身的溶胀性及化学不稳定性，导致纯石棉隔膜在特定的运行环境中，特别是高电流负荷下，具有严重溶胀的缺陷，使隔膜机械强度下降、使用寿命大大缩短，电流效率明显下降。

石棉是一种类型繁多的纤维硅酸盐，其中主要一种是温石棉（crisotila）或者叫作白色石棉，其化学结构式为 $Mg_3Si_2O_5(OH)_4$。由于它的碱性结构的关系，温石棉在酸性介质中不能使用；而且在碱性介质中，如果温度升高到足够高时，也可能会出现腐蚀现象：

$$Mg_3Si_2O_5(OH)_4 + 4KOH \longrightarrow 3Mg(OH)_2 + 2K_2SiO_3 + H_2O$$

而且腐蚀率会随着温度的升高而增加。因此，当使用温石棉作隔膜时，很难用提高溶液温度的方法来提高电解槽的效率。因为提高溶液温度不仅会增加石棉的腐蚀率，还会加重其机械变形，同时也降低了机械抗力。另一个值得考虑的问题是石棉的毒性。众所周知，石棉有致癌和引起肺部疾病的危害，可引起慢性呼吸道疾病、肺癌、胃癌、结肠癌、间皮瘤癌等。因此，许多国家已经下令禁止使用石棉及相关的产品。基于上述原因，石棉已经不再是理想的隔膜材料，能否找到一种可以取代石棉隔膜的新材料，对发展水电解工业而言，是非常重要的。

（2）聚四氟乙烯树脂改性石棉隔膜

由于石棉隔膜的溶胀性能差、化学稳定性能差、使用寿命短，还有其本身的毒性问题，导致石棉隔膜在水电解工业中逐渐失宠。在这种情况下，一些改性石棉隔膜应运而生，其中比较成熟的一种改性石棉隔膜就是聚四氟乙烯树脂改性石棉隔膜。聚四氟乙烯树脂改性石棉隔膜是将聚四氟乙烯树脂掺入石棉隔膜中，经过处理使隔膜性能较普通的石棉隔膜有所提高的一种聚氟烃黏结石棉的新型隔膜。这种隔膜的制膜工艺，基本上沿用了纯石棉隔膜的苛化石棉真空吸附法，采用低真空薄吸附精工细做的操作技术，制成的隔膜具有厚度薄、膜层匀、结构紧、熟化透的优点。在显微镜下观察聚四氟乙烯树脂改性石棉隔膜，可看到熔融的聚四氟乙烯树脂将石棉纤维包覆并黏结在一起。这种作用提高了隔膜的耐腐蚀性能和机械性能。经测定，聚四氟乙烯树脂改性石棉隔膜含树脂比例越大，抗腐蚀性越强，隔膜拉断强度越高，渗水性越低。

聚四氟乙烯树脂改性石棉隔膜工艺简单易行，制膜操作技术无毒，可以减少石棉污染，熟化温度低，投资少，见效快，而且提高了隔膜的性能。但是控制聚四氟乙烯树脂的用量很重要，太低了不足以提高隔膜的性能。而高用量虽然能提高隔膜强度，但是也有许多不利之处。如果憎水性的聚四氟乙烯树脂用量过大，石棉隔膜的两种宝贵特性（亲水性好，可以抑制 OH^- 离子反扩散）会因此而消失。而且聚四氟乙烯树脂用量多会增加隔膜的成本。因此，针对聚四氟乙烯树脂改性石棉隔膜的憎水性，人们提出了许多改进和提高性能的措施，例如使用带有离子交换基团的亲水性氟树脂作为增强黏结剂来改善隔膜的亲水性能。

（3）非石棉隔膜

非石棉隔膜的主要成分是 Polyramix（简称 PMX）。PMX 是由一种金属氧化物粒子和高分子聚合物物理结合而成的性能独特的纤维材料，称为"高聚物/无机物复合纤维"，简称复合纤维。高分子聚合物通常采用均聚物、共聚物、接枝共聚物或它们的混合物，要求在电解条件下具有化学稳定性。所用高分子聚合物包括含氟或含氟和氯的聚合物，如聚氟乙烯、聚偏氟乙烯、聚四氟乙烯、F-46、PFA、聚三氟氯乙烯、三氟氯乙烯和乙烯的共聚物等。聚四氟乙烯是应用最广泛的高分子聚合物。制备复合纤维所用的无机物粒子应是耐熔物质或其混合物，该物质在制备复合纤维的过程中要保持完好，同时对高分子纤维基质表现出惰性，在复合纤维中不发生化学反应，而仅仅是与高分子聚合物物理黏合。适用的无机物有氧化物、碳化物、硼化物、硅化物、硫化物、氮化物或它们的混合物，也可用硅酸盐（硅酸镁和硅酸铝）、铝酸盐、硅酸盐陶瓷、金属合金陶瓷或其混合物，金属或金属氧化物等。

国外于20世纪80年代初，开始对非石棉隔膜进行研究，在非石棉隔膜的应用方面已取得一定成效，其下一个目标是：①提高非石棉隔膜的性能，降低电能消耗，使其优于聚合物-石棉改性隔膜；②降低非石棉隔膜的制膜成本。我国石棉是短缺物资，尤其是可供水电解制膜用的优质石棉缺口更大，每年需花大量外汇从加拿大、津巴布韦进口。又因为石棉是致癌物质，生产、加工、后处理都十分困难，而且污染严重，以高聚物/无机物复合纤维取代石棉制隔膜用于水电解工业是一个极好办法。非石棉隔膜虽然已有20多年的发展历程，但是由于聚四氟乙烯的可润湿性能不良，还有其他种种的原因，一直没能推广应用。

（4）聚苯硫醚隔膜

聚苯硫醚（PPS），是用对二氯苯和NaS为原料，N-甲基吡咯烷酮为溶剂，在175~350℃，常压至70Pa下进行缩聚反应制取的分子主链中带有苯硫基的线形结晶性热塑性树脂，其性能特点如下：①耐热性能优异，其熔融温度为285℃，在1.86MPa压力下的热变形温度为260℃，可以在200~240℃长期使用，在空气中的降解温度为700℃，在1000℃的惰性气体中仍然保持40%的重量，短期耐热性和长期连续使用的热稳定性都很优越；②机械性能好，其刚性极强，表面硬度高，并具有优异的耐蠕变性和耐疲劳性、耐磨性突出；③耐腐蚀、耐化学药品性优异，PPS几乎能抵抗所有有机物的腐蚀，还未发现低于200℃时能溶解PPS的溶剂，碱和无机盐的水溶液对PPS即使在加热下也几乎没作用，氧化性弱的浓无机酸也不能明显地溶解PPS；④尺寸稳定性好、成型收缩率很小，线性热膨胀系数小，因此，在高温条件下仍表现出良好的尺寸稳定性；⑤电性能优良，即使在高温、高湿、高频率下仍具有优良的电性能。鉴于其优秀的性质，研究人员开始探讨其用作碱性电解水隔膜的可行性。该隔膜能够满足耐高温、耐浓碱等特殊要求，但是PPS的吸湿性能很差，其隔膜表面和隔膜孔隙不能完全被水润湿，这就使气泡很容易聚集在隔膜-电解质的界面上。这些气泡增加了溶液的欧姆电阻，因此，也降低了PPS隔膜的生产效果，必须对其进行亲水改性。他们通过对PPS非织毡辐射接枝改性后，其水接触角都有了一定的下降，润湿度有了增加，亲水性得到了一定的改善，而且耐高温、耐浓碱等特性基本不变。如果能在不降低PPS隔膜的优良的物理化学性能的前提下，改善PPS隔膜的亲水性能，PPS隔膜将成为最有前景的石棉隔膜替代物之一。

（5）聚砜类隔膜

聚砜类材料是应用比较早、比较广泛的一类隔膜材料，是隔膜材料研究的热点之一。聚砜类树脂是一类在主链上含有砜基和芳环的高分子化合物，主要有双酚A型聚砜、聚醚砜、聚醚砜酮、聚苯硫醚砜等。从结构上可以看出，由于砜基的S原子处于最高氧化状态，而且砜基两边具有苯环形成高度共轭体系，所以这类材料具有优良的抗氧化性、热稳定性和高温熔融稳定性。此外聚砜类材料还具有优良的机械性能、耐高温、耐酸碱、耐细菌腐蚀、原料价廉易得、pH 值应用范围广等优点。尽管聚砜类隔膜材料有着突出的分离性能，但是在性能上还存在着不足。聚砜类聚合物如聚砜（PSF）、聚醚砜（PES）等，虽然有优良的化学稳定性、耐热性与机械强度，但是作为隔膜材料，它们的亲水性能太差，使隔膜的水通量低，抗污染性能不理想，影响其应用范围和使用寿命。因此，对 PSF 类隔膜材料的改性工作多集中在提高其亲水性上，通过共混化向其中引入亲水性物质，是改善 PSF 类隔膜材料亲水性的有效方法。PSF 类材料是一种性能优良、使用范围广的隔膜材料。如果能够通过一定的手段开发出性能更优良的隔膜材料，完善现有制备技术，开发新的制膜技术，必将促使聚砜类隔膜在更多领域、更严格的条件下获得更广泛的应用。

5.3 质子交换膜电解制氢技术

碱性电解槽结构简单，操作方便，价格较便宜，比较适合用于大规模的制氢。其缺点是效率不够高，为 70% ~ 80%。聚合物薄膜电解槽（Proton Exchange Membranes，PEM）是基于离子交换技术的高效电解槽。PEM 电解槽由两电极和聚合物薄膜组成。质子交换膜通常与电极催化剂成一体化结构（Membrane Electrode Assembly，MEA）。在这种结构中，以多孔的铂材料作为催化剂结构的电极是紧贴在交换膜表面的。薄膜由 Nafion 组成，包含有 SO_3H。水分子在阳极被分解为氧和 H^+，而 SO_3H 很容易分解成 SO_3^{2-} 和 H^+，H^+ 和水分子结合成 H_3O^+，在电场作用下穿过薄膜到达阴极，在阴极生成氢（图 5 –6）。Nafion 膜的质子交换膜电解水具有电解电流密度大（500 ~ 2000mA/cm²) 的特点。PEM 电解槽不需电解液，只需纯水，比碱性电解槽安全、可靠。使用质子交换膜作为电解质具有化学稳定性，高的质子传导性，良好的气体分离性等优点。由于较高的质子传导性，PEM 电

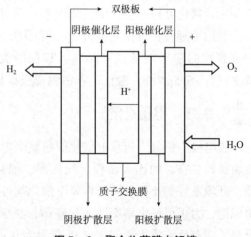

图 5 –6 聚合物薄膜电解槽

解槽可以工作在较高的电流下，从而增大了电解效率。并且由于质子交换膜较薄，减小了欧姆损失，也提高了系统的效率，PEM 电解槽的效率可达到 85% 以上。但由于电极中使用铂等贵重金属，Nafion 也是很昂贵的材料，成本太高，PEM 电解槽还难以投入大规模的使用。

5.3.1 聚合物薄膜电解槽

为了进一步降低成本，研究工作主要集中在如何降低电极中贵重金属的使用量及寻找其他的质子交换膜材料上。随着研究的进一步深入，将可能找到更合适的质子交换膜，并

且随着电极贵金属分量的减小，PEM 电解槽的成本将会大大降低，成为主要的制氢装置之一。

5.3.2　双极板

双极板是 PEM(Bipolar Plate，BP)电解池的重要组成部分。双极板虽然属于外部组件，但它构成了整个电池的机械支撑，并作为传递电子和提供物质传输的通道。根据材料不同，双极板主要分为石墨双极板、金属双极板及复合材料双极板。由于 PEM 电解反应处于强酸性和高导电性的电解环境，因此 PEM 电解池双极板的阳极和阴极会分别出现钝化和氢脆现象。阳极钝化的出现是由于阳极析氧反应过程中产生大量的致密导电氧化物，这些致密氧化物附着在阳极双极板上导致双极板钝化失效；阴极氢脆的出现是由于质子从阳极通过质子交换膜到阴极与电路上的电子结合，生成大量的氢气，这些氢气很容易造成双极板金属的应力集中导致双极板脆裂。

双极板成本占电解槽总成本的 50% 以上，其成本高昂是由于钛基流场板难以加工。双极板表面需涂覆 Pt 或 Au 涂层以防止氧化。开发新型低成本的双极板材料和表面处理工艺，以期降低贵金属涂层用量或进行替代，是降低双极板和电解槽成本的主要途径。研究人员对钛双极板进行表面氮化处理，发现 PEM 水电解性能提高了 3% ~ 13%。热氮化处理钛板的抗氧化性能要优于等离子体氮化处理，并在 500h 内保持良好的稳定性。与镀 Pt 钛板相比，氮化处理不会产生氢脆现象。采用真空等离子喷涂先在不锈钢双极板表面涂覆 Ti 层，然后物理气相沉积 Pt 涂层。结果表明，60μm 厚的 Ti 涂层足够保护不锈钢基底，降低 50 倍厚度的超薄 Pt 涂层可以防止 Ti 层的氧化。这种 Pt – Ti 涂层双极板在 200h 测试中衰减率仅为 26.5μV/h，验证了不锈钢双极板材料的可行性。

5.3.3　电催化剂

膜电极中析氢、析氧电催化剂对整个电解水制氢反应十分重要。理想电催化剂应具有抗腐蚀性、良好的比表面积、气孔率、催化活性、电子导电性、电化学稳定性及成本低廉、环境友好等特征。阴极析氢电催化剂处于强酸性工作环境，易发生腐蚀、团聚、流失等问题，为了保证电解槽性能和寿命，析氢催化剂材料选择耐腐蚀的 Pt、Pd 贵金属及其合金。现有商业化析氢催化剂 Pt 载量为 $0.4 ~ 0.6mg/cm^2$，贵金属材料成本高，阻碍 PEM 电解水制氢技术快速推广应用。为此降低贵金属 Pt、Pd 载量，开发适应酸性环境的非贵金属析氢催化剂成为研究热点。研究人员采用碳缺陷驱动自发沉积新方法，构建由缺陷石墨烯负载高分散、超小(<1nm)且稳定的 Pt – AC 析氢电催化剂，阴极电催化剂的 Pt 载量有效降低，并且催化剂的质量比活性、Pt 原子利用效率和稳定性得到显著提高。另外过渡金属与 Pt 存在协同效应，将 Pt 与过渡金属进行复合，如 Pt – WC、Pt – Pd、CdS – Pt、Pt/Ni foams 等，复合材料可提高析氢催化剂性能。

在 PEM 水电解过程中，电解槽阳极的析氧反应是该过程的速控步骤。阳极反应过电势与阴极反应过电势的大小，是电解水制氢效率高低的主要影响因素之一，通常阳极反应过电势远远高于阴极反应过电势。

相比阴极，阳极极化更突出，是影响 PEM 电解水制氢效率的重要因素。苛刻的强氧化性环境使得阳极析氧电催化剂只能选用抗氧化、耐腐蚀的 Ir、Ru 等少数贵金属或其氧化物作为催化剂材料，其中 RuO_2 和 IrO_2 对析氧反应催化活性最好。相比于 RuO_2，IrO_2 催化活性稍弱，但稳定性更好，且价格比 Pt 便宜，成为析氧催化剂的主要材料，通常电解槽 Ir 用量高于 $2mg/cm^2$。与析氢催化剂相似，开发在酸性、高析氧电位下耐腐蚀、高催化活性非贵金属材料，降低贵金属载量是研究重点。复合氧化物催化剂、合金类催化剂和载体支撑型催化剂是析氧催化剂的研究热点。基于 RuO_2 掺入 Ir、Ta、Mo、Ce、Mn、Co 等元素形成二元及多元复合氧化物催化剂，可提高催化剂活性和稳定性。Pt-Ir 和 Pt-Ru 合金是应用较多的合金类析氧电催化剂，但高析氧电位和富氧环境使得合金类催化剂易被腐蚀溶解而失活。使用载体可减少贵金属用量，增加催化剂活性比表面积，提高催化剂机械强度和化学稳定性，目前主要研究的载体材料是稳定性良好的过渡金属氧化物，如 TiO_2、Ta_2O_5 等材料，以及改性的过渡金属氧化物，如 Nb 掺杂的 TiO_2、Sb 掺杂的 SnO_2 等，也成为研究应用的重点。

通过与其他金属进行二元或多元复合掺杂可以提高 Ir 催化剂的活性和稳定性。研究人员采用熔融法制备了组分含量不同的 $Ir_xRu_{1-x}O_2$($x=0.2$，0.4，0.6)复合催化剂，活性优于 IrO_2，稳定性优于 RuO_2。其中 $Ir_{0.2}Ru_{0.8}O_2$ 表现出最优异的电解性能，$Ir_{0.4}Ru_{0.4}O_2$ 的稳定性最佳。纳米尺寸(直径为 5nm)的 IrO_2 和 $Ir_{0.7}Ru_{0.3}O_2$ 催化剂，二者具有相似的晶体性质、形貌和粒径尺寸，但 $Ir_{0.7}Ru_{0.3}O_2$ 催化剂的电解电压比 IrO_2 催化剂低 0.1V，这归结于 $Ir_{0.7}Ru_{0.3}O_2$ 具有更低的电荷转移电阻，导致电化学过程的活化能更低。采用超声分散的浸渍还原法，再经过融熔处理合成了新型 $Ir_{0.7}Ru_{0.3}O_2/Pt_{0.15}$ 复合物，电解性能优于 $PtIrO_2$ 商用催化剂，这归结于该催化剂具有更均匀的颗粒尺寸和更高的比表面积。将不同含量的 Sn 掺杂到 IrO_2 表面，可获得小孔隙、锯齿状结构的 $Ir_{0.6}Sn_{0.4}O_2$ 复合催化剂，其电解性能为 $2A/cm^2@1.963V$，Ir 用量仅 $0.294mg/cm^2$。与 Ir 黑催化剂相比，IrSn 复合催化剂显示出更优异的质量活性和稳定性。

负载型催化剂可以避免掺杂型催化剂体相多种元素不匹配的问题，并实现催化活性中心的高度分散。但是，在 PEM 水电解阳极反应的苛刻条件下，载体必须具有较高的导电性(电导率大于 $0.01\mu S/cm$)，卓越的耐氧、耐酸腐蚀能力和持久的寿命(几万小时以上)。此外，为高度分散贵金属粒子并保证水、气等物质能充分扩散，载体必须具有较大的比表面积和丰富可调的孔结构。很难找到兼具高导电性和大比表面积等优点的高性能载体材料，较常用的载体有 TiO_2、Nb 掺杂的 TiO_2、Sb 掺杂的 SnO_2、In 掺杂的 SnO_2 及某些氮化物、硼化物等。碳材料兼具高导电性和大比表面积等优点，但其不耐氧化且存在高电位腐蚀，限制了其在阳极催化剂上的应用。因此，合成新型耐腐蚀、高导电、大比表面积载体是未来的重要研究方向。

掺杂型催化剂和负载型催化剂虽然可以在一定程度上降低 Ir 的用量，但在 PEM 水电解过程中，由于非 Ir 金属溶解或者载体导电性、耐腐蚀性下降，导致阳极催化剂的性能不断下降，因而限制了掺杂元素和载体的实际应用。Ir 依然是最佳的阳极催化剂活性组分。同时，电催化过程是一个表面反应过程，只有分布在催化剂表面的活性位点才能够参与反应。因此，阳极催化剂可以充分利用核–壳结构形式，内核用非贵金属物质，外壳用 Ir 等贵金属物质，这样既增大外壳贵金属与反应物的接触概率，又减少 Ir 等贵金属的用量。核壳结构催化剂由两种或两种以上的物质组成，一般记作"核@壳"。得益于核壳之间的表面应变效应和电子调节效应(核壳间电荷转移)，核壳结构催化剂具有独特的物理化学性质和协同作用，提高了其在 OER 过程中的稳定性和催化活性。

5.3.4 质子交换膜

质子交换膜主要以全氟磺酸(PFSA)膜为主，主要有杜邦公司的 Nafion 系列、旭硝子株式会社的 Flemion 系列、德国 Fumapem 公司、德山化学公司的 Neosepta – F 系列及旭化成株式会社的 Aciplex 等。这些质子交换膜的寿命普遍可达到 10000h，质子电导率达到 0.1S/cm^2 以上。考虑到质子交换膜的气体阻隔性、耐久性及安全因素等，行业内使用的质子交换膜多为厚膜 Nafion 系列，厚度通常在 100μm 以上，因而导致电解槽内阻占比提高、电解水制氢能耗增加。因此，降低交换膜厚度是未来发展方向。但是，由于电解水制氢过程电解液存在压差，交换膜厚度降低后会造成交换膜气体阻隔性和机械强度下降，容易产生安全问题。此外，气体阻隔性下降还会使催化剂上产生过氧化氢及各种自由基(·H，·OH，·OOH 等)，反过来攻击质子交换膜并使其劣质化。采用复合增强方式既可以保持质子交换膜的机械强度和气体阻隔性，又能降低其厚度。

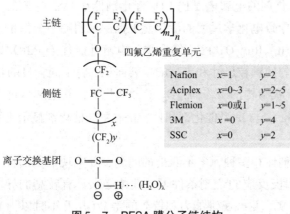

图 5 – 7　PFSA 膜分子链结构

PFSA 膜的优异性能取决于它们的特殊分子结构(图 5 – 7)：一部分是可以提高膜稳定性的聚四氟乙烯(PTFE)疏水主链；另一部分是带磺酸基的亲水侧链. 由于亲水和疏水结构的合理分布，在含水环境中，PFSA 膜会形成以主链为主体的疏水区和以离子交换基团为主体的亲水簇。亲水簇通过嵌入疏水区中形成短而窄的纳米连接通道。随着含水量的增加，亲水簇的体积变大，连接通道间的距离减小，此时离子运输机理和结构运输机理(浓差扩散)并存，能够大大增加质子电导率。因此，PFSA 膜在高含水条件下具有优异的质子传导性。此外，相比于烃类聚合物，全氟主链优异的化学稳定性可以增强质子交换膜的本征稳定性，而且由于 F 原子的强吸电子性，既可以保护支链上的醚键不易被自由基破坏，又能够使氟化侧链具有更强的酸性，提供更高的质子传导率。

在长期运行过程中，膜的降解是无法完全避免的。Nafion 膜的降解根据机理不同可分为 3 种方式：机械降解、化学降解和热降解。

PEM 水电解质子交换膜的材料价格较高，远远高于燃料电池用的质子交换膜价格，但是，质子交换膜材料由碳、氢、氟等元素组成，制造成本下降空间较大。研究人员尝试将具有更低气体透过性和更高质子传导性的碳氢链的膜来替代全氟磺酸膜用于PEMWE，包括磺化聚醚醚酮(SPEEK)，磺化聚芳醚砜(SPAES)，磺化聚苯硫醚砜(SPPS)等。

5.3.5 气体扩散层

气体扩散层(Gas Diffusion Layer，GDL)的作用是为催化层输送水和氢气或氧气，并提供电子传递通道。因此，GDL必须具有适当的孔隙率和孔径、良好的导电性和稳定性才能满足相应的功能。

GDL的作用是将气/液两相从双极板流场传输到催化剂层，同时作为集流体传导和收集电子。由于PEM电解水阳极过电位高，商业电解槽通常使用钛基多孔材料作为阳极GDL。为防止钛在长期运行中被氧化，表面还需涂覆铂或铱涂层。GDL的孔径和孔结构会明显影响气液两相传输，研究发现随着钛毡平均孔径减小，PEMWE性能逐渐增强，电极上产生的气泡会导致水供应的降低。当平均孔径小于$50\mu m$时，水供应降低对阻抗的影响会被限制，从而增加电极和钛毡的均一接触，降低接触电阻和活化过电位。对比钛毡、烧结钛板和碳纸3种阳极GDL，结果显示钛毡的电解性能和稳定性最优，这归结于其合适的孔结构有利于在高电流密度区的气液传质。通过对GDL的结构和制备工艺进行改进和创新，可以提升电解性能。孔径为$400\mu m$、孔隙率为0.7时的超薄GDL表现出最佳性能[$2A/cm^2$@1.66V(较大的电流密度)]。微米($5\mu m$)和纳米钛颗粒($30\sim50nm$)制备的微孔层对电池性能的影响明显，虽然微米颗粒的微孔层在某些条件下会略微提升催化活性，但会增加界面欧姆阻抗，因此微孔层修饰对这种小孔径、孔隙率大的超薄GDL并非必要。采用电子束熔化增材制造技术制备出$Ti-6Al-4V$阳极GDL，其电解性能明显优于烧结钛网。增材制造技术可以制备结构可控的孔形貌和结构，尤其对于难以加工的钛基材料，能以更快、更便宜的方式实现其复杂三维形貌设计的制造。

5.3.6 膜电极制备

膜电极组件(Membrane Electrode Assembly，MEA)是PEM电解水制氢反应的核心，其制备方法和结构设计与PEM电解水性能密切相关。MEA由质子交换膜、阳极和阴极催化层、气体扩散层组成。

气体扩散电极(Gas Diffusion Electrode，GDE)法以GDL为支撑层，将催化剂覆盖在扩散层表面，之后将Nafion膜与扩散层热压压合得到膜电极。此法制备简单易行，但是成品的膜电极催化剂会残留在气体扩散层中，导致催化剂与Naifon膜的接触面积较少，降低催化剂利用率。

除了降低催化剂贵金属载量，提高催化剂活性和稳定性外，膜电极制备工艺对降低电解系统成本，提高电解槽性能和寿命至关重要。根据催化层支撑体的不同，膜电极制备方法分为CCS(Catalyst-Coated Substrate)法和CCM(Catalyst Coated Membrane)法。CCS法将催化剂活性组分直接涂覆在气体扩散层，而CCM法则将催化剂活性组分直接涂覆在质子交换膜两侧，这是两种制作工艺最大的区别。与CCS法相比，CCM法催化剂利用率更高，大幅降低膜与催化层间的质子传递阻力，是膜电极制备的主流方法。在CCS法和CCM法基础上，近年来新发展起来的电化学沉积法、超声喷涂法，以及转印法成为研究热点并具备应用潜力。新制备方法从多方向、多角度改进膜电极结构，克服传统方法制备膜电极存在的催化层催化剂颗粒随机堆放，气体扩散层孔隙分布杂乱等结构缺陷，改善膜电极三相界面的传质能力，提高贵金属利用率，提升膜电极的电化学性能。

CCM 法为商用主流方法，方法是以 Nafion 膜为支撑层，将催化剂覆盖在 Nafion 膜表面，然后将气体扩散层放在两侧进行热压，形成 CCM 三合一膜电极。

催化剂浆料配方要满足膜的溶胀程度最小、膜润湿性良好和催化剂分散性好等因素，才能获得均一的高性能涂层，这与溶剂类型、水/溶剂比例和 Nafion 离聚物含量等因素相关。如果水醇溶剂的混合物被膜缓慢吸收，接触角低，会有利于催化剂颗粒良好的分散性能。

SPE 电解水的电催化剂仍以 Pt 为主，其昂贵的价格在一定程度上限制了析氢电极的广泛应用和水电解的工业化。因此，一方面改进电极结构，有效地提高催化剂的利用率；另一方面研发新的电催化剂取代 Pt。这两方面是今后研究的两大趋势。由于其他金属组分具有几何组合效应和电子调变作用，有的还可与主要金属原子形成新的活性中心来调节电极的催化性能，人们开始考虑通过加入金属原子或离子等其他组分修饰 Pt，如用铂铬合金、铂铱合金、铂镍合金、金或金合金及铂的三元合金氧化物来取代单一的 Pt 作为电催化剂，铂合金作电催化剂与含有相同量 Pt/C 电极相比（0.3mg/cm²Pt），电极反应的活化能降低，反应级数发生变化，活性增加 2~3 倍甚至更高，众多的研究还证实，采用第二组分来修饰 Pt 可以抑制 Pt 的活性表面被毒物覆盖。通过优化多金属电极的制备参数（Pt 的担载量、催化剂中 Pt 与其他金属原子之比等），可以获取这类电极反应的最佳活性。如比较 Pt 单金属与 Pt-Sn 双金属催化电极发现，Pt 单金属电极的初始活性很高，但很快中毒失活，而 Pt-Sn 双金属电极的稳定电流密度高出 Pt 单金属电极约几倍。XPS 分析表明体系中两种原子紧密混合在一起，Sn 可能通过"协同效应"来修饰 Pt 原子的特性。用贵金属氧化物涂层（如 RuO_2、IrO_2 等）作为析氢阴极也得到了人们的重视。Pt 长期以来被认为是制氢最好的催化剂，但若电解中有微量的金属离子时，Pt 便容易因欠电位沉积而中毒失活，用氧化物处理阴极能消除欠电位沉积并能长期保持 Pt 的高活性。除贵金属催化剂外，人们还发现了 Co 与含 Co 材料在水中的电催化特性，采用活性沉积法制得的钴电极由于沉积过程中不断生成的氧化物或氢化物介入随后形成的金属层，导致高孔隙率、高比表面积的金属结构的产生，使其对氢、氧的析出都有加速作用。另外，根据 Brewer-Engel 理论，d 轨道未充满或半充满的过渡系左边的金属（如 Fe、Co、Ni 等）同具有成对的但在纯金属中不适合成键的 d 电子的过渡系右边的金属（如 W、Mo、La、Ha、Zr 等）熔成合金时，对氢析出反应产生非常明显的电催化协同作用，这也为寻找替代贵金属的电催化剂提供了理论依据。

5.4 固体氧化物电解水制氢

固体氧化物电解池（Solid Oxide Electrolytic Cells，SOEC）是一种高效、低污染的能量转化装置，可以将电能和热能转化为化学能。从原理上讲，SOEC 可以看作固体氧化物燃料电池(Solid Oxide Fuel Cells，SOFC)的逆过程。

5.4.1　固体氧化物电解槽

固体氧化物电解槽(Solid Oxide Electrolytic Cells，SO-EC)还处于研究开发阶段。由于工作在高温下，部分电能由热能代替，效率很高，并且成本也不高，其基本原理如图5-8所示。高温水蒸气进入管状电解槽后，在内部的负电极处被分解为 H^+ 和 O^{2-}，H^+ 得到电子生成 H_2，而 O^{2-} 则通过电解质 ZrO_2 到达外部的阳极生成 O_2。固体氧化物电解槽是3种电解槽中效率最高的，并且反应的废热可以通过汽轮机循环利用起来，使得总效率达到90%。但由于工作在高温下(1000℃)，也存在着材料和使用上的一些问题。适合用作固体氧化物电解槽的材料

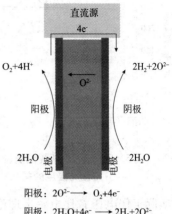

图5-8　固体氧化物电解槽

主要是YSZ(Yttria-Stabilized Zirconia)，这种材料并不昂贵，但由于制造工艺比较贵，使得固体氧化物电解槽的成本也高于碱性电解槽的成本。比较便宜的制造技术如电化学气相沉积法(Electrochemical Vapor Deposition，EVD)和喷射气相沉淀法(Jet Vapor Deposition，JVD)正处于研究开发中，有望成为以后固体氧化物电解槽的主要制造技术。

使用SOEC进行制氢的优势如下：①高效性。高温电解制氢技术有较高的能量转化效率，实验室电解制氢的效率接近100%。从热力学角度，随着温度升高，水的理论分解电压有所下降，制氢过程中电能的消耗减少，热能的消耗增加，能量转换效率增高。从动力学角度，SOEC在高温下操作有效降低了过电位和能量损失，提高了能量利用率。②模块化操作，产氢规模可控。单个电解池片的产氢量有限，将多个电解池片耦合制成电解池堆可以成倍地提高单位时间的产氢量。此外从理论上，产氢量与电解系统的电流密度成正比，因此采用高电流密度和可在高电流密度下运行的电解池材料，可以有效提升产氢量。单体电解池电流密度可达到 $4A/cm^2$，是单片电解的几十倍。③可逆操作。SOFC具有可以在电池和电解池模式间可逆运行的优势。在电池模式下运行时，通过电化学反应得到电能。在电解池模式下运行时，通过与能量系统(如化石能源、核能和可再生能源)耦合，可以电解 H_2O 生产 H_2，电解 H_2O、CO_2 混合物生产合成气。

从热力学角度看，高温固体氧化物电解过程是水分解的过程，对于一个理想的电解过程(处于平衡状态下)，其理论所需能量为所需电能和热能之和：

$$\Delta H = \Delta G + T\Delta S \qquad (5-1)$$

$$E_{Nernst} = -\Delta G/(nF) \qquad (5-2)$$

式中：ΔH 为反应焓变，即水分解所需的理论最小能量；ΔG 为吉布斯自由能，为电解过程所需的最小电能；电解所需热能 $T\Delta S$ 可由外部热源或电能提供，其中 T 为电解温度，ΔS 为反应熵变；n 为电子转移数，取值为2；F 为法拉第常数，其值为96485 C/mol；E_{Nernst} 为能斯特电压(电解水理论分电压)。

标准状况下SOEC所需能量、能斯特电压与温度的关系见图5-9。可以看出，在

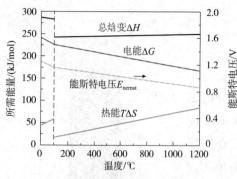

图 5-9 SOEC 所需能量、能斯特
电压与温度的关系

100℃时，电解所需电能 ΔG 占比较大，约占全部所需能量 ΔH 的 93%；随着温度进一步升高，ΔH 略有增加，ΔG 逐渐降低，所需热能 $T\Delta S$ 逐渐增加，当温度升高到 1000℃ 时，电能 ΔG 占比降低为 73% 左右，更多电能能够被热能所替代；随着 ΔG 的降低，能斯特电压 E_{Nernst} 也随之降低。

在实际电解过程中，反应往往偏离平衡状态。各种不可逆损失会导致电极电位偏离平衡电位，这种现象被称为极化现象。极化现象导致实际工作电压 E 比电解水理论分电压高，从而使部分电能转化成热能。极化损失包括欧姆极化、活化极化及浓差极化。

固体氧化物电解池中间是致密的电解质层，用于隔开两侧的气体和传输氧离子，材料大多采用氧离子导体如 YSZ 或 ScSZ 等。两侧是多孔的氢电极和氧电极，多孔的结构有利于气体的扩散和传输，氢电极的材料常用的是 Ni/YSZ 多孔金属陶瓷，氧电极的材料主要是含有稀土元素的钙钛矿（ABO_3）氧化物材料。氢电极和氧电极分别连接直流电源的负极和正极，通过电极反应将电能转化为化学能。SOEC 对其组成材料的要求主要有：热稳定性好，热膨胀系数相匹配；化学稳定性好，高温高湿环境下不易被氧化；气密性好，有一定的抗冲击能力；寿命较长，容易加工，成本低等。

SOEC 电解制氢技术工业规模的应用取得的重要进展。2018 年，德国开发了可逆固体氧化物电池，在电解模式下，该系统的额定功率为 150kW，在 1400h 内产氢量超过 45000Nm³（标准状态）。2020 年，美国开发了一个 25kW 高温水蒸气 SOEC 堆，每个电堆包括 50 个由电解质支撑的单电池，活性面积均为 110cm²，电解质约为 250μm 厚的 YSZ，阴极材料为二氧化铈镍金属陶瓷（$Ni - CeO_2$），阳极材料为 $La_{1-x}Sr_xCo_{1-y}Fe_yO_{3-\delta}$（LSCF）。在输入功率为 5kW、平均电流为 40A 时，该 SOEC 堆的产氢速率可达到 1.68Nm³/h。国内也开发了一种基于双面阴极的平面管式 SOEC，每个电解池单体的活性面积为 120cm²，阳极材料为 Ni - YSZ，电解质材料为 YSZ，阴极材料为 GDC - LSCF。将该电解池用于电解真实海水制氢，在 420h 连续运行期间，产氢速率保持在 0.011Nm³/h 左右，性能衰减率约为 4%，且 SOEC 的结构和组成在电解前后都没有发生明显变化，表明 SOEC 在海水制氢方面也具有应用潜力。

SOEC 除了可以用于高温电解水蒸气制氢外，还可以共电解化工过程中产生的高温 CO_2/H_2O 废气，得到 CO/H_2 合成气，再与费 - 托合成反应耦合，将合成气转化为液态烃或小分子醇等化工原料。该路径不仅可以有效利用化工过程中产生的废气和余热，还可将 CO_2 转化为液态含碳产物进行固碳，对于我国实现"碳达峰""碳中和"目标具有重要意义。

$$阴极：H_2O + 2e^- \longrightarrow H_2 + O^{2-} \tag{5-3}$$

$$CO_2 + 2e^- \longrightarrow CO + O^{2-} \tag{5-4}$$

阳极：$O^{2-} - 2e^- \longrightarrow 1/2O_2$　　　　　　　　　　　　(5-5)

总反应：$H_2O \longrightarrow H_2 + 1/2O_2$　　　　　　　　　　　(5-6)

　　　　$CO_2 \longrightarrow CO + 1/2O_2$　　　　　　　　　　　(5-7)

5.4.2　氢电极

SOEC 阴极的反应是水蒸气分解产生 H_2 又称为氢电极。其主要作用为水蒸气分解反应提供场所，为电子、离子传输提供通道。因此，除了满足 SOEC 一般材料的要求外，阴极材料还应该满足以下要求：①在高温高湿条件下结构和组成稳定。②必须具有良好的电子电导率和较高的氧离子电导率以保证电子及氧离子的传输，同时对水蒸气的分解反应具有较好的催化活性。③应该具有较高的孔隙率，多孔结构可以保证电解所需水蒸气的供应及产物的输出，同时提供电子从电解质/阴极界面到连接体材料的传输路径。此外，如果 SOEC 应用于电解 CO_2 或者 CO_2/H_2O 混合气阴极材料，还应该具有较好的防积炭能力。

常用作 SOEC 的阴极材料主要有金属、金属陶瓷、混合电导氧化物。可用作 SOEC 的金属材料有 Ni、Pt、Co、Ti 等，由于存在和电解质材料匹配性较差、易挥发、价格昂贵等缺点，一般很少采用。Ni/YSZ 多孔金属陶瓷是高温 SOEC 首选的阴极材料。Ni 不但是重整催化反应和氢电化学氧化反应的良好催化剂，而且 Ni 的成本相比于 Co、Pt、Pd 等较低，具有经济性。YSZ 作为 Ni 的基质，Ni 和 YSZ 在很宽的温度范围里并不互相融合或相互作用，经过处理后形成很好的微观结构可以使材料在较长时间内保持稳定。同时，调整适合的 Ni 掺杂比可使其热膨胀系数与相邻的电解质层相近。更重要的是良好的阴极微观结构和材料组成可以获得较低 Ni-YSZ 界面的内部电阻，提高其对界面反应的电化学活性。超过30%的孔隙率(体积比)有利于反应物和产物气体的传输。此外，YSZ 构架还可以抑制反应过程中 Ni 颗粒的长大，同时也使阴极具有了良好的电子传导能力。

由于 SOEC 进气中 H_2O 含量远大于 SOFC，因此 Ni-YSZ 用作 SOEC 阴极会存在一些问题。利用 $(In_2O_3)_{0.96}(SnO_2)_{0.04}$/YSZ/Ni-YSZ 固体氧化物电解池进行制氢试验时发现，在900℃下电解池经过1000h运行，阳极材料没有明显改变，而阴极 Ni-YSZ 层发现裂纹并有 Ni 的蒸发。高湿条件(98% H_2O，2% H_2)对氢电极性能产生影响。研究发现，氢电极性能下降主要是由于 Ni 高温高湿条件下的团聚造成的。相同材料的电池在燃料电池工作模式下(98% H_2，2% H_2O)运行1000h氢电极仍保持稳定。此外，采用 LSM/YSZ/Ni-YSZ 电解池在750℃条件下进行制氢实验时发现，在电解工作模式下，氢电极会发生"钝化"现象，因此在电解池运行前用阳极电流对 Ni-YSZ 电极进行活化。电解模式下 Ni-YSZ 电极性能的衰减主要来自电极材料中杂质的影响。材料中的微量杂质(S、Si、Na 等)可以在 Ni 颗粒表面、Ni/YSZ 界面、电极/电解质三相界面(TPB)生成钝化层，减少了电极反应的活性区域，从而降低氢电极性能。其中 Si 等杂质主要来自电解质材料，而硫的来源还不能确定。

Ni 也可以与其他电解质材料构成金属陶瓷材料，如 SDC($Ce_{0.8}Sm_{0.2}O_{1.9}$)、GDC($Ce_{0.8}Gd_{0.2}O_{1.9}$)等。以 Ni-SDC 为氢电极，分别以 YSZ/ScSZ 为电解质，LSC[($La_{0.8}Sr_{0.2}CoO_3$)，SDC 为过渡层]作为阳极组成电解池，在900℃、0.5A/cm^2 条件下进行水电解，得到电解

池开路电压 1.13V。

5.4.3 氧电极

阳极是氧离子发生氧化反应的位置，因而又称氧电极。它需要提供一个有利于氧离子被氧化的环境，同时也需要具有较好的电子导电性和离子导电性、良好的催化活性及适宜的微观结构，并且与电解质之间有比较理想的热匹配性和化学相容性。针对 SOEC 的研究重点从材料催化性能的提升逐渐转变为 SOEC 的性能衰减分析。氧电极的分层、脱层及极化等是导致 SOEC 性能衰减的主要原因，研究还发现，氧分压、电压、电流、温度等因素会对氧电极的性能衰减产生重要影响。针对 SOEC 性能复杂的衰减因素，国内外许多研究团队正在致力于分析、厘清其衰减机制，并寻找优化方法。

最常用的氧电极材料是含有稀土元素钙钛矿结构（perovskite，ABO_3）氧化物材料，其中，A 通常是碱土金属元素或稀土金属元素，B 则一般是过渡金属元素。其代表是掺杂锰酸镧（$LaMnO_3$）。其他研究的氧电极材料还有 LSC（$La_{0.8}Sr_{0.2}CoO_3$）、LSCF（$La_{0.8}Sr_{0.2}Co_{0.2}Fe_{0.8}O_{3-\delta}$）、LSF（$La_{0.8}Sr_{0.2}FeO_3$）、SSC（$Sm_{0.5}Sr_{0.5}CoO_{3-\delta}$）、BSCF（$Ba_{0.5}Sr_{0.5}Co_{0.8}Fe_{0.2}O_{3-\delta}$）等。在 SOEC 3 个核心组成中，氧电极的能量损失占的比例最大，约为电解质和氢电极的 2 倍。

（1）锶掺杂的锰酸镧（LSM）基氧电极

作为最为常见的氧电极材料，$La_{1-x}Sr_xMnO_{3-\delta}$（LSM）的相关研究比较丰富。LSM 是一种典型的电子导体材料，适合于 YSZ 作为电解质的电解池体系。其热膨胀系数与 YSZ 的相近。并且 LSM 与 YSZ 的化学相容性较好，在 1200℃ 以下基本不发生反应，有利于电池寿命的延长。但 LSM 需要较高的工作温度（一般高于 800℃）以保持较高的电导率。因此，LSM 无法适应 SOFC、SOEC 往中低温方向发展的趋势。此外，在 SOEC 模式下，LSM 作为氧电极时，析氧反应会被局限在电极/电解质界面处，使得局部氧分压大幅度提升，引起氧电极分层、剥离，最终导致 SOEC 性能发生明显衰减甚至彻底失效。针对这种情况，常见的优化方法是将 YSZ 与 LSM 机械混合，形成复合电极。这样不仅改善了电极的离子电导，而且增大了三相界面，一定程度上缓解了电极的分层、剥离。

$La_{1-x}Sr_xMnO_{3-\delta}$（LSM）作为十分常见的 SOEC 氧电极材料，其作为 SOEC 的氧电极时，电极与电解质的分层现象是导致电解池性能衰减乃至失效的主要原因。对此，相关研究认为电解池的性能衰减主要归因于阳极与电解质界面产生的高氧分压。在氧化条件下，过量的氧离子进入 LSM 中，将导致 B 位 Mn 离子的氧化和阳离子空位的产生，使得 LSM 晶格发生收缩导致电极颗粒分裂为极小的纳米颗粒，从而破坏界面结构，导致分层。另一种衰减机理认为，在 LSM 和 Y 稳定的 ZrO_2 电解质（YSZ）界面生成了高阻性的 $La_2Zr_2O_7$。SOEC 容易在高电流密度、低工作温度的环境下失效，在这些条件下，电极产生约 0.2V 的过电位。SOEC 中氧电极的催化活性和稳定性是其电池整体性能的重要限制因素，但在相关研究中，两者常常无法兼顾。

（2）Co、Fe 基单钙钛矿型

研究人员用 Co 和 Fe 替代 Mn，可以使钙钛矿材料具有更好的离子导电性。研究发现，相同条件下，$La_{0.8}Sr_{0.2}CoO_{3-\delta}$（LSC）、LSM、$La_{0.8}Sr_{0.2}FeO_{3-\delta}$（LSF）的过电位依次递增。这在一定程度上说明，提高电极材料的混合导电性可以使之具有更好的电化学性质。但是LSC 等 Co 基材料更易形成低导电相、更易 Cr 中毒、热膨胀系数更大，所以在其作为SOEC氧电极时的稳定性不够理想。

$La_{1-x}Sr_xCo_{1-y}Fe_yO_{3-\delta}$（LSCF）是一种更适用于中温环境的，也是一种获得广泛应用的SOEC 氧电极材料。但 LSCF 与 LSM 类似，LSCF 存在明显的性能衰减现象。LSCF 作为氧电极时的性能衰减，主要是因为阳离子扩散及 Sr 的偏析。Sr 偏析、Co 的扩散及 YSZ/GDC界面生成高阻性的 $SrZrO_3$ 是电解池性能下降的主要原因。

研究人员采用浸渍法，将 $La_{0.8}Sr_{0.2}Co_{0.8}-Ni_{0.2}O_{3-\delta}$（LSCN）浸渍进入 GDC（$Gd_2O_3$ 掺杂的 CeO_2）多孔骨架中形成复合氧电极。研究发现，LSCN 纳米颗粒浸渍后，均匀地分散在GDC 骨架中，使得反应活性位点明显增多，LSCN-GDC 氧电极的析氧能力明显增强。

$La_{1-x}Sr_xCo_{1-y}Fe_yO_{3-\delta}$（LSCF）作为一种具有较高电化学活性和较低极化电阻的氧电极材料，受到了众多研究人员的青睐。在 SOEC 模式下，混合导电氧电极 LSCF 比 LSM 表现出更高的电极性能和稳定性。

（3）双钙钛矿型

双钙钛矿型用于固体氧化物电池电极材料的双钙钛矿氧化物的结构主要有 $A_2BB'O_6$ 和$AA'B_2O_5$。对于前者（$A_2BB'O_6$），A 为碱土金属元素（如 Ba、Sr、Ca 等），B 与 B' 为过渡金属元素（B 为 Fe、Co、Ni、Cu 等，B' 为 Nb、Mo 等）。对于后者（$AA'B_2O_5$），A 一般为镧系金属元素（如 Pr、Sm、Gd 等），A' 一般为碱土金属元素，B 一般为过渡金属元素。双钙钛矿通常具有较好的氧离子体扩散性和催化活性。较为常见的双钙钛矿型氧电极材料有$Sr_2Fe_{1.5}Mo_{0.5}O_{6-\delta}$（SFM）和 $LnBaCo_2O_{5+\delta}$（Ln = Gd、Nd、Sm、Ga、Pr）。

（4）R-P 型（Ruddlesden-Popper）

R-P 型钙钛矿材料是一种按照 n-ABO_3 钙钛矿层和 AO 岩盐晶格平面有规律交替排列的化合物，结构式为 $A_{n+1}B_nO_{3n+1}$。这类钙钛矿型材料，具有较强的氧扩散和晶格稳定性。

研究人员对单钙钛矿的研究更加广泛和深入。其中，以 LSM 和 LSCF 及其相关的复合物电极的应用最为广泛。Mn 基、Co 基等材料虽具有不错的电化学表现，但其稳定性不够理想。因此，材料性能优化和新材料开发尤为重要。虽然关于双钙钛矿材料和 R-P 型钙钛矿的研究尚不多，但是，它们却具有一些明显优于单钙钛矿型材料的独特优势。

SOEC 作为一种新型高效能量转化装置，通过消耗可再生电力，将 CO_2、H_2O 等小分子直接电解转化为燃料或化工产品，同步实现绿色化工原料大规模制备、碳基能源高效转化、化工余热高效利用和可再生能源高效储存，有助于我国开辟一条不依赖石油的碳基能源化工产品全新生产路线，对于优化我国能源结构、保障能源安全、实现"双碳"目标，具有重要意义。高温电解技术已在实验室和中试研究中取得了长足的进展，但是大规模工业化应用和商业化推广还有待发展。如何进一步提升高温电解池的集成规模、运行效率和运行稳定性，都是亟须解决的重点和难点问题。除此之外，积极探索 SOEC 与化工合成过程的耦合途径，还可以有效缓解我国多煤贫油、油气资源主要依赖进口的现状，对优化我国能源结构、保障我国能源安全具有重要意义。今后应进一步加强高温电化学领域的基础研究，加快先进原位表征手段和模拟分析手段在该领域的应用，以指导开发适用于高温电解过程的 SOEC 材料体系。与此同时，还应开展更多理论模拟和实验研究，进一步验证可再生能源(风能、太阳能、地热能和潮汐能等)发电、高温电解与化工合成过程耦合的经济性与技术可行性，为建成大规模产业链奠定理论依据和实验基础。

5.4.4　电解质层

电解质材料是 SOEC 的核心部件，负责将 O^{2-} 从阴极传导至阳极，同时将两侧的 H_2 和氧气完全隔离开。对电解质材料有以下要求：①高离子电导率($\approx 0.1S/cm$)；②可忽略的电子迁移数($< 10^{-3}$)；③在宽氧气分压内($1 \sim 10^{-22} atm$)的化学稳定性；④可靠的力学性能。

常见的氧离子导体电解质材料有萤石结构的 ZrO_2、CeO_2、$\delta - Bi_2O_3$ 基氧化物以及钙钛矿结构的 $LaGaO_3$ 基氧化物等。CeO_2 和 Bi_2O_3 容易产生电子电导而不能单独使用。使用双层电解质的方法可以将它们应用于 SOEC。但制备难度高，因其热膨胀系数难以匹配。通常使用氧化钇稳定氧化锆(Yttria - Stabilized Zirconia，YSZ)，或者氧化钆掺杂氧化铈(Gadolinia - Doped Ceria，GDC)。

纯 ZrO_2 存在单斜(monoclinic crystal system)、四方(tetragonal system)和立方(isometric system)3 种晶体结构，1170℃ 以下是单斜晶相，1170 ~ 2370℃ 为四方晶相，2370℃ 以上为立方萤石型晶相。单斜和四方相的 ZrO_2 电导率低，在其中掺入 Y^{3+}、Yb^{3+}、Er^{3+}、Sc^{3+} 金属氧化物，能将 ZrO_2 稳定在立方晶型，大幅提高晶格中的氧空位浓度，提高阳离子电导率。在一定范围内，YSZ 的离子电导率随 Y_2O_3 掺杂量的增加而提高，当 Y_2O_3 掺杂的摩尔分数为 8% 时，YSZ 离子电导率达到最大，继续提高掺杂量，氧空位与低价金属离子相互作用所形成的缺陷缔合体过多会使有效氧空位浓度下降，同时晶格畸变会越发严重，增大氧空位定向移动所需克服的势垒高度，导致离子电导率降低。掺杂 8% 的 Y_2O_3，1000℃ 时电导率为 0.14S/cm。离子半径与 Zr^{4+} 接近的 Sc^{3+} 以 Sc_2O_3 方式掺杂后(Scandium - Stabilized Zirconia，SSZ)，1000℃ 时电导率为 0.3S/cm。SSZ 在 800℃ 时电导率也可达到 0.14S/cm。但成本高限制了其商业应用。SSZ 的老化问题比 YSZ 更加严重，但可以通过 Y、Gd 及 Ce 等稀土元素的共同掺杂得到提高。

CeO_2 具有萤石结构，掺杂 Gd^{3+}、Sm^{3+}、Y^{3+}、Pr^{3+}、La^{3+}、Nd^{3+} 或 Ca^{2+} 离子后，可以增加其可移动的氧空位。掺杂 Gd^{3+}(Gadolinia - Doped Ceria，GDC)、Sm^{3+}(Samarium - Doped Ceria，SDC)的 CeO_2 电解质为最佳离子导体，700℃ 时电导率分别为 3.0S/cm 和 4.1S/cm。在还原性气氛中会出现铈离子价态转变，铈离子从 4 价转变成 3 价，从而出现电子电导的现象，导致开路电压降低。相较于单一元素掺杂，双元素掺杂体系表现出更优的离子电导率。双元素掺杂的 $(CeO_2)_{0.92}(Y_2O_3)_{0.02}(Gd_2O_3)_{0.06}$，相较于单掺 Y_2O_3 的样品，其在 300 ~ 700℃ 范围内具有更高的离子电导率，700℃ 时离子电导率为 4.2×10^{-2} S/cm。$Ce_{0.8}Sm_{0.18}Cu_{0.02}O_{1.89}$，在 800℃ 下测得其离子电导率为 6.0×10^{-2} S/cm。以共沉淀法合成

双元素掺杂的 $Ce_{0.8}Gd_{0.1}Sb_{0.1}O_{2-\delta}$，$Sb^{3+}$ 作为烧结助剂使其烧结温度降至 900℃。

Bi_2O_3 是一种多晶型材料，纯的 Bi_2O_3 在 730℃ 下以单斜相（$\alpha-Bi_2O_3$）稳定存在，呈 P 型导电，在 730℃ 至熔点 825℃ 范围内转变为立方萤石结构（$\delta-Bi_2O_3$）。四方结构（$\beta-Bi_2O_3$）和体心立方结构（$\gamma-Bi_2O_3$）两个亚稳相是在 δ 相冷却至 650℃ 以下，由于大量热滞后产生的。萤石结构的 $\delta-Bi_2O_3$ 在其熔点 825℃ 附近具有极高的离子电导率，约为 1S/cm，其原因包括 $\delta-Bi_2O_3$ 含 25% 无序的氧离子空位、Bi^{3+} 具有易极化的孤对电子、$Bi-O$ 离子键的键能较低。由于 $\delta-Bi_2O_3$ 仅存在于 730~804℃ 这一温度区间内，同时相变引起的体积变化会导致材料出现开裂和性能下降等问题，因此必须将 $\delta-Bi_2O_3$ 从高温稳定到低温并克服相变过程中体积变化所产生的机械应力。通过掺杂一定量的金属氧化物将高温 δ 相稳定到室温是最为有效的方式之一，与其他固体电解质不同，对 Bi_2O_3 进行掺杂的目的不在于提高离子电导率，等价或高价态离子都可以考虑用来部分取代铋离子，稀土金属离子掺杂和高价态离子的共掺杂也可以将 $\delta-Bi_2O_3$ 稳定到相变温度以下，包括 Ca^{2+}、Sr^{2+}、Y^{3+}、Nd^{3+} 及 La^{3+} 等离子。

钙钛矿型 $LaGaO_3$（ABO_3）掺杂后可引入大量氧空位，Sr^{2+}、Mg^{2+} 共掺杂的 $La_xSr_{1-x}Ga_{1-y}Mg_yO_3$（LSGM）具有很高的离子电导率，且与众多的电极材料能很好地匹配。不足之处是容易与 NiO 电极反应生成 $LaNiO_3$。需要在 NiO 与 LSGM 之间添加 $La_{0.4}Ce_{0.6}O_{2-\delta}$（LDC）过渡层。随着工作时间的延长，LSGM 中的 Ga 元素在高温下会蒸发损失，引起 LSGM 致密度下降、生成低离子电导杂相等问题，因此纯相的 $La_{1-x}Sr_xGa_{1-y}Mg_yO_{3-\delta}$ 材料的制备难度较大，同时 SGM 与常用的电极材料和密封材料也容易发生反应生成低电导杂相，导致电池性能降低。通过加入少量的变价离子不但可以解决 Ga 元素在高温下的蒸发问题，还能在一定程度上提高 LSGM 的离子电导率，如 Fe、Co、Ni 等过渡金属。通过在 LSGM 与电极之间加入缓冲层可以防止其与电极发生反应。

除了上述氧化物电解质，具有二维层状结构的硅酸盐氧化物 $Sr_{0.55}Na_{0.45}SiO_{2.755}$，其离子电导率在 500℃ 下为 10^{-2} S/cm，但氧离子传导活化能相较于 ZrO_2 基电解质材料偏低，仅有 0.3eV。$La_2Mo_2O_9$ 是一种在晶格内部本身就具有氧空位的材料，其在中低温范围内无须掺杂其他离子就能表现出比 YSZ 更高的离子电导率。温度低于 580℃ 时立方结构的 $La_2Mo_2O_9$ 会向单斜结构转变，引起离子电导率的下降，通过 W、Ba 共掺杂 $La_2Mo_2O_9$ 抑制其相变的同时还将立方结构稳定到了室温，得到的 $La_{1.9}Ba_{0.1}Mo_{1.85}W_{0.15}O_{8.95}$ 电解质材料，在 800℃ 下离子电导率为 3×10^{-2} S/cm。尽管这些新型材料具有一定的潜质，但普遍存在循环稳定性较差、热膨胀系数与电极材料不匹配等问题，一定程度上制约了其在实际应用中的发展和运用。

相对于氢电极和氧电极，电解模式和电池模式的改变对固体氧化物电解质的影响不大。高温下一般采用 ZrO_2 基电解质，CeO_2 基电解质则用于中低温。对于 ZrO_2 基电解质，掺杂 Sc_2O_3 后具有较 YSZ 更高的导电率和较好的力学性能。Sc_2O_3-YSZ 和 Al_2O_3 复合体系的研究也很受关注。

5.5　电解水制氢展望

电解水制氢出现了新的动向，比如，阴离子交换膜电解水制氢，双极膜电解水制氢，海水电解制氢及电解水制氢耦合氧化，虽然技术尚不成熟，但很有发展前景。

5.5.1　阴离子交换膜电解水制氢

尽管 PEM 电解水过程在一定条件下具有独特的优势，但由于其特定的酸性环境，阴阳两侧的析氢和析氧催化剂选择十分受限，主要由 Pt 系贵金属催化剂组成。为解决贵金属资源在大规模制氢应用中受限的问题，并降低材料成本，阴离子交换膜电解水（Anion Exchange Membrane Water Electrolysis，AEMWE）应运而生。通过将传递 H^+ 的质子交换膜更换为传递 OH^- 的阴离子交换膜（或称碱性膜），析氢和析氧反应都得以在碱性环境中发生，因此，如果 Ni、Fe 等非金属催化剂都能够稳定地应用于催化过程，这也使得 AEMWE 具有广泛的应用前景。

在 AEMWE 过程中，阴离子交换膜承担着重要作用。OH^- 作为一种生成物、反应物和载流体，借助阴离子交换膜能够从阴极侧传递至阳极侧。同时阴离子交换膜也起到阻隔气体和分隔两极的作用。但与发展较为成熟的质子交换膜不同，商业化阴离子交换膜大多受限于其较差的耐碱稳定性及较低的 OH^- 传导率。

一般来说，阴离子交换膜分子结构上主要由高分子骨架和阳离子基团构成。高分子骨架作支撑材料提供力学性能，而阳离子基团则与水共同作用帮助 OH^- 在电场作用下进行定向迁移。

发展较早的一系列阴离子交换膜的主要思路是通过对现有的工程塑料进行接枝改性，包括聚苯醚（Polypheylene ether）、聚醚砜（Polyethersulfone）、聚醚醚酮[Poly(ether - ether - ketone)]、聚降冰片烯（Polynorbornene）、聚芳基哌啶[Poly(aryl - co - aryl piperidinium)]、聚（联苯靛红）[Poly(aryl isatin)]等。然而，此类聚合物主链均存在醚键，在高温、强碱性的环境下，醚键受到 OH^- 进攻容易发生断裂，导致分子量的降低及膜的破裂。

阳离子基团方面，较早的研究中主要以三甲基季铵盐为功能基团，但诸如此类的季铵盐在高温碱性的环境下，容易被 OH^- 亲核进攻而发生取代或 β 消除反应，进而使阴离子交换膜降解而失去传递 OH^- 的能力。针对这一点，研究工作也对稳定阳离子基团的结构进行了大量理论设计和验证，并开发出包括芳香类季铵盐、非芳香环铵型盐、季铵盐、金属中心阳离子等多种化学结构稳定的功能基团。

高性能阴离子交换膜的研发面临氢氧根离子传导率和尺寸稳定性、耐碱性难以平衡的突出难题。为了使阴离子交换膜具备很好的氢氧根离子传导能力，需在阴离子交换膜膜材分子结构上键合较多的离子传导基团。但是离子传导基团过多会导致阴离子交换膜的稳定性和耐碱性大幅降低。当前离子功能基团使用最多的为季铵类，$\alpha - C$ 及 $\beta - H$ 位的季铵类功能基团容易因为 OH^- 的攻击发生相应反应，导致 AEM 离子电导率出现明显下降。想要解决这方面问题，必须要对季铵基团结构进行优化，去除结构中存在的容易降解的化学键，也可选择有良好耐碱稳定性导电基团取代，使阴离子交换基团在碱性方面稳定性得到提升和改善。

5.5.2 双极膜电解水制氢

双极膜（Bipolar Membranes，BPMs）是一种新型的离子交换复合膜，它通常由阳离子交换层（Cation Exchange Layer，CEL）、中间层（Intermediate Layer，IL）和阴离子交换层（Anion Exchange Layer，AEL）复合而成。中间层通常厚度为几纳米，呈电中性且含有催化剂。在直流电场作用下，双极膜中间层可将水离解产生 H^+ 和 OH^-。随后，产生的 H^+ 和 OH^- 在阴、阳两极间电势差的驱动下，分别向阴、阳两极迁移。同时，双极膜两侧溶液中的水会通过 AEL、CEL 进入 IL 层，补充水的消耗。

现有的双极膜制备技术主要有热压成型法、黏合成型法、流延成型法、基膜两侧分别引入功能基团法和电沉积法等。热压成型法是指将干燥的阴、阳离子交换膜层叠放在用 PTFE 薄膜覆盖的不锈钢板中，排除内部气泡，通过加热、加压制得双极膜。但是，由于热压过程中阴、阳两膜层的相互渗透和固定基团的静电作用，双极膜中间界面层容易形成高电阻区域，使工作电压升高。黏合成型法是用黏合剂分别涂覆阴、阳离子交换膜的内侧，然后叠合，排除内部气泡和液泡，经干燥后制得双极膜。黏合法制备的双极膜主要缺点是两膜之间的黏合力容易不足，导致其中的某一膜脱落。流延成型法是制备双极膜最常用的方法，该方法在阴离子交换膜层上覆盖一层含有阳离子交换树脂的聚合物溶液，或者在阳离子交换膜层上覆盖一层分散有阴离子交换树脂的聚合物溶液，经干燥后制得双极膜。采用流延成型制备的双极膜不仅结构致密，具有极好的机械稳定性和化学稳定性，而且操作简单、成本低，是制备双极膜的首选方法。但流延成型本身也存在一定缺陷，如流延中温度、湿度等外界环境的影响，以及凝固浴、凝固时间等工艺参数的设定都会影响双极膜的结构和性能。同时，流延成型的双极膜在使用中依然存在两膜层彼此脱离的可能。基膜两侧分别引入功能基团法又称含浸法，是用化学方法在基膜的两侧分别引入阴、阳离子交换基团，从而制得单片型双极膜。该技术的主要难点在于要控制好基膜两侧阴、阳膜层的厚度，进而使两膜层的界面平行于膜表面且不相互渗透。电沉积成型法的基本过程是将离子交换膜组装在电解槽中，在直流电场的作用下，电解液里悬浮的带有相反电性的离子交换树脂的粒子沉积在膜的表面，进而形成双极膜。沉积在膜表面的树脂粒子可稳定存在于膜表面，即使倒换外电极方向或者通入浓盐水，树脂粒子也不会轻易脱落。

双极膜电渗析在水解离制氢方面也备受关注。25℃时，水解离的理论电压为 0.83V。研究人员利用乙烯基磺酸钠－聚偏氟乙烯－丙烯酸二甲氨基乙酯双极膜水解离制氢，测得水解离临界电压为 0.87V，基本接近理论值。用双极膜电渗析水解离制氢，在电解槽中分别加入 1mol/L 的 H_2SO_4 和 1mol/L 的 NaOH 溶液，产氢过程中电流密度稳定在 $200A/m^2$，最大产氢速率可达到 11mmol/h，但工艺效率仍较低（约 55%）。双极膜电渗析可降低水解离过程中的能耗，也为制氢氧产品提供了可能，可以利用酸碱废液生产 H_2。

双极膜制备过程中仍存在问题，如成本较高、因两膜膨胀系数不同造成使用中易分层等，使双极膜的生产仍然存在一定的难度。双极膜的制备大多仍处于批量试制阶段，没有达到规模化生产的程度。因此，在未来的双极膜技术发展中，需要提高膜的选择性、热稳定性、机械强度，拓宽操作 pH 值范围，从而弥补现有商品膜的不足，同时需要寻找更廉价的双极膜制备方法，降低双极膜成本，提高市场竞争力。

5.5.3　海水电解制氢

海水占地球全部水量的 96.5%，与淡水不同，其成分非常复杂，涉及的化学物质及元素有 92 种。海水的盐度约为 35psu（35‰），其中钠（Na^+）、镁（Mg^{2+}）、钙（Ca^{2+}）、钾（K^+）、氯（Cl^-）、硫酸（SO_4^{2-}）离子占海水总含盐量的 99% 以上（表 5 – 1）。海水中所含有的大量离子、微生物和颗粒等，会导致制取 H_2 时产生副反应竞争、催化剂失活、隔膜堵塞等问题。为此，以海水为原料制氢形成了海水直接制氢和间接制氢两种不同的技术路线。海水直接制氢的路线主要通过电解水制氢或光解水制氢方式制取；海水间接制氢则是将海水先淡化形成高纯度淡水再制氢，即海水淡化技术与电解、光解、热解等水解制氢技术的结合。

表 5 – 1　海水的主要成分　　　　　　　　　　　　　　　　　g/kg

阴离子		阳离子		无机盐	
Cl^-	18.89	Na^+	10.56	$CaSO_4$	1.38
SO_4^{2-}	2.65	Mg^{2+}	1.27	$MgSO_4$	2.10
HCO_3^-	0.14	Ca^{2+}	0.40	$MgBr_2$	0.05
Br^-	0.06	K^+	0.38	$MgCl_2$	3.28
F^-	0.003	Sr^{2+}	0.01	KCl	0.72
$B(OH)_4^-$	0.03	—		$NaCl$	26.69

在海水电解制氢过程中，对于 HER，天然海水中存在各种溶解的阳离子（Na^+、Mg^{2+}、Ca^{2+} 等）、细菌/微生物和小颗粒等杂质。这些杂质可能会随海水电解过程的进行而产生 $Mg(OH)_2$、$Ca(OH)_2$ 沉淀物覆盖催化剂活性位点，从而使催化剂中毒失去活性。对于阳极来说，OER 是一个复杂的四电子质子转移反应，反应动力学缓慢，需要更高的过电位。而海水中的高浓度氯离子带来的析氯反应（Chlorine Evolution Reactions，ClER）和次氯酸盐的形成都是二电子反应，与 OER 反应相比，反应动力学较快，因此会干扰 OER 并与之竞争，进而降低转化效率。因此，开发具有高活性、高选择性的海水电解催化剂，对于避免海水中离子及杂质的影响至关重要。在国内外海水电解制氢方面，研究主要围绕 HER 催化剂、OER 催化剂、双功能催化剂及电解系统等开展。

对比海水中所含离子的相应标准氧化还原电势，发现溴离子和氯离子的氧化反应将在阳极与 OER 产生竞争。然而，由于溴离子浓度较低，其竞争性通常被忽略不计，因此，海水中存在 0.5mol/L 的 Cl^- 成为直接电解海水制氢技术中的最大障碍。在酸性条件下，OER 的平衡电势（vs. NHE）仅比析氯反应（ClER）的平衡电势（vs. NHE）低 130mV，但是 OER 是一个复杂的四电子质子转移反应，反应动力学缓慢，需要更高的过电位，而 ClER 则是一个两电子转移反应，反应动力学较快。因此，若要使电解海水时在阳极处生成高纯

度的 O_2，则必须使用具有极高 OER 选择性的阳极电催化剂。且与 OER 不同，ClER 的平衡电势与电解质溶液的 pH 无关。因此，可以选择在碱性电解质溶液中发生 OER，以降低 OER 的起始电势。

$$4OH^-(aq) \longrightarrow O_2(g) + 2H_2O(l) + 4e^- \quad E = 1.23V - 0.059pH \text{ vs. NHE}$$

$$Cl^-(aq) + OH^-(aq) \longrightarrow HClO(aq) + 2e^- \quad E = 1.72V - 0.059pH \text{ vs. NHE}$$

酸性条件下 OER 和氯氧化反应 ClER 的热力学电位差仅为 130mV，而碱性条件下电位差可达到最大 480mV，这也常被用作当前海水电解阳极催化剂的设计准则。然而，高 pH 条件下海水的净化是不可避免的，因为碱土金属会直接形成沉淀，在电解过程中附着在电极表面，从而使催化剂活性面积逐渐降低直至失活。

海水中的氢离子及氢氧根离子浓度很低，在电解过程中其传质速率缓慢，使得电解效率较低。且由此产生的局部 pH 值差异不利于析氢、析氧半反应的热力学变化，并可能导致碱金属氢氧化物等的沉淀。虽然海水中的碳酸盐可以作为缓冲液，但其含量太低，不足以抑制阴极局部 pH 值增加和阳极 pH 值降低。通过往海水中添加缓冲液、酸碱液等可缓解上述问题，但这同时增加了水处理成本。相比之下，使用高纯水电解过程中只消耗水，酸碱液可在系统中循环使用。直接海水电解是具有挑战性的，因为在电解过程中杂质的浓度将不断提高，沉淀不断附着在电极表面，且受到氯离子的腐蚀，催化剂的选择性及耐久性都受到大大的冲击。

此外，即使在碱性电解质中使用高活性、高选择性的 OER 催化剂，海水中具有侵蚀性的 Cl^- 也会腐蚀催化剂和电极。首先由于电极极化，Cl^- 向阳极移动并吸附在电极表面发生反应，然后进一步地溶解平衡，最后通过置换反应生成金属氢氧化物，这就要求催化剂在电解过程中兼具较高的稳定性。

$$M + Cl^- \longrightarrow MCl_{ads} + e^-$$
$$MCl_{ads} + Cl^- \longrightarrow MCl_x^-$$
$$MCl_x^- + OH^- \longrightarrow M(OH)_x + Cl^-$$

同时，在阴极附近产生的 OH^- 会在电极附近形成难溶的沉淀物覆盖催化剂活性位点，如 $Mg(OH)_2$、$Ca(OH)_2$。这可能会使催化剂中毒，导致电极使用寿命缩短，但一般都可通过酸洗除去，所以催化剂的电化学活性表面积要足够大才不会使阴极在短时间内失活。

综上，开发能够在电解海水过程中提高氧析出效率和降低操作电压的催化剂材料是氢能开发利用亟待解决的问题。

至今，已经发现用于电解海水的具有较高性能的 OER 催化剂包括过渡金属掺杂的锰基氧化物、磷酸钴盐、镍铁复合层状氢氧化物（NiFe-LDH）等；而 HER 催化剂多包含 Co、Cu 和 Ni 等金属元素。

研究人员在作为导体的泡沫镍上涂上一层硫化镍，并在硫化镍上涂上一层镍铁复合氢氧化物，镍铁复合氢氧化物起到催化剂的作用。在电解海水过程中，硫化镍带上了负电，因为负负相斥，它排斥海盐中带负电的氯离子，从而保护正极。研究表明，没有这一特殊的涂层设计，正极在海水中只能工作约 12h，而有了这种设计，正极可以工作超过 1000h。

为避免带负电的氯离子侵蚀正极，此前电解海水只能在低电流条件下工作，而使用新技术的系统可以在 10 倍的强电流下工作，从而以更快的速率从海水中获取氢和氧。研究发现，在电解液中加入硫酸盐可以有效延缓氯离子对阳极的腐蚀，提升海水电解制氢过程中阳极的稳定时长。

根据水的电解原理，高能耗的基本原因是由于具有较大的热力学电势及缓慢得多的多电子反应动力学。虽然各类用于海水电解的高活性催化剂被大量报道，但是在商业电流密度下其电解水的电压基本远超 1.72V，这不仅会消耗大量的电能，而且也会使得氯离子氧化。因此，各类低电势的阳极反应耦合无氯混合海水电解体系被提出，如水合肼、尿素、甲醇、硫化物和糠醛氧化反应等。研究人员通过在阳极耦合水合肼氧化反应，在降低电解电势的同时避免了氯离子在阳极氧化，大大提高了体系的耐腐蚀性。还有研究通过在阳极耦合甲醇氧化反应，使得电解槽得以在低电压条件下运行，抑制了氯离子的氧化，同时生成了高附加值产品甲酸酯。阳极耦合无氯反应是一种优良的海水制氢方法，在废水处理方面的应用也得到了广泛研究，然而，由于其应用场合有限，其大规模发展仍有待深入研发。

（1）HER 催化剂

铂系金属被认为是 HER 基准电催化剂，在酸性、碱性和中性条件下均表现出最好的性能。但是，在海水电解过程中，其 HER 性能与在淡水电解质中的表现相差甚远。另外，贵金属的稀缺和高成本极大地阻碍了其大规模应用。因此，在实际应用中，在保持高活性的同时减少铂的使用至关重要。学者通过两步法制备 Pt/Ni-Mo 析氢催化剂，在 113mV 的过电势下模拟海水和工业条件，可在碱性溶液下稳定运行超过 140h，盐水（1mol/L KOH+0.5mol/L NaCl）中达到 2000mA/cm^2 的电流密度，是迄今为止的最佳性能，并能够实现 700cm^2 大面积制备。除贵金属催化剂以外，探索廉价、高效和稳定的电催化材料是海水电解制氢的重要方向。过渡金属的催化活性被认为仅次于 Pt 族金属，而且价格便宜，其中 Ni 被认为是最有前途的催化剂之一。一些研究人员制备了基于 Ni 的合金催化剂 Ti/NiM（M=Co、Cu、Au、Pt），在 HER 中表现出显著的活性，但新型镍基催化剂还存在稳定性不足的问题，这是其应用的潜在障碍。此外，非贵金属 HER 催化剂还包括过渡金属氧化物和氢氧化物、过渡金属氮化物（TMNs）、过渡金属磷化物（TMPs）、过渡金属硫族化物、过渡金属碳化物、过渡金属杂化物等。TMPs 因含量丰富、活性高和稳定性良好被用于海水 HER。多孔的 PF-NiCoP/NF 析氢催化剂，在天然海水中具有高活性和持久性，且在 287mV 过电势下可达到 10mA/cm^2 的电流密度，优于商业化的 Pt/C（质量分数 20%），研究认为三维形貌、空穴结构和导电基板提高了比表面积、电子转移和活性位点，从而有利于 H$_2$ 释放。

（2）OER 催化剂

长久以来，高析氧活性的电催化剂通常是 IrO$_2$ 和 RuO$_2$ 等贵金属催化剂，然而这两种元素的稀有性决定了发展储量丰富的过渡族 OER 高活性催化剂的必要性。由于 OER 复杂的四电子转移过程呈现反应动力学缓慢的特征，为应对 ClER 与 OER 竞争这一挑战，针对 OER 的选择性海水电解提出了三种主要策略，即碱性设计原理、具有 OER 选择性位点催化剂和 Cl$^-$ 阻挡层。碱性设计原理主要基于热力学和动力学考虑，可以最大化 OER 和

ClER 之间的热力学电势差，从而保证对 OER 的高选择性。过渡金属氧化物和氢氧化物因引入氧空位，在碱性水中具有活性位点，从而对 OER 具有良好的电催化性。此外，通过掺杂 Mo、Co、Fe、Ni、Mn 或增加活性位点，可以提高 OER 的选择性。研究人员将硫化镍(NiS_x)生长在泡沫镍上，又在硫化镍外电沉积一层层状双金属氢氧化物 NiFe - LDH，形成多层电极结构。其中泡沫镍起到导体的作用，NiFe - LDH 为催化剂，中间硫化镍会演变成负电荷层，由于静电相斥而排斥海水中的氯离子，从而保护阳极。正因为这种多层设计，阳极可以在工业电解电流密度($0.4 \sim 1A/cm^2$)下运行 1000h 以上。但是，该研究尚存在诸多待研究的工程细节，实现规模化、工业化需要进行放大实验。

(3)双功能催化剂

设计具有较高活性和持久性的 HER 和 OER 双功能电解催化剂仍具有挑战性。尽管碱性介质中存在不同类型的双功能水电解催化剂，比如，可对电子学性质和形貌进行必要改变的金属硫族化合物、氮化物、氧化物和磷化物，但可在海水中直接电解的催化剂还很少。研究人员通过"原位生长 - 离子交换 - 磷化"三步合成方法制备了双金属异质磷化物 $Ni_2P - Fe_2P$，是一种具备了析氧反应(OER)和析氢反应(HER)双功能的催化剂，实现了对海水的高效稳定全分解产氢，在 2V 电压下全解水系统可达到 $500mA/cm^2$ 的电流密度，并且能稳定运行 38h 以上。

(4)电解系统

从应用角度来看，除了开发稳定高效的催化剂外，还必须设计合适的高性能、低成本海水电解槽。碱性水电解槽和质子交换膜水电解槽在商业市场较为成熟；另外还有低温的阴离子交换膜水电解槽(Anion Exchange Membrane Water Electrolyser，AEMWE)和高温水电解槽(High - Temperature Water Electrolyser，HTWE)两种新兴技术，其中高温电解包括质子导电陶瓷电解($150 \sim 400℃$)和固体氧化物电解($800 \sim 1000℃$)。这些电解槽直接用来电解海水时，海水复杂的天然成分会对电解产生影响，其中主要问题是离子交换膜的物理或化学堵塞和金属组件的腐蚀，如海水中的 Na^+、Mg^{2+} 和 Ca^{2+} 离子会降低质子交换膜的性能；Cl^-、Br^-、SO_4^{2-} 等阴离子也会对膜性能产生不利影响。因此，开发稳定的隔膜是海水直接电解面临的重要挑战。研究认为采用超滤、微滤对天然海水进行简单过滤，可以很大程度地解决固体杂质、沉淀物和微生物造成的物理堵塞。研究人员基于固体氧化物电解技术尝试了在高温下进行海水电解制氢，在未使用贵金属催化剂的条件下，以 $200mA/cm^2$ 的电流密度进行了 420h 的长期恒流电解，产氢速率为 183mL/min。在不回收高温废气的前提下，其能量转化效率可高达 72.47%。且该方法由于先将海水加热蒸发，海水中的绝大部分杂质不与电解槽接触，因而难以对电解槽造成破坏，因此具有良好的应用前景。

海水电解制氢是直接利用海水制备氢气最为成熟的技术，尽管已取得良好进展，但依然面临着一些关键性挑战，例如：设计高活性、廉价且稳定持久的非贵金属 HER/OER 催化剂；各种离子、细菌/微生物和小颗粒等杂质带来的海水电解槽结垢、膜污染和腐蚀等问题。为解决以上问题，未来通过纳米工程、表界面工程、掺杂、包覆、理论计算辅助探究活性位点来开发高性能 HER/OER 催化剂，采取选择性渗透、覆盖钝化层、净化、海水蒸气等方式来避免海水离子和杂质对电解反应的干扰，开展海水电解制氢的放大试验将进一步促进海水电解制氢技术的发展。

采用丰富的海水资源来电解制氢，可以大幅降低制氢成本，缓解淡水资源压力。但如何实现析氢效率的进一步提高、催化剂活性稳定性的提升及海水净化等仍然存在巨大挑战。通过电解水制氢耦合氧化策略，不仅可以突破理论电势，实现制氢效率的提高，还能在阳极获得高附加值化学品，可进一步降低制氢成本。

5.5.4 电解水制氢耦合氧化

尽管通过设计高效 OER 电催化剂可以降低电解水电压，但 1.23V 的理论电压无法突破。此外，电解槽仍需组装隔膜来避免阴、阳两极产生的氢、氧混合所带来的爆炸风险。特别是，OER 过程产生的含氧活性物种会对隔膜造成溶解破坏，从而降低电解槽寿命。利用热力学上更有利的有机小分子氧化反应替代 OER 与 HER 耦合，不仅可以有效利用 OER 过程中的含氧活性物种，抑制氧气析出，避免氢氧混合爆炸的风险，实现无膜电解，还能突破理论上 1.23V 的电压限制，极大地降低析氢过电势，提高析氢效率。同时，阳极产生的高附加值化学品可以进一步降低制氢成本。为了实现电解水高效制氢耦合氧化，在选择氧化反应和催化剂时应考虑以下几点：①有机小分子应溶于水，且其氧化电位应该低于 OER 的氧化电位；②有机小分子应该被高选择性地催化转化为非气态的高附加值产物；③有机小分子反应物及中间反应体不能与 HER 存在竞争反应。醇类、醛类、胺类或者其他含有羟基或醛基的生物质被证明可以作为氧化底物。

5.5.5 电解水制氢的前景

我国水能、水电资源雄居世界首位，特别是西南地区具有强大优势，全国广大穷困山区也十分丰富。据最近三年普查，全国水能总量 6.89 亿 kW，技术可开发量 4.93 亿 kW，经济可开发量也达 3.95 亿 kW，但实际开发利用率只有 15%，远低于世界 30% 的水平。大力发展水电，利用电解水制氢，将是我国能源战略的美好前景。

我国小水电资源非常丰富，理论蕴藏量约 1.5 亿 kW，可开发装机容量 7000 万 kW。国家正在积极推进"小水电代燃料生态建设工程"，如果水电站增加制氢的内容，不仅解决了农村用电问题，还可以利用富余电力制取氢气，延长发电季节，储存水能、电能。

AWE 分离水产生氢气和氧气，效率通常在 70% ~ 80%。一方面，AWE 在碱性条件下可使用非贵金属电催化剂（如 Ni、Co、Mn 等），因而电解槽中的催化剂造价较低，但产气中含碱液、水蒸气等，需经辅助设备除去；另一方面，AWE 难以快速启动或变载、无法快速调节制氢的速率，因而与可再生能源发电的适配性较差。PEM 电解水技术的电流密度高、电解槽体积小、运行灵活、利于快速变载，与风电、光伏（发电的波动性和随机性较大）具有良好的匹配性。固体氧化物水电解效率高，可以与核电，工业废热进行匹配，具有很好的发展前景，但技术尚不成熟。三种电解水的特征对比见表 5 – 2。

表5-2　三种类型的水电解质的特征

制氢技术	AWE	PEME	SOFC
电解质	NaOH/KOH(液体)	质子交换膜(固体)	YSZ(固体)
操作温度/℃	70~90	50~80	500~1000
操作压力/MPa	<3	<7	<30.1
阳极催化剂	Ni	Pt、Ir、Ru	LSM、CaTiO₃
阴极催化剂	Ni 合金	Pt、Pt/C	Ni/YSZ
电极面积/cm²	10000~30000	1500	200
单堆规模	1 MW	1MW	5kW
电耗/(kW·h/m³)	4.3~6	4.3~6	3.2~4.5
电解槽寿命/h	60000	50000~80000	<20000
系统寿命/a	20~30	10~20	—
启动时间/min	>20	<10	<60
运行范围/%	15~100	5~120	30~125
成本/(元/kW)	6500	10000	

2030年，我国风电、太阳能发电总装机容量达到12亿kW以上。随机性、无规律性的风电、光伏点网对电网安全性带来挑战，造成电网平衡成本逐渐增大。造成大量弃风、弃光电现象。2016年，全国弃水弃风弃光电量达到1100亿kW·h，折合氢气220亿m³。2018年受国家光伏新政"急刹车"的影响，56%产能闲置，弃电1013亿kW·h。因此，若是电解与风电光电相结合，既能消纳弃风弃光产生的电能，又能有效降低电解水的成本。存在的技术困难是风电、光伏电资源多位于"三北"偏远地区，氢气的储存和运输成本高。

习题

1. 归纳概述碱性电解水制氢中各类阴极材料的优点和不足。
2. 归纳概述碱性电解水制氢中各类阳极材料的优点和不足。
3. 归纳概述碱性电解水制氢中各类膜材料的优点和不足。
4. 简述质子交换膜电解水的结构和功能。
5. 详细归纳总结碱性电解水、质子交换膜电解水及固体氧化物电解水的特征、优点及不足。
6. 查阅文献资料，归纳总结近期国内在海水制氢方面取得的进展。
7. 归纳总结降低过电位的技术措施。

第6章 工业副产制氢

副产氢是企业生产的非主要产品，与主要产品使用相同原料同步生产，或利用废料进一步生产获得。强调副产氢的原因有两个：一是经济性高；二是环保性强。从经济性角度看，氢气生产成本高，过程复杂，如果是生产其他产品的副产品，则可大大降低生产成本。从环保性角度看，绿氢清洁低碳是未来发展的要求，即使现在达不到绿氢标准，也要尽量减少生产过程中的能源消耗和污染物排放。与主要产品同一工艺流程产出的副产氢，显然符合以上两个要求。工业副产氢主要指氯碱、炼焦、炼油企业的副产氢气（表6-1）。

表6-1 主要副产氢气及其特征

序号	类别	产量/($10^8 m^3/a$)	典型组成（体积分数）/%	氢气量/($10^8 m^3/a$)
1	焦炉煤气	约1114	H_2：57，CH_4：25.5，CO：6.5，C_nH_m：2.5，CO_2：2，N_2：4	约635
2	炼厂气	约1193	H_2：14~90，CH_4：3~25，C_2^+：15~30	约620
3	合成氨尾气	约124	H_2：20~70，CH_4：7~18，Ar：3~8，N_2：7~25	约86
4	甲醇弛放气	约239	H_2：60~75，CH_4：5~11，CO：5~7，CO_2：2~13，N_2：0.5~20	约161
5	兰炭尾气	约290	H_2：26~30，CO：12~16，CH_4：7~8.5，CO_2：6~9，N_2：35~39	约81.2
6	氯酸钠副产气	约5.7	H_2：约95，O_2：2.5，其他	约5
7	聚氯乙烯尾气	约12.86	H_2：50~70，C_2H_2：5~15，C_2H_3Cl：8~25，N_2：10~15	约6
8	氢氧化钠尾气	约99.17	H_2：约98.5，N_2 约0.5，O_2：约1，其他	约97.7
9	丙烷脱氢尾气	约3.8	H_2：80~92，C_2H_6：1~2，C_3H_8：0.5~1，N_2：1~2	约3.1

达到燃料电池用氢气的质量指标比较困难（表6-2）。工业副产气制纯氢主要有3种方法：深冷分离、变压吸附、膜分离。深冷分离是将气体液化后蒸馏，根据沸点不同，通过温度控制将其分离，所得产品纯度较高，适宜大规模制纯氢装置使用。变压吸附的原理是根据不同气体在吸附剂上的吸附能力不同，通过梯级降压，使其不断解吸，最终将混合气体分离提纯。膜分离法则是基于气体分子大小各异，透过高分子薄膜的速率不同的原理

对其实施分离提纯。每一种技术都有其特点和约束条件，将这几种 H_2 回收技术结合起来寻得最佳的工艺方案：如将深冷法和变压吸附法相结合，即可得到高回收率、高纯度和高压的 H_2。

表6-2　GB/T 37244—2018《质子交换膜燃料电池汽车用燃料　氢气》

项目名称	指标	项目名称	指标
H_2 含量	≥99.97%	CO	≤0.2μmol/mol
水	≤5μmol/mol	总硫（按硫化氢计算）	≤0.004μmol/mol
总烃（按 CH_4 计算）	≤2μmol/mol	甲醛	≤0.01μmol/mol
氧	≤5μmol/mol	甲酸	≤0.2μmol/mol
氦	≤300μmol/mol	氨	≤0.1μmol/mol
氮气和氩气	≤100μmol/mol	总卤化物（按卤离子计算）	≤0.05
二氧化碳	≤2μmol/mol	颗粒物浓度	≤1mg/kg

6.1　焦炉煤气副产氢气

将煤隔绝空气加热到 950～1050℃，经历干燥、热解、熔融、黏结、固化、收缩等过程最终制得焦炭，这一过程称为高温炼焦。炼焦除了可以得到焦炭外，还可以得到气体产品粗煤气（荒煤气，Raw Coke Oven Gas，RCOG）。

从焦炉炭化室排出的焦炉荒煤气（RCOG，700～900℃），因含有焦油等杂质不能被直接使用。焦油含量为 80～120g/m³，占总煤气质量的 30% 左右。焦油在 500℃ 以下容易聚合、结焦、堵塞管道、腐蚀设备、严重污染环境。为确保生产安全、符合清洁生产标准及提高 RCOG 的品质，在使用或进一步加工之前需要对 RCOG 进行净化提质处理。荒煤气经过电捕焦油器脱除焦油、湿法脱硫、酸洗脱氨、洗油脱苯后成为净焦炉煤气（Coke Oven Gas，COG）（图6-1）。

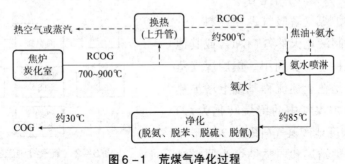

图6-1　荒煤气净化过程

焦炉煤气中的氢气比例因熄焦方法不同而差异巨大。

湿法熄焦是采取向高温焦炭喷淋水的方式给焦炭降温。高温焦炭与水发生水煤气反应，释放大量氢气。湿法焦炉煤气组成为氢气（55%～60%）和 CH_4（23%～27%），还含有少量的 CO（5%～8%）、N_2（3%～5%）、C_2 以上不饱和烃（2%～4%）、CO_2（1.5%～3%）

和氧气(0.3% ~0.8%)，以及微量苯、焦油、萘、H_2S和有机硫等杂质。

干法熄焦是循环输入氮气给高温焦炭降温。由于没有大量的水与高温焦炭发生水煤气反应，因此干法熄焦方式产生的焦炉煤气中氢气比例较低。干法焦炉煤气中氮气比例最高，一般不低于66%，其次是CO_2含量8% ~12%，CO含量6% ~8%，H_2含量2% ~4%。

2020年，我国生产焦炭产量4.71亿t。按1t焦炭副产含氢55%(体积分数，下同)的焦炉煤气$427m^3$计算，全行业理论副产高纯氢980万t/a。焦炉煤气可以直接净化、分离、提纯得到氢气。也可以将焦炉煤气中的CH_4进行转化、变换再进行提氢，可以最大限度地获得氢气产品。

由于环保要求日益严格，大部分焦炭装置副产的焦炉气下游都配套了综合利用装置，如将焦炉气深加工制成合成氨、天然气等。但由于氢气储运困难，其下游市场局限性较大，焦炉煤气制氢在其下游应用中所占比例较小。

焦炉煤气直接提取氢气投资低，比使用天然气或者煤炭等方式制氢在成本上更具优势，是大规模、高效、低成本生产廉价氢气的有效途径。焦化产能广泛分布在山西、河北、内蒙古、陕西等省、自治区，可以实现近距离点对点氢气供应。

采用焦炉煤气转化其中甲烷制氢的方式虽然增加了焦炉气净化过程，增加了能耗、碳排放和成本，但氢气产量大幅提升，且焦炉气的成本远低于天然气价格，相较于天然气制氢仍具有巨大成本优势。未来随着氢能产业迅速发展，氢气储存和运输环节成本下降，焦炉煤气制氢将具有更好的发展前景。净化后的焦炉煤气组成如表6-3所示。

表6-3　净化后的焦炉煤气组成

物料名称	H_2	CH_4	CO	N_2	CO_2	C_nH_m	O_2
体积分数/%	54 ~59	24 ~28	5.5 ~7	3 ~5	1 ~3	2 ~3	0.3 ~0.7

大规模的焦炉煤气制氢通常将深冷分离法和PSA法结合使用，先用深冷法分离出LNG，再经过变压吸附提取H_2。通过PSA装置回收的氢含有微量的O_2，经过脱氧、脱水处理后可得到99.999%的高纯H_2。

提氢后的焦炉煤气解吸气返回燃料气管网，也可以用作制液化天然气(LNG)或其他富甲烷气转化原料进一步利用。焦炉煤气蒸汽转化提氢流程是在上述流程基础上增加蒸汽转化炉，将焦炉煤气中的甲烷转化为CO和H_2，可最大限度地产氢气(图6-2)。

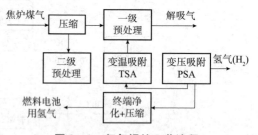

图6-2　氢气提纯工艺流程

兰炭利用不黏结煤和弱黏结煤为原料烧制而成，作为一种新型的碳素材料，以其固定碳高、比电阻高、化学活性高、含灰分低、铝低、硫低、磷低的特性，已逐步取代冶金焦而广泛运用于电石、铁合金、硅铁、碳化硅等产品的生产，成为一种不可替代的碳素材料。我国兰炭的主产区为陕西榆林和新疆哈密，其原料煤均为长焰煤。据统计，2021年我国兰炭产量约为6000万t，同时副产中低温煤焦油产量约为850万t、煤气约为800亿m^3，折合原油当量达到 2100 万 t。

因兰炭生产工艺的特点，兰炭尾气热值较低，通常在 7000~8500kJ/Nm³，同时采用直冷工艺，净化装置出口兰炭尾气的温度较高(约 50℃)，尾气中携带的水分、氨气、硫化氢、焦油及酚类较多。国内对兰炭尾气的利用情况根据生产规模有所区别：对于大型兰炭生产企业，由于兰炭尾气排量较大，通常用作直燃锅炉发电或燃气 - 蒸汽联合循环发电；对于中小型兰炭生产企业，兰炭尾气除部分自用外，大部分点燃放散处理，造成资源浪费，对环境也造成很大的污染。兰炭尾气组成如表 6-4 所示。

表 6-4 兰炭尾气组成

成分	H₂	CH₄	CO	CₙHₘ	N₂	CO₂
体积分数/%	~28	~8.8	~12.0	~1.0	~48	~2.0
成分	焦油	H₂S	NH₃	H₂O	CₙHₘ	O₂
含量/(mg/m³)	~300	~600	~400	~90	2~3	~0.2

兰炭尾气经历脱氨—脱水—除焦—加压—脱硫除去里面的焦油、H_2S、NH_3 等组分(图 6-3)。

(1)采用浓氨水法脱氨，以软水为吸收液回收兰炭尾气中的氨，氨水经循环浓缩得到浓氨水。循环吸收液向外流经凉水塔，以带走脱氨

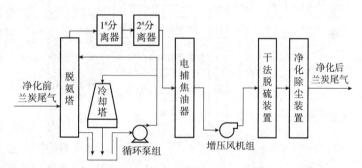

图 6-3 兰炭尾气净化工艺流程

塔内循环水吸收的兰炭尾气余热。为提高脱除效率，脱氨塔设计为双层喷淋 + 双层填料塔，并适当加大塔径；每层均设有单独的循环泵，提高各层的喷淋密度，以增加气液两相逆流的接触概率及时间。

(2)采用两级气 - 水分离器脱水，将兰炭尾气因降温产生的凝结水脱除。

(3)采用两台电捕焦油器除焦油，经脱氨、脱水后的兰炭尾气通过管道进入电捕焦油器，将兰炭尾气携带的焦油、粉尘吸附脱除。

(4)经过脱氨、脱水、除焦后的兰炭尾气因压力降低需要加压，以满足后面脱硫等工序的进气要求，因此在电捕焦油器后设置煤气加压机为兰炭尾气升压。

(5)脱硫采用氧化铁干法脱硫，设置两台脱硫塔，为提高脱除效率，脱硫塔设计为双层填料塔，并适当加大塔径；脱硫塔后设置净化分离器，进一步除去兰炭尾气所含的凝结水、粉尘等杂质。

6.2　氯碱副产氢气

氯碱厂以食盐水为原料，采用离子膜或石棉隔膜电解槽生产 NaOH 和氯气，同时可以

得到副产品 H_2。在电解 NaCl 溶液的过程中，氢离子比钠离子更容易获得电子。因此在电解池的阴极氢离子被还原为 H_2。氯气在阳极析出，电解液变成 NaOH 溶液，浓缩后得到 NaOH 产品。其电极反应如下：

阳极反应：$2Cl^- - 2e^- \Longrightarrow Cl_2 \uparrow$（氧化反应）$\Delta G_A = 130.2 kJ/mol$

阴极反应：$H_2O + e^- \Longrightarrow OH^- + 1/2H_2 \uparrow$（还原反应）$\Delta G_B = -79.8 kJ/mol$

电解饱和食盐水的总反应：

$$2NaCl + 2H_2O \Longrightarrow 2NaOH + Cl_2 \uparrow + H_2 \uparrow$$

反应的能量变化：$\Delta G = \Delta G_A - \Delta G_B = 210 kJ/mol$，（$\Delta G > 0$，说明反应不能自动进行）。

理论分解电压：$V_{理} = -\Delta G/nF = -210/(1 \times 96.85) = -2.168V$

式中，ΔG 为物质的化学能变化值，kJ/mol；n 为反应中的电荷迁移数；F 为法拉第常数，$96.85 kJ/V \cdot mol$。

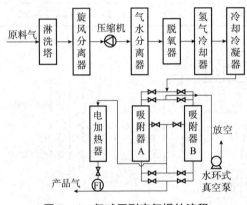

图 6-4 氯碱厂副产氢提纯流程

氯碱行业副产的氢气纯度较高，H_2 纯度约为 98.5%，不含能使燃料电池催化剂中毒的碳、硫、氨等杂质，但含有部分氧气、氮气、水蒸气、氯气及氯化氢等杂质。氯碱厂副产氢气纯化工艺主要包括 4 个步骤：除氯、除氧、除氯化氢、除氮（图 6-4）。氢气中的氯化氢主要是采用水洗的方法除去。氢气中的氯气与 Na_2S 反应，生成可溶于水的 NaCl 而从 H_2 中除去。Na_2S 与部分氧反应，降低了后续除氧的负担。剩余的 O_2 和 H_2 在钯催化剂作用下生成水。氢气中的氮气被分子筛吸附，并在吸附剂再生过程中被再生气带走而除去。我国氯碱厂大多采用 PSA 技术提氢。

$$Na_2S + Cl_2 \Longrightarrow 2NaCl + S \downarrow$$
$$2Na_2S + O_2 + 2H_2O \Longrightarrow 4NaOH + 2S \downarrow$$
$$O_2 + 2H_2 \Longrightarrow 2H_2O + Q$$

大多数氯碱厂副产氢气已经进行了配套综合利用，如生产氯乙烯、过氧化氢、盐酸等化学品，部分企业还配套了苯胺。另外，氯碱副产氢气不仅可作锅炉燃料供本企业使用，还可以销售给周边企业采用焰熔法生产人造红、蓝宝石，或者充装后就近外售。环保管理不严格的地方，还有部分氯碱副产氢气会直接排空。2020 年，我国烧碱产量为 3643.3 万 t，按 1t NaOH 副产氢气 24.8kg 计算，该行业副产氢 90 万 t，扣除 60% 生产聚氯乙烯和盐酸等消耗的氢气，可对外供氢 36 万 t/a。

氯碱产能的省、自治区有山东、江苏、浙江、河南、河北、新疆、内蒙古等。此外，在山西、四川、陕西、安徽、天津、湖北等地也有分布。氯碱产业主要生产地与氢能潜在用户匹配较好，是供应低成本氢气的良好选择。尤其在氢能产业发展导入期，可优先考虑充分利用周边氯碱企业副产氢气，就近生产，就近使用，降低原料成本和运输成本。

武汉中极氢能源发展有限公司在湖北孝感市云梦县建立了 2400 万 Nm³/a 氯碱化工副产氢纯化装置(图 6-5)。副产气组成见表 6-5。生产的氢气为周边多个加氢站供气。

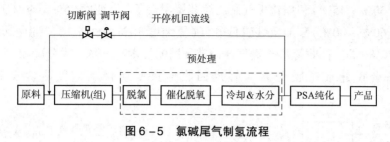

图 6-5 氯碱尾气制氢流程

表 6-5 氯碱副产气组成

物料名称	H_2	O_2	N_2	Cl_2	CO_2	CO	C_nH_m	H_2O
体积分数/%	97.48	1.02	0.5	0.02	0.02	0.01	0.01	0.09

氯酸钠是制造二氧化氯、高氯酸、亚氯酸钠、高氯酸盐及其他氯酸盐的基本化工原料。广泛应用于纸浆漂白剂、农药除草剂、工业用氧化剂(电子产品清洗)、印染氧化剂与媒染剂,以及鞣革、烟火、印刷油墨制造等多个领域。

氯酸钠主要由电解工艺生产,每生产 1t 氯酸钠可副产约 620m³ 氢气。2020 年我国氯酸钠产量约为 85 万 t,即可副产 $5.27 \times 10^8 m^3$ 氢气,可作为氢能产业的重要氢气来源。氯酸钠尾气中氢气含量高,原料气处理关键在于脱氧脱氯和 PSA 分离纯化流程,生成的电解产物 Cl_2 与 OH^- 在电解装置中将产生两个串联的歧化反应。

阳极:$2Cl^- \longrightarrow Cl_2 \uparrow + 2e^-$、$E^\ominus = 1.36V$ (6-1)

阴极:$2H_2O + 2e^- \longrightarrow H_2 \uparrow + 2OH^-$ (6-2)

液相反应:$Cl_2 + H_2O \Longleftrightarrow HClO + H^+ + Cl^-$ (6-3)

$HClO \Longleftrightarrow H^+ + ClO^-$ (6-4)

$2HClO + ClO^- \Longleftrightarrow ClO_3^- + 2Cl^- + 2H^+$ (6-5)

电解总反应式:$NaCl + 3H_2O \longrightarrow NaClO_3 + 3H_2 \uparrow + Q$

6.3 石化企业副产氢气

炼油厂加氢装置副产含有氢气、甲烷、乙烷、丙烷、丁烷等的炼厂干气,炼厂干气的产量约占整个装置加工量的 5%。以往很多企业将炼厂干气排入瓦斯管网作为燃料,实际上同样没有利用炼厂干气的最大价值。氢气作为炼厂重要原料的用量占原油加工量的 0.8% ~ 1.4%。炼油厂生产装置中,连续重整装置副产的氢气是理想的氢源。随着加工原油的日益劣质化,重整氢气的产量只能提供占原油加工量需求的 0.5%。因此连续重整装置副产的氢气远不能满足炼油厂日益增加的氢气需求。多数炼油厂只能通过新建天然气或煤制氢来弥补氢气的不足。面对质量越来越差的原油和越来越高的产品质量要求,以及越来越严格的环保要求等多重压力,炼厂应当优先考虑充分利用本厂的氢气流股和优质轻烃原料生产氢气。

炼厂含氢气体主要有重整PSA解吸气(氢纯度25%~40%)、催化干气制乙烯装置甲烷氢(氢纯度30%~45%)和焦化干气制乙烷装置甲烷氢(氢纯度25%~40%)、加氢装置干气(氢纯度60%~80%)和加氢装置低分气(氢纯度70%~80%)、气柜火炬回收气(氢纯度45%~70%)等。回收炼厂含氢气体通常采用的技术有PSA、膜分离和深冷分离等。

国内齐鲁公司建成了膜分离-轻烃回收-PSA组合工艺回收含氢流股的氢气(图6-6)。

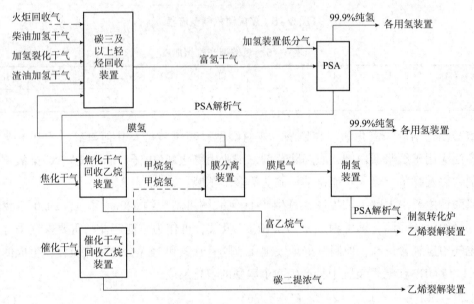

图6-6 炼厂氢气提纯流程

该组合工艺技术有以下优点:(1)将炼厂干气中C_1~C_5"吃干榨尽",解决炼厂"干气不干"的问题。甲烷氢经过膜分离氢气提浓后,膜尾气作为制氢装置原料。C_2通过焦化干气回收乙烷装置进行回收,是乙烯装置的优质裂解原料;C_3、C_4在轻烃回收装置中进行回收,液化气外送或者作为优质裂解原料;C_5组分通过轻烃回收装置碳五分离塔进行正异构C_5分离,正构C_5及以上组分外送至罐区储存。异构C_5作为优质汽油调和组分,直接调和汽油。(2)组合工艺将炼厂干气中氢气回收达到极致。①两次氢气提浓。加氢干气回收C_3以后,氢气第一次提浓;重整PSA解析气回收C_2后,在膜分离装置进行了第二次提浓。②两次H_2提纯。加氢干气回收C_3^+后,进入重整PSA进行第一次提纯。膜尾气中少量H_2(体积分数15%)进入制氢装置PSA进行第二次提纯。经历两次提浓和两次提纯后,炼厂干气中氢气基本上被回收。只有制氢装置PSA解吸气作为燃料烧掉为转化炉提供热量。

该组合工艺投产后,缓解了厂内氢气不足的矛盾,也减少了制氢装置因原料不足导致的跑龙套造成的能耗损失。

我国工业副产氢种类多、资源量大,在氢能产业发展起步阶段可以起到助推作用,但氢能行业的长期发展无法完全依赖副产氢。原因是:一方面副产氢资源分布不均,如副产氢最丰富的焦炭行业与我国煤炭产地高度重合，基本分布在西北地区，而用氢大户则分布在沿海经济发达地区，因此副产氢无法覆盖用氢大户。另一方面，随着环保和节能要求的提高，以及企业精细化管理水平的提高，绝大多数副产氢都配套了回收装置，大部分已经内部消化。如焦化企业利用焦炉煤气生产合成氨、甲醇、LNG 或用于煤焦油加氢。氯碱行业使用副产氢气生产聚氯乙烯或盐酸等。所以实际可外供的副产氢并没有预计的那么多。因此副产氢只能作为氢能发展的临时性的局部性的补充，无法全面支撑未来氢能产业的发展。

6.4　弛放气回收氢气

弛放气是化工生产中不参与反应的气体或因品位过低不能利用而在化工设备或管道中积聚而产生的气体。由于弛放气影响设备的传热效果、反应速率和进度，降低生产效率等，因此必须定期排放。但弛放气并非完全无用，为降低生产成本，工业上对弛放气的利用主要有两种途径：一种是经压缩加压或升温后可以继续利用；另一种是直接在另外的工序中利用其可利用的成分。

6.4.1　合成氨弛放气

合成氨生产中使用的氮气来自空气分离，因此空气中的氩气将随着一起被带入反应系统。氩气在空气中含量（体积分数）为 0.93%。又由于原料氢气中的甲烷不能完全变换，或者造气工艺中采用了甲烷化工序，使原料中甲烷含量增加。由于氩气和甲烷在合成氨反应中属于不发生反应的惰性气体，会在反应系统中不断积累，因此合成系统必须经常排出一部分弛放气。合成氨工艺中，每生产 1t NH_3 能得到约 $200m^3$ 的尾气。其中主要含 CH_4、N_2、Ar、NH_3、H_2 等气体。有的公司把合成氨弛放气送到三废炉燃烧，既造成资源浪费，又因为热值高影响三废炉的操作。因此，对合成氨弛放气中的氢气进行有效回收，具有重大的现实意义。

弛放气经高效低温等压氨回收装置吸氨后的尾气组成见表 6-6。

表 6-6　弛放气组成

物料名称	H_2	CH_4	Ar	N_2	NH_3
体积分数/%	55	22	2	20	10×10^{-6}

使用低压膜提氢装置分离提纯弛放气中的氢气。氨储槽弛放气经高效低温等压氨回收装置处理后除去弛放气中大量的氨，经等压氨回收后的弛放气作为系统原料气，以 30℃ 左右的温度和 1.2MPa 的压力经调节阀进入膜分离氢气回收装置。氢气回收的工艺流程分为两个基本过程：①弛放气的预处理过程，包括气液分离、预热及预放空。弛放气经吸收氨后先进入气液分离器将夹带的雾滴除去，再进入过滤器，将气体中夹带的微小雾滴及粉尘杂质除去，洁净的原料气送加热器加热到 50℃ 左右，以保证进膜前的气体远离露点，否则冷凝下来的液滴会在膜分离器的纤维表面冷凝，导致回收率降低，甚至对膜造成损害。最

后送入膜分离器组进行氢分离。②弛放气的膜分离过程，原料气进入膜分离器后，在恒定压差的作用下，氢气以较快的速率透过纤维膜，形成高浓度的氢从膜分离器侧面输出，称为渗透气，送入合成氨系统供生产利用，而含有大量甲烷和部分未被回收氢气的尾气由调节阀减压后作为燃料气送入三废炉。

6.4.2 甲醇弛放气

由于甲醇合成存在许多副反应，这些副反应生成了大量的惰性气体并在系统中不断累积，影响了反应的进行，浪费了循环机压缩功，必须不断地排放，这种排放气体称为弛放气。甲醇合成弛放气的主要成分为 H_2、CO、CO_2、H_2O 和 CH_4 等惰性气体，其中 H_2 和 CH_4 体积分数含量约占 80%。有的甲醇厂家将放空的弛放气作为预热炉和锅炉燃料加以利用。但是，弛放气热值仅为焦炉气的一半，弛放气产生的经济效益比较低。回收甲醇弛放气的有效组分，实现资源的循环利用，成为企业节能降耗的重要问题。甲醇弛放气的组成如表 6-7 所示。

表 6-7　甲醇弛放气的组成

组分	体积分数/%	组分	体积分数/%
H_2	78.526	CO_2	5.6
CO	3.9	CH_4	1.9
N_2	9.7	CH_3OH	0.138

下面是某公司采用膜分离法回收甲醇弛放气的例子。

膜分离的工艺流程分为预处理(水洗塔、气液分离器、加热器)和膜分离两部分。原料气首先进入水洗塔与经过预热后的脱盐水逆流接触，洗涤除去弛放气中的甲醇，经水洗后的弛放气，接着进入气液分离器，进一步将气体中雾沫除去，然后再进入套管式原料气加热器，将水洗后的原料气加热到其露点温度以上，达到 65℃。这是因为水洗后的弛放气温度若低于露点温度，则原料气在进入膜分离器分离时，会在纤维表面形成冷凝液，导致回收率下降。预处理完毕后的原料气直接进入膜分离器进行分离，膜分离器由 5 组外形类似管壳式的换热器组成，前 3 组并联后再与同样采取并联方式的后 2 组串联运行。每组膜分离器芯部都是由数以万计的中孔纤维管组成，原料气由膜组件下端侧面进入后沿纤维束外表面流动，混合气体接触到中孔纤维膜时便进行渗透、溶解、扩散、解析过程。由于中孔纤维膜对各种气体的选择性不同，从而导致其在膜中的相对渗透速率差别较大，H_2 在膜表面渗透速率是甲烷、氮气及氢气等的几十倍，氢气进入每根中孔纤维管内，汇集后从渗透气出口排出，未渗透的气体从膜分离器尾气出口排出，从而实现分离提纯的目的(图 6-7)。

经分离后，氢气纯度≥86%，氢气回收率≥94%。

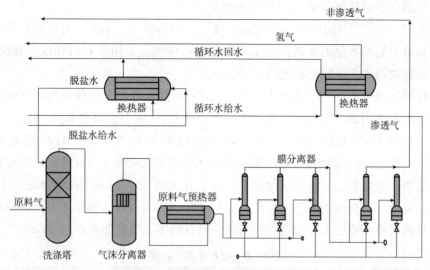

图6-7　膜分离氢回收系统流程

下面是某公司利用甲醇弛放气合成氨的例子。

来自甲醇装置的弛放气由 5.9MPa 降压到 3.2MPa 后，进入变压吸附 PSA-H₂ 系统。每台吸附器在不同时间依次经历吸附(A)、多级压力均衡降、顺放、逆放、冲洗、多级压力均衡升、最终升压等步骤制得合成氨所需的 H₂ 原料。其中逆放步骤排出吸附的部分杂质组分，剩余的大部分杂质通过冲洗步骤进一步完全解吸，解吸气主要成分为 CO 和 CH₄，经过解吸气缓冲罐和混合罐稳压后送甲醇装置燃料气管网，可作为甲醇加热炉和锅炉用燃料。

空分装置送出的氮气经过氮气压缩机增压到 3.0MPa，进入原料气精制工序。取少量（约 50m³/h）的氢气和氮气经混合器充分混匀后，通过 1 台电加热器把混合气加热到 80℃，进入脱氧器中，在催化剂的作用下，氢和氧反应生成水，从而脱除其中微量的氧。然后再与 PSA 制氢装置的 30000m³/h 的 H₂ 混合，进入干燥系统脱除其中的水分至 $<2\times10^{-6}$，经过压缩到 15MPa 后，进入合成氨工序（图 6-8）。

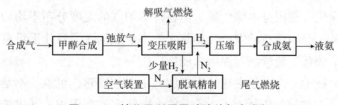

图6-8　某公司利用甲醇弛放气合成氨

弛放气为原料合成氨，对企业来说是资源综合利用、延长企业的生产链、增加利润的举措。

6.5　电石炉尾气副产氢气

中国是电石生产大国，2021 年电石产量 2900 万 t。电石是由 CaO 和焦炭在 2000℃以上反应生成熔融态碳化钙（CaC_2），反应式如下：

$$CaO + 3C == CaC_2 + CO(g) - 465.2kJ/mol$$

电石是重要的基本化工原料，主要用于产生乙炔气。也用于有机合成、氧炔焊接等。电石生成的同时产生大量的电石尾气。

电石炉按照结构不同分为开放式、半封闭式和封闭式 3 种。其排放的尾气组成存在差异。主流上电石采用密闭电石炉，密闭电石炉每生产 1t 电石，排放粉尘 53kg。电石炉要消耗 $195m^3$ O_2，排放 $426m^3$ CO_2 气体。以密闭电石炉为例，尾气的典型组成为 CO：70% ~ 90%；H_2：5% ~ 15%；O_2：1% ~ 2%：CO_2：1% ~ 3%；N_2：3% ~ 10% 和少量硫化物、磷化物、氰化物及少量的气化焦油气等，并含有 50 ~ 150g/Nm^3 的粉尘。电石炉尾气具有成分复杂、易析出焦油、含尘量大、温度高、易燃易爆、气体压力小等特点，因此输送、净化或提纯的难度大，回收利用困难。电石炉尾气组成如表 6 - 8 所示。

表6-8　电石炉尾气组成

组分	CO	H_2	CO_2	N_2	O_2	CH_4
体积分数/%	70 ~ 85	5 ~ 10	2 ~ 5	5 ~ 12	<0.5	<2
组分	粉尘浓度/（g/Nm^3）	焦油含量/（mg/Nm^3）	不饱和烃	温度/℃	热值/（Kcal/Nm^3）	—
数量	100 ~ 150	~ 150	微量	600 ~ 800	2100 ~ 2500	—

电石炉尾气中含尘量大，其粉尘具有细、轻、黏、不易捕集等特点。尾气中含微量焦油，焦油在温度大于 225℃ 时是气态，在温度小于 225℃ 时容易析出，容易使除尘布袋黏结堵塞。尾气温度高，同时含有难以除净的大量粉尘，治理难度比较大，在利用前需要对尾气进行净化处理。

常用的电石炉尾气除尘净化方案有湿法、干法和干/湿混合法。

常用的干法净化工艺有微孔陶瓷过滤除尘、旋风除尘、布袋除尘、静电除尘等。旋风脱除电石尾气中密度小，颗粒小的粉尘效率低，很难达到现行国家污染物排放标准要求的限值，很少单独使用。电石炉尾气温度高，若使用微孔陶瓷过滤器，过滤材料、过滤器及风机设备都需要采用耐高温材质制造，造价和运行维护费用均很高。

电石炉尾气净化可使用静电除尘器。但在冷却炉气的温度分布不均匀的情况下，局部低温处焦油易黏结，影响设备的安全性和除尘效率。静电除尘器几乎没有能实现达标排放的，且因除尘效率较低、造价高等原因未能推广。

炉气湿法除尘技术的优点是在连续生产状态下工艺成熟、可靠。不足之处是：①耗水量大，净化 $1m^3$ 电石炉尾气需水 60L，干旱缺水地区实施有困难。②工艺流程长，设备复杂，动力消耗大。粉尘中的 CaO 遇水生成 Ca（OH）$_2$ 溶液，碱性强、黏性大，对设备有较大的腐蚀作用，维护保养设备成本高。③净化过程产生含氰废水和大量污泥等二次污染物，需进行综合利用和无害化处理，需增建废水、污泥处理装置。

综合干法除尘和湿法除尘净化技术的优缺点，技术人员将湿法和干法净化技术结合，开发了干/湿混合法净化技术。清洗尾气的水实现了闭路循环，无污染物外排，使密闭电石炉尾气达到化工利用的标准。干/湿混合法主要设备有高温布袋除尘器、二级旋风分离器、三级冷却器、粗气风机、空冷风机、净气风机、链板输送机、粉尘总仓等。湿法净化系统主要由循环泵、反冲洗泵、组合式冷却塔、机械过滤器、反冲洗水箱、挤压袋式除油机、隔油沉淀池、应急排放池、循环水处理系统等组成。在净化过程中，尾气先经干法除尘装置除去粒径≥0.7μm的颗粒及大部分粉尘，将粉尘质量浓度降到小于50mg/m³，得到温度为250~260℃的净化气。之后将使用湿法净化系统脱除CO_2和剩余粉尘，制得主要成分为CO和少量H_2，符合化工使用要求的气体。

一些焦炭企业的电石炉尾气只是经过简单处理后，作为燃料用于烧石灰、烧锅炉，并没有发挥电石炉尾气的最大价值。电石炉尾气的主要成分是CO和H_2，在经过净化处理后，可利用CO和H_2生产高附加值产品，如甲醇、甲酸钠、二甲醚、合成氨、乙二醇等，甚至通过变换反应后提取氢气。

当前正处于从研发阶段转入规模化、商业化示范应用的关键时期。依托化工生产装置，我国工业副产氢资源丰富，通过对国内化工副产氢来源、成本、竞争力等分析可以看出，到2030年前，我国工业副产氢将成为在完成绿氢替代前培育氢能终端市场的重要过渡手段，工业副产氢具有成本低、分布广等特点，可以有力地推动氢能源产业下游市场的培育。

习题

1. 概述焦炉煤气的主要杂质组分及其脱除技术。
2. 概述氯碱副产氢气的主要杂质组分及其脱除技术。
3. 概述电石炉尾气的主要杂质组分及其脱除技术。
4. 查阅文献资料，归纳总结石化企业实现氢平衡策略。
5. 查阅文献资料，对比电石炉尾气各种除尘技术的优劣点。
6. 查阅文献资料，通过技术经济衡算，试对年产30万t氨的生产装置弛放气回收提供决策建议。
7. 查阅文献资料，通过技术经济衡算，试对年产20万t甲醇的生产装置弛放气回收提供决策建议。

第7章 太阳能制氢

太阳是一座核聚合反应器，科学家们认为太阳上的核反应是：

$$4\,^1_1H \longrightarrow\,^4_2He + 2\beta^+ + \Delta E$$

其中 β^+ 为正电子的符号。这个反应又称为氢核的聚变反应。

太阳虽然经历了几亿年的发展，但还处于其中年时期。组成太阳的物质中 75% 是氢，且它在持续地变为氦，释放出的巨大能量扩散到太阳的表面，并辐射到星际空间。太阳的内部中心温度可达到 $10^8\,K$，辐射的光谱波长为 10pm ~ 10km，其中 99% 的能量集中在 $0.276 \sim 4.96\mu m$，发射功率为 $3.8 \times 10^{26}\,W$，地球上接受太阳的总能量约为 $1.8 \times 10^{16}\,kW$，仅为太阳辐射总能量的 20 亿分之一，但却是人类每年消耗能源的 12000 倍。地球表面接受的太阳能功率，平均每平方米为 1.353kW。

在人类使用的能源中，除直接用太阳的光能和热能外，化石能、风能、水能、生物质能等均来源于太阳能。太阳能有着以下独特的优点：

（1）相对于常规能源的有限性，太阳能有着无限的储量，取之不尽、用之不竭；

（2）有着存在的普遍性，可就地取用；

（3）作为一种清洁能源，在开发利用过程中不产生污染；

（4）从原理上技术可行，有着广泛利用的经济性。

人类利用太阳能已有 3000 多年的历史。将太阳能作为一种能源和动力加以利用，只有 300 多年的历史。利用太阳能制氢的方法有太阳能热分解水制氢、太阳能光伏发电电解水制氢（只是电能来源于太阳能，同于第 5 章）、光催化分解水制氢、太阳能光化学电解水制氢，太阳能生物制氢（见第 8 章）等（图 7 - 1）。利用太阳能制氢有重大的现实意义，但这却是一个十分困难的研究课题，有大量的理论和工程技术问题需要解决。世界各国都十分重视，投入巨大资源进行研发，并取得了很多进展。

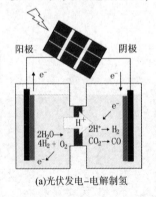
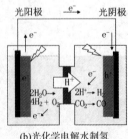
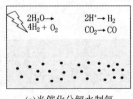

(a)光伏发电-电解制氢　　(b)光化学电解水制氢　　(c)光催化分解水制氢

图 7 - 1　太阳能制氢技术

7.1 太阳能制氢的基本知识

水的分解反应为吸热反应，反应的热效应为237.13kJ/mol，如果想利用热来实现分解水需要2000℃以上的高温。依靠太阳光直接分解水则需要波长约为170nm的高能量光，可见光波长为400~760nm，紫外线波长为290~400nm，因此直接分解水几乎不可能。

$$2H_2O \Longrightarrow 2H_2 + O_2 - 237.13kJ/mol$$

半导体(Semiconductor)是一种电导率介于绝缘体和导体之间的材料。半导体在某个温度范围内，随着温度升高电荷载流子的浓度增加，使得电导率上升、电阻率下降；在绝对零度时，成为绝缘体。依有无加入掺杂剂，半导体可分为：本征半导体、杂质半导体(n型半导体、p型半导体)。如果在纯硅中掺杂(doping)少许的砷或磷(最外层有5个电子)，就会多出1个自由电子，这样就形成n型半导体；如果在纯硅中掺入少许的硼(最外层有3个电子)，就反而少了1个电子，而形成一个空穴(hole)，这样就形成p型半导体。

能带理论(Energy band theory)是用量子力学的方法研究固体内部电子运动的理论。固体材料的能带结构由多条能带组成，类似于原子中的电子能级。电子先占据低能量的能带，逐步占据高能级的能带。根据电子填充的情况，半导体能带分为：传导带，简称导带，少量电子填充(Conduction Band，CB)。价电带，简称价带，大量电子填充(Valence band，VB)。导带和价带间的空隙称为禁带(Forbidden band，电子无法填充)，大小为能隙(Band gap)。一般常见的金属材料其导电带与价电带之间的能隙非常小，在室温下电子很容易获得能量而跳跃至导电带而导电，而绝缘材料则因为能隙很大(通常大于9eV)，电子很难跳跃至导电带，所以无法导电。一般半导体材料的能隙为1~3eV，介于导体和绝缘体之间。因此只要给予适当条件的能量激发，或是改变其能隙间距，此材料就能导电。

利用半导体光催化分解水制氢则可以在室温下进行。其基本原理为半导体通过吸收太阳光实现电子从基态跃迁至激发态并产生足够能量的导带电子和价带空穴以满足水分解的热力学要求。半导体的价带为"满带"，完全被电子占据；导带为"空带"，没有电子占据。半导体价带顶与导带底的能量差称为"带隙"，当半导体吸收能量等于或大于其带隙的光子时，电子将从价带(VB)激发到导带(CB)，生成电子(e^-)，在VB中留下空穴(h^+)(图7-2)。由

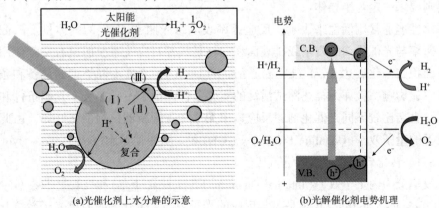

(a)光催化剂上水分解的示意　　(b)光解催化剂电势机理

图7-2 光催化分解水制氢原理

于半导体能带的不连续性,电子或空穴在电场作用下或通过扩散的方式运动,当彼此分离后迁移到半导体的表面,与吸附在表面的物质发生氧化还原反应,或者被体相或表面的缺陷捕获,也可能直接复合、以光或热辐射的形式转化。光激发产生的电子-空穴对具有一定的氧化和还原能力,由其驱动的反应称为光催化反应。

当光照射半导体时,若 $hv > E_g$(带隙能量),价电子 e^- 受激发可跃迁至导带,形成电子-空穴对,即光生载流子。由于热振动等因素大部分光生载流子会快速复合掉,只有少部分的光生载流子迁移到半导体表面。之后仍有一部分光生载流子继续在半导体表面发生复合,其余部分光生载流子与半导体表面吸附的水分子发生氧化还原反应生成 H_2 和 O_2。

hv 为入射光子能量。其中 h 为普朗克常数($h = 6.63 \times 10^{-34}$ J/s),v 为电磁辐射频率;E_g 为导带的最低点和价带间的最高点之间的能量差,单位为 eV,1eV $= 1.6 \times 10^{-19}$ J。

根据激发态的电子转移和热力学的限制,光催化分解水制氢要求半导体的导带底能级比质子还原电位更负,而价带顶能级比水的氧化电位更正。从理论上讲,驱动全分解水反应所需的最小光子能量为 1.23eV,对应波长约为 1000nm 的光子。但实际上,由于半导体能带弯曲的影响和水分解过电位的存在,对半导体带隙的要求往往大于理论值,认为应大于 1.8eV。一般来说,光催化分解水反应包括光催化还原反应和光催化氧化反应。在光催化还原反应中光生电子还原电子受体 H^+,相应的氧化反应为空穴氧化电子给体 H_2O,整体的反应速率由速率较慢的反应决定。就热力学而言,光催化水氧化反应是热力学爬坡的反应($\Delta G^\ominus$ 为 237kJ/mol),同时涉及 4 个电子的转移过程,而光催化水还原反应只需 2 个电子参与且 $\Delta G^\ominus$ 接近于零,因此光催化氧化反应通常被认为是水分解反应的速控步骤。

半导体光催化主要涉及 3 个过程(图 7-2):(Ⅰ)光吸收与激发;(Ⅱ)光生电子和空穴的分离与转移;(Ⅲ)表面催化反应。太阳能到氢能的转化效率直接由光吸收效率、电荷分离效率和表面催化反应效率的乘积决定。只有 3 个过程同时高效进行才能获得较高的太阳能到氢能转化效率。此外,这 3 个过程并不是互相独立的,而是相互作用、互相影响的。

在光催化过程中参与反应的是激发态的电子和空穴,具有一定的氧化/还原能力可以实现室温下热力学不可自发进行的反应,光催化是利用激发态的载流子驱动反应,所用的催化材料则要求一定为半导体。

光催化性能通常用活性来表示,反应速率表示每光照 1h 产生的气体量:μmol/h。光催化反应速率与光催化剂的质量或比表面积并不是线性对应关系,但也有文献使用催化剂质量或表面积归一化表达 μmol/(h·g),μmol/(h·m)。考虑不同类型的设备和条件变化对性能有明显影响,应详细描述测试活性的实验条件。由于不同实验室光照条件和反应器类型不同,直接比较不同光催化剂的反应速率无法客观判断催化剂性能好坏,由此引入了单一波长下的量子效率(Quantum Efficiency,QE)和太阳能到氢能(Solar-To-Hydrogen efficiency,STH)转化效率 2 个参数进行比较。

量子效率分为内量子效率(Internal Quantum Efficiency,IQE)和表观量子效率(Apparent Quantum Efficiency,AQE)。IQE 是参与反应的光子数与被催化剂吸收的光子数之比;AQE 是指参与反应的光子数与总入射光子数之比。在光催化研究中,由于光散射等因素,使得催化剂吸收的光子数难以测定(难以计算出 IQE),通常采用测定入射光子数的方法计算特定波长下的 AQE。

$$IQE = \frac{\text{参与反应的电子数}}{\text{吸收的光子数}} \times 100\% \qquad (7-1)$$

$$AQE = \frac{\text{参与反应的电子数}}{\text{入射的光子数}} \times 100\% = \frac{2 \times H_2 \text{分子的数量}}{\text{入射的光子数}} \qquad (7-2)$$

$$STH = \frac{\text{输出的氢能}}{\text{入射太阳能总量}} \times 100 = \frac{\text{产氢速率}(mol/s) \times \Delta G^{\ominus}(273.13 \times 10^3 J/mol)}{\text{太阳光能量密度}(0.1 W/cm^2) \times \text{照射面积}(cm^2)} \times 100\% \qquad (7-3)$$

7.1.1 光催化剂

已开发的半导体光催化剂有 200 多种,按照吸收光谱波长不同,可分为紫外光响应和可见光响应光催化剂。

光催化材料的吸收阈值(λ_0)与其禁带的关系为:

$$\lambda_0 = \frac{1240}{E_g} \qquad (7-4)$$

紫外光响应的光催化材料按照中心原子的电子结构可分为含 d^0 和 d^{10} 电子态的金属氧化物。d^0 电子态金属氧化物以 Ti 基、Zr 基、Nb 基、Ta 基、W 基、Mo 基氧化物或含氧酸盐为主。TiO_2 和 $SrTiO_3$ 是最为典型的 Ti 基氧化物。Ta 基的半导体材料,如 Na(K,Li)−TaO_3 因其碱金属离子不同活性差别很大,主要原因是类似钙钛矿结构中 A 位离子半径的不同而引起的 Ta−O−Ta 的键角即弯曲程度的不同,以及电子离域程度的不同,其中 Na-TaO_3 的活性最高。Nb 基化合物的典型代表为 $K_4Nb_6O_{17}$ 和 $Rb_4Nb_6O_{17}$,这类材料的阳离子可以被离子交换,同时特殊的结构也有利于实现产氢产氧的空间分离。d^{10} 电子态金属氧化物以 Ga 基、In 基、Ge 基、Sn 基和 Sb 基氧化物为主,如 Ga_2O_3、$ZnGa_2O_4$、Zn_2GeO_4 和 $CaIn_2O_4$ 等。这类材料中,由 d^{10} 金属的 sp 轨道构成半导体的导带。除了氧化物外,含 d^{10} 电子态的金属氮化物(如 Ge_3N_4 和 GaN)也可作为光催化材料。这类光催化材料普遍光稳定性优异,不易发生自身的氧化且毒性低,但吸光范围比较有限。

在太阳光谱中紫外光只占全部光谱的 5% 左右,而可见光占整个太阳光谱的 43% 左右。其在 400~800nm 范围,表明半导体的带隙在 1.56~3.12eV 比较合适。因此,开发可见光响应尤其是具有长波长吸收的光催化剂是提高太阳能利用率的有效途径之一。可见光响应的材料可分为氧化物、阳离子掺杂氧化物、阴离子掺杂氧化物、氮(氧)化物、硫氧化物、卤氧化物、硫化物、硒化物、固溶体、等离子共振体等。

具有可见光响应的氧化物主要有 WO_3、Fe_2O_3、$BiVO_4$、Cu_2O、Ag_3VO_4、$SnNb_2O_6$、$PbBi_2Nb_2O_9$、Bi_2MoO_6 等,含 Ag^+、Pb^{2+}、Cu^+、Sn^{2+}、Bi^{3+} 金属 ns 轨道的氧化物。这类材料大部分具有良好光稳定性,缺点是对可见光吸收的拓展比较有限,大多数吸收带边在 500nm 以内。阳离子掺杂的可见光催化材料常以 TiO_2、$SrTiO_3$ 为主体材料,掺杂 Cr、Sb、Rh、Ta 等金属元素,这类材料通常依靠阳离子的引入提供比 O_{2p} 轨道更正的能级实现对可见光的吸收，但由于电荷的不平衡易造成新的电子和空穴复合中心，不利于光生电荷的分离，可通过双金属离子共掺杂的策略补偿电荷的不平衡。阴离子掺杂氧化物的阴离子主要为电负性小于 O 的 C、N、S、Cl 等，通过提升 O_{2p} 轨道能级实现吸光的拓展。在这类材料中阴离子的掺杂量对吸光的影响较大，若掺杂量有限，只能获得可见光区的有限吸收，并不能获得吸收带边的整体红移。如选择具有特殊结构(如层状、隧道状)的氧化物进行氮掺杂，可实现吸收带边的整体红移(如 $MgTa_2O_{6-x}N_x$ 和 $Sr_5Ta_4O_{15-x}N_x$)。该类材料一般具有优异的吸光性能，但稳定性较差，在水氧化反应的测试中 N_3 容易被光生空穴氧化生成 N_2。

氮(氧)化物和硫氧化物是一类可见光催化材料，一般含有 Ti^{4+}、Ta^{5+}、Nb^{5+} 等 d^0 构型的中心原子。例如：TaON、Ta_3N_5、$LaTiO_2N$、$LaTaON_2$、ABO_2N(A = Ca，Sr，Ba，La；B = Ta，Nb)、$Sm_2Ti_2S_2O_5$ 等，这类材料的价带一般由 N_{2p} 和 O_{2p}，或 S_{2p} 和 O_{2p} 的混合轨道构成，因此如何提升其稳定性是研究的重点。

卤氧化物如 Bi_4MO_8X(M = Nb、Ta；X = Cl、Br)，其价带为 Bi_{6s} 轨道和 O_{2p} 轨道之间通过空的 Bi_{6p} 轨道实现强的杂化构成。该类材料具有较好的光催化水氧化性能，且光稳定性较好，但光催化质子还原性能较差。

不含氧元素的半导体光催化材料主要为硫化物以及硒化物。CdS 和 CdSe 是其中最典型的代表。其中 CdS 的光催化产氢性能优异，但由于其价带由 S_{2p} 轨道构成，不能实现水氧化反应，同时存在严重的光腐蚀(S_2^- 被光生空穴氧化)。除了单一材料，通过固溶体的形成可对吸光性质进行精细调变。如 GaN 和 ZnO 形成的 GaN-ZnO 固溶体(第一个在可见光下实现全分解水制氢的材料)，$LaMg_xTa_{1-x}O_{1+3x}N_{2-3x}$(第一个吸光到 600nm 的全分解水制氢的材料)，以及 $AgInS_2$-ZnS、$CuInS_2$-ZnS、$CuInS_2$-$AgInS_2$-ZnS、ZnSe-$CuGaSe_2$ 等系列吸光到 700nm 的硫化物固溶体和硒化物固溶体等。

(1)金属氧化物半导体光催化剂

金属氧化物半导体光催化剂与其他光催化剂相比具有在反应条件下稳定、无毒且储量丰富等优点。d^0 或 d^{10} 过渡金属阳离子的氧化物，如 Fe_2O_3、WO_3、ZnO、$BiVO_4$、Cu_2O、Ta_2O_5 和 Ga_2O_3 等被广泛用作光解水制氢的催化剂。然而，大多数金属氧化物的性能受到宽带隙、光捕获率低和电荷复合率高的限制。在金属氧化物半导体光催化剂中研究的较多的是 TiO_2，其因具有稳定、耐腐蚀、无毒、丰富、廉价等特点而受到人们的广泛关注。TiO_2 有 3 种晶型，即锐钛矿型、金红石型和板钛矿型。板钛矿型 TiO_2 没有光催化活性，金红石型 TiO_2 的活性也较低，实验证明，锐钛矿型 TiO_2 催化产生 H_2 的速率是金红石型 TiO_2 的 7 倍。制约 TiO_2 实际应用和经济性的因素有两个：一方面，由于光生电子和空穴的快速复合，TiO_2 光解水制氢的太阳能转化效率太低；另一方面，TiO_2 禁带宽度较大(约 3eV)，只能利用太阳光中的紫外光部分，而紫外光仅占太阳光谱的 4%~5%，宽带隙导致 TiO_2 对太阳能的利用效率不高。为了提高 TiO_2 在可见光照射下的光催化性能，需对 TiO_2 进行改性来调整其禁带宽度。对 TiO_2 的改性研究包括金属掺杂 TiO_2、非金属掺杂 TiO_2、半导体与 TiO_2 复合等。与大多数金属离子相比，非金属掺杂(N、F、C、S 等)的效率更高，因为掺杂后形成的电荷复合中心更少，带隙也更窄，因此对可见光具有较高的响应性。当锐钛矿结构中加入4.91%(质量分数)的氮时，其光学带隙从3.28eV(未掺杂锐钛矿 TiO_2 样品)减小到2.65eV。S掺杂 TiO_2 可以减小其带隙能，这有利于可见光的吸收，从而提高催化剂的光催化性能。

(2)金属硫化物半导体光催化剂

金属硫化物，如 $ZnIn_2S$、$CuInS_2$、Cu_2ZnSnS_4 等，在光催化领域受到了研究者们广泛的关注并获得了快速的发展。金属硫化物的价带通常由S的3p轨道组成，与金属氧化物相比，其具有更负的价带和更窄的带隙。研究多集中在CdS、ZnS及其固溶体上。

CdS具有合适的带隙(2.4eV)和良好的带隙位置，常被认为是比较有吸引力的响应可见光的光催化剂。然而，CdS中的 S^{2-} 很容易被光生空穴氧化并伴随着洗脱 Cd^{2+} 进入溶液中而发生光腐蚀现象，并且单一的CdS光解水制氢的效率较低。因此，纯CdS的光催化活性仍不理想，亟待提高。为了解决这些问题，研究者们采取一些改性策略(合适的结构设计、掺杂、助催化剂改性和与其他半导体复合等)来提高CdS的光催化产氢效率。结构设计方面，如采用溶解–再结晶法水热合成具有堆垛层错结构的CdS纳米棒，CdS晶体中许多立方结构单元倾向于转变为六方相，这导致形成了大量的堆垛层错结构，由于立方和六方单元的能带结构不同，显著提高了光生电子和空穴的分离速率。

ZnS是金属硫化物成员中另一种很好的光解水制氢催化剂。在硫化物/亚硫酸盐(Na_2S 和 Na_2SO_3)作为还原剂存在的情况下，ZnS表现出较好的光催化效果，在313nm处的表观量子效率达90%。但ZnS的带隙较宽(3.6eV)，只能利用紫外光，掺杂改性ZnS已被证明是提高其可见光催化效率的有效方法之一。掺杂ZnS的In(0.1)，Cu(x)–ZnS光催化剂，在可见光照射下，共掺杂Cu可以显著提高单掺杂In(0.1)–ZnS的光催化活性，产氢效率为131.32μmol/h，几乎是单掺杂In(0.1)–ZnS的8倍。N、C共掺的分级多孔ZnS光催化剂具有结晶良好的纤锌矿结构，与未掺杂的ZnS相比，其具有优异的可见光吸收性能。考虑两者间的类似晶体结构，近年来，$Cd_{1-x}Zn_xS$ 固溶体的制备受到了广泛的研究。

(3)石墨碳氮化物(g–C_3N_4)光催化剂

g–C_3N_4 是一种新型的非金属可见光催化剂，禁带宽度2.7eV，可以吸收太阳光谱中波长小于475nm的蓝紫光，具有无毒、可见光响应能力强、低成本、耐光腐蚀等优点。得益于合适的能带位置(CB位置负于 H^+/H_2，VB正于 H_2O/O_2)，g–C_3N_4 在太阳能驱动的水分解理论上来说是可行的。然而，在实际的水分解反应中，g–C_3N_4 粉末即使在牺牲剂的协助下也不能有效析出 H_2，其主要原因在于光生电荷从体相转移到表面的速率缓慢，以及其表面结构对 H_2O 的吸附和活化能力不理想。对 g–C_3N_4 进行合理的表面结构设计，从根本上解决上述缺陷从而促进其光催化产氢性能是十分必要的。表面助催化剂的负载是克服上述问题的一种可行策略，这主要是因为助催化剂的负载可以优化 g–C_3N_4 表面对 H_2O 的吸附活化能力和其本身的电荷输运效率。将块状 g–C_3N_4 剥离成二维 g–C_3N_4 纳米片可以显著提高 g–C_3N_4 的性能。此外，对 g–C_3N_4 进行掺杂、与其他半导体复合和构筑异质结等改性处理能有效提高其光催化性能。

(4)金属氮(氮氧)化物光催化剂

具有 d^0 电子结构的金属氮(氮氧)化物(如 Ta_3N_5 和 Ta–ON)的价带主要由 N_{2p} 和 O_{2p} 杂

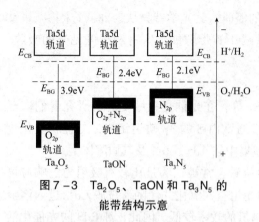

图7-3 Ta_2O_5、TaON 和 Ta_3N_5 的
能带结构示意

化轨道组成，导带主要由相应金属的空 d 轨道组成。金属氮（氮氧）化物光催化剂的研究多集中在 Ta_3N_5、TaON、$LaTaON_2$ 和 $ATaO_2N$（A = Ca、Sr、Ba）。Ta_3N_5 和 TaON 的 CB 最小值分别约为 - 0.3eV 和 - 0.5eV，而 Ta_3N_5 和 TaON 的 VB 最大值分别约为 1.6eV 和 2.1eV，带隙位置表明 Ta_3N_5 和 TaON 均可用于光解水的氧化还原反应（图7-3）。通常，金属氮（氮氧）化物光催化剂可以氨气（NH_3）作为氮源，通过高温氮化钽基氧化物前驱体来制备，

TaON和金属氮（氮氧）化物光催化剂可通过掺杂、形态控制、助催化剂的设计和异质结的构建等多种策略来提高其光催化性能。研究人员合成了由聚吡咯（PPy）敏化的 Nb 掺杂 Ta_3N_5（$Nb - Ta_3N_5/PPy$）全解水光催化剂，合成的 $Nb - Ta_3N_5/PPy$ 在可见光照射下析氢效率和析氧效率分别达 $6\mu mol/(g/h)$ 和 $32.8\mu mol/(g/h)$。其光催化性能的增强主要是由于引入 Ta_3N_5 晶格中的 Nb 掺杂剂在 Ta_3N_5 的 VB 和 CB 之间起到中间带的作用，减小了 Ta_3N_5 的带隙能，从而提高了电子 - 空穴对的分离效率。具有中空类海胆纳米结构的层状钽基氧化物和氮（氮氧）化物在 420nm 的光照下，显示出 $381.6\mu mol/(g/h)$ 的析 H_2 效率，表观量子效率9.5%，析氢效率比传统 TaON 高约 47.5 倍。MoS_2/Ta_3N_5 异质结光催化剂，添加 5.2%（质量分数）MoS_2，复合光催化剂的析 H_2 效率达到 $119.4\mu mol/(g/h)$，其产氢效率与 P 作为助催化剂的 Ta_3N_5 纳米片相当。

（5）层状化合物光催化剂

层状化合物光催化剂是一类结构类似于云母、黏土的层状半导体金属氧化物。由于其层间可以进行修饰，使其作为反应场，产生的光致电子能够有效地迁移到催化剂表面。从而能有效地抑制电子 - 空穴的再复合，表现出较高的光催化活性，量子效率高。其具有的多元素、复合型结构也为材料的修饰和改进提供了更广泛的空间。对于可见光催化剂研究使用最多的是钙钛矿型光催化剂，其按化学组成主要有 3 类：钛酸盐化合物、钽酸盐化合物和铌酸盐化合物，此外还有铟酸盐、铋酸盐等。

①层状钛酸盐催化剂

层状钛酸盐的主体结构是 TiO_6 八面体共角或共边形成带负电的层状结构。带正电的金属离子填充在层与层之间，而扭曲的 TiO_6 八面体被认为在光催化活性的产生中起着重要作用。层状钛酸盐催化剂因为可通过过渡金属、碱金属和稀土金属离子的掺杂来减小其禁带宽度。并且还可抑制光致电子和空穴的再结合。选择掺杂元素的种类要根据催化剂本身化学组成进行。研究发现，在多种掺杂剂中只有 Cr 和 Fe 对可见光有强烈的吸收，但只能在甲醇 - 水体系中生成 H_2。通过溶胶 - 凝胶法制备的 $K_2La_2Ti_3O_{10}$ 和钒（V）掺杂的 $K_2La_2Ti_3O_{10}$，分别在紫外光和可见光下进行了光催化实验，结果表明，掺杂 V 的 $K_2La_2Ti_3O_{10}$ 在紫外光和可见光下 H_2 生成速率分别为 $96\mu mol/(gcat \cdot h)$ 和 $42.2\mu mol/(gcat \cdot h)$，比未掺杂的分别提高了 75% 和 167%。Co 离子掺杂可导致二氧化

钛催化剂光吸收红移，$CeCo_{0.05}Ti_{0.95}O_{3.97}$在可见光($\lambda < 785nm$)具有反应活性，Co离子的存在有效地减小了光致电子、空穴再结合，同时由于Ce离子的作用使其具有较高的BET比表面积($80 \sim 130m^2/g$)。

②层状铌酸盐光催化剂

层状铌酸盐($K_4Nb_6O_{17}$)主体是由NbO八面体单元通过氧原子共用堆积成不对称层。由于层与层间堆积方位的差异形成两种不同的K^+填充的层间结构，即层Ⅰ和层Ⅱ。水的还原和氧化反应分别在层Ⅰ和层Ⅱ中进行。同时K^+在两层表面的不均匀分布，这些都会有利于电子和空穴的分离。将Cs负载在层状化合物$K_4Nb_6O_{17}$后，提高了催化活性，这是由于Cs有较低的电离能，用这种催化剂在甲醛溶液中催化分解水产生H_2的速率达到37.4mmol/(h. gcat)。$ABi_2Nb_2O_9$(A = Ca、Sr)为斜方晶系结构而$BaBi_2Nb_2O_9$是四角形结构。$CaBi_2Nb_2O_9$、$SrBi_2Nb_2O_9$和$BaBi_2Nb_2O_9$禁带宽度分别约为3.46eV、3.43eV和3.30eV。这三种催化剂在含有牺牲剂(甲醇或Ag^+)的水溶液及紫外光下可分解水生成H_2和O_2。

③层状钽酸盐光催化剂

具有光催化活性的层状钽酸盐种类报道的较少，主要有：$RbLnTa_2O_7$(Ln = La、Pr、Nd和Sm)、$A_2SrTa_2O_7$(A = H，K和Rb)、$Sr_2Ta_2O_7$等。$Sr_2Ta_2O_7$在紫外光下，显示出碱土钽酸盐最高的催化活性，由于具有较高的导带位置使其不用通过添加共催化剂来实现其活性。层状钽酸盐光催化活性大多在紫外光下才能体现出来。

(6)有机半导体光催化剂

有机半导体是一种具有半导体性质的有机物，主要组成元素碳、氢等以分子的形式存在。有机半导体中分子间相互作用力较弱、能带较窄、光吸收范围宽，电导率在$10^{-10} \sim 100S/cm$范围内，包含的热激发载流子非常少。有机半导体本质上是低温材料，可在低于$100 \sim 150℃$的温度下从气相或溶液加工成具有低密度电子缺陷的薄膜。非晶有机半导体载流子迁移率低$[10^{-5} \sim 10^{-3} cm^2/(V/s)]$，电流密度低。多晶有机半导体能够提供高于$1cm^2/(V/s)$的场效应迁移率，如结晶膜和聚合物膜中的有机半导体的迁移率分别超过$5cm^2/(V/s)$和$1cm^2/(V/s)$。常见的小分子型有机半导体材料有富勒烯(C_{60}, Fullerene)、菲酰亚胺(PDIs)、卟啉(Pors)、酞菁(Pcs)等；高分子型有机半导体材料包括聚乙炔型(polyacetylene)、聚芳环型和共聚物型三大类，如聚吡咯(PPy)。

常见新型光电极材料有：聚合氮化碳(PCN)、共价有机框架材料(Covalent Organic Frameworks，COFs)、金属有机框架材料(Metal - Organic Frameworks，MOFs)及其他共轭聚合物P3HT[聚3-己基噻吩，(poly 3 - Hexylthiophene, P3HT)、pDET]，但除了PCN及P3HT等材料外，大部分新型光电极的光电流仍低于$100\mu A/cm^2$。这些材料在电极的制备、材料的缺陷调控及界面间的修饰等方面还有待优化。在筛选新型光电极材料时，还要关注电极的起始电位。值得注意的是，新型光电极材料在粉末形式的光催化水分解制氢研究中具有较高的析氢效率与稳定性。

7.1.2 助催化剂

可用于光解水制氢反应的材料种类很多，几乎包括了元素周期表里s、p、d区及镧系中所有的元素。还没有一种单独的半导体可以同时满足高效光催化剂的所有要求。单纯光催化剂体系在光催化产氢过程中的活性仍相对较低。光生电子和空穴的复合通常意味着将所吸收光能浪费在无用的荧光和散热上，导致光催化量子效率下降和光催化活性降低。在催化剂表面负载助催化剂可以有效捕获光生电子或空穴，从而降低光生载流子的复合（图7-4）。同时，在光催化产

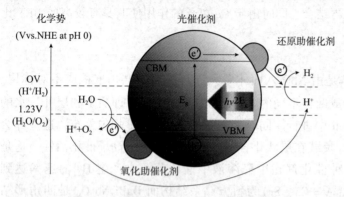

图7-4 助催化剂加强光催化制氢机理

氢催化剂表面复合助催化剂有时还可作为催化反应活性位起到降低反应活化能或产氢过电势的作用。

（1）金属助催化剂

金属助催化剂是使用最广、催化活性较高的一类助催化剂。在光解水产氢技术中，此类助催化剂主要包括单独贵金属、双贵金属、过渡金属单质等。贵金属Pt、Au、Ag、Pd的费米能级（温度为绝对零度时固体能带中充满电子的最高能级，经常被当作电子或空穴化学势的代名词）通常低于半导体光催化剂，功函高（电子要脱离原子必须从费米能级跃迁到真空静止自由电子能级，这一跃迁所需的能量叫作功函，其含义类似于电子逸出功）。当贵金属负载在半导体表面时，贵金属助催化剂能够捕获光生电子，同时光生空穴会滞留在主催化剂内，从而实现光生电子–空穴对的有效分离，降低载流子的复合概率。

贵金属具有适当的功函，如Pt为5.39eV，Au为5.31eV，当它们负载在TiO₂上后能够有效地提高TiO₂的光催化产氢活性。Pt或Au的费米能级恰好在TiO₂的导带底和标准氢电极之间，当光照射到TiO₂后，光生电子能够从TiO₂的表面转移到Pt或者Au上，从而降低电子–空穴对的复合概率，提高光催化产氢活性。研究人员研究紫外光下Pt/TiO₂（0～4% Pt，质量分数）和Au/TiO₂（0～4% Au，质量分数）的产氢效率，发现1% Pt/TiO₂、2% Au/TiO₂活性最高，而2% Au/TiO₂的产氢效率略高于1% Pt/TiO₂。这是因为Au/TiO₂催化剂中，Au的表面等离子体共振效应（Surface Plasmon Resonance Effect，SPR）导致复合物光吸收增强。此外，当TiO₂负载Au或者Pt之后，Au或者Pt作为电子接受者，抑制了电子–空穴的复合，并且提供了产氢活性位点，使TiO₂表面可利用的电子增多，光催化活性提高。Ag在介孔TiO₂–ZrO₂活性提高主要是由于Ag纳米粒子可以有效捕获电子并降低肖特基能垒（Schottky Barrier，金属–半导体接触时，在半导体表面层内将形成势垒，称为Schottky势垒），因此可以加快水的光催化分解反应。与单金属纳米颗粒相比，有合金特征的核–壳或亚簇结构的双金属纳米颗粒具有更佳的可调性和协同效应。双金属助催化剂可以修饰主催化剂的电子和价带结构。研究人员采用原位光还原法将Au–Pt合金纳米片沉积在CaIn₂S₄表面形成等离子光催化剂。结果表明，在可见光照射下0.5% Au–Pt/CaIn₂S₄（质量分数）催化剂具有最高的产氢效率。其高催化活性来自两方面：一方面，Au

的 SPR 峰和 CaIn$_2$S$_4$ 固有的吸收峰表面发生重叠，导致吸收范围扩大，产生更多的电子参与光催化还原反应；另一方面，Au 的费米能级低于 CaIn$_2$S$_4$ 的导带位置，且 Au 和 Pt 的功函存在差别，导致 Au 的 SPR 效应产生的电子和 CaIn$_2$S$_4$ 的光生电子更倾向于传递给 Pt，以 Pt 作为产氢活性位点。此外，Pt 的引入增强了金属之间的相互支撑作用，使得氢气更容易从表面活性位点解吸出来，抑制光生载流子的复合，并且促进电荷在 Au – Pt 和 CaIn$_2$S$_4$ 之间的转移。Au – Pd 合金修饰 TiO$_2$ 纳米线，所得复合催化剂 365nm 处的量子效率达到 15.6%，产氢效率分别是 Pd/TiO$_2$ 和 Au/TiO$_2$ 的 1.6 倍和 4.5 倍；Au$_{0.75}$Pd$_{0.25}$/TiO$_2$ 的光电流明显高于 Pd/TiO$_2$、Au/TiO$_2$ 和 TiO$_2$，且其荧光强度更低，这说明 Au – Pd 合金助催化剂可以有效分离 TiO$_2$ 的光生电子 – 空穴。另外，研究证明 Au 的 SPR 热电子在接近 Au 和 Au – Pd 纳米颗粒的 TiO$_2$ 基质中传递可以促进电子 – 空穴的分离，提高光催化活性。

贵金属作为助催化剂具有高活性、抗光腐蚀的能力，但是高成本限制其广泛应用。因此，寻找低成本的过渡金属（Ni、Cu）助催化剂也是研究者关注的一个方向。研究人员将 NiO 沉积于 TiO$_2$ 表面，通过煅烧还原将 NiO 转变成为单质 Ni。Ni 修饰的 TiO$_2$ 催化剂在紫外光照射下，电子从 TiO$_2$ 的价带跃迁到导带；由于 Ni 单质的费米能级处于 TiO$_2$ 的导带与 H$_2$O/H$_2$ 的氧化还原电位之间，且 Ni 的功函较高，因而电子很容易从 TiO$_2$ 转移到 Ni，并且在一定程度上抑制电子重新回落到 TiO$_2$ 的价带，提高空穴和电子的分离效率，进而提高产氢效率。研究人员用乙二醇作为溶剂，将 Ni 担载于 CdS 上，发现 Ni 修饰的 CdS 活性甚至高于 Pt 修饰的 CdS。这是由于 Ni 也可以快速转移 CdS 被激发的电子，增强催化剂的光电分离效率。将 Ni 沉积到 g – C$_3$N$_4$ 上，当 Ni 含量为 7.4% 时，产氢效率达到最高 4318μmol/(g·h)，在太阳光照射下，Ni/g – C$_3$N$_4$ 同样表现出了高效稳定的光催化活性。

(2) 过渡金属硫化物助催化剂

金属助催化剂的开发有效地提高了光催化产氢催化剂的产氢效率，但是其仍旧面临生产成本高和部分过渡金属单质稳定性差的问题。过渡金属硫化物以其适宜的禁带宽度、独特的电学和光学性质，以及较高的析氢催化活性等优点引起了研究者们广泛的关注。相继出现了各种过渡金属硫化物作为助催化剂修饰的复合半导体光催化剂。MoS$_2$ 是研究较多的一类非贵金属助催化剂，二维 MoS$_2$ 可作为析氢助催化剂，帮助光催化剂分离光生电子 – 空穴对，抑制电子 – 空穴的复合，提供合适的析氢活性位点，降低析氢能量势垒。采用浸渍法将 MoS$_2$ 负载到 CdS 表面形成异质结，0.2% MoS$_2$/CdS 产氢效率为纯 CdS 的 36 倍，活性甚至高于相同测试条件下 0.2% Pt/CdS。分析原因发现：这是由于 MoS$_2$ 导带的还原性低于 CdS，导致 CdS 的光生电子由其导带传递到 MoS$_2$，而层状 MoS$_2$ 边缘含有丰富的析氢催化活性位点，能够降低质子还原为 H$_2$ 的能量势垒，故 MoS$_2$ 导带上的电子更容易和吸附于其表面的 H$^+$ 反应得到 H$_2$。研究人员将部分晶化的 MoS$_2$ 纳米片生长在单晶 CdS 纳米棒上，形成了纳米片 – 纳米棒异质结结构。这种紧密结构不仅促进了电子 – 空穴对的分离和转移，而且缩短了传输路径，使 CdS 纳米棒缺陷结构减少，因此有效地降低了载流子的复合概率。

WS$_2$ 和 MoS$_2$ 有非常相似的晶体结构和化学特性。将 WS$_2$ 负载在 CdS 上，1.0% WS$_2$/CdS 产氢活性甚至高于相同情况下的 Pt/CdS。光催化反应的结果和电化学测试表明，

WS$_2$/CdS 产氢活性提高主要归功于 WS$_2$ 和 CdS 之间形成的异质结以及 WS$_2$ 作为助催化剂能够降低质子还原为 H$_2$ 的能量势垒。将 CuS 负载到 CdS 上，光催化产氢速率为纯 CdS 的 3.5 倍。原因是 CuS 通过捕获电子，延长 CdS 的光生载流子寿命，提高了催化剂的活性。采用水热法和离子交换法用 CuS 对 ZnS 进行表面修饰，制备出具有介孔结构的 CuS/ZnS 纳米片。当 CuS 的负载量为 2% 时，光催化产氢效率达到 4147μmol/(g·h)，在 420nm 处，量子效率达到 20%。如此高的可见光光催化产氢活性来源于可见光诱导的界面电荷转移，电子从 ZnS 的价带转移到 CuS，导致部分 CuS 还原为 Cu$_2$S，CuS/Cu$_2$S 的电极电势为 −0.5V(vsSHE，pH=0)，比 H$^+$/H$_2$ 的电极电势更负，更容易将 H$^+$ 还原为 H$_2$，从而增强了材料的光催化产氢活性。Ni 元素在地壳中含量相对较高，且其价格相对低廉，故 Ni 基硫化物更适合被用作半导体光催化材料的助催化剂。NiS 修饰的 CdS，1.2% NiS/CdS(摩尔分数)复合催化剂的产氢活性约为 CdS 的 35 倍，量子效率在 420nm 处达到 51.3%。在相同条件下，NiS/CdS 的光催化效率是 CoS/CsS 的 5 倍。NiS 在 NiS/CsS 复合物中同样扮演着转移电子的角色，由于 NiS 和 CdS 两相紧密接触，CdS 的光生电子很容易转移给 NiS。将 CuS、NiS 同时负载到 TiO$_2$ 表面，修饰后的 TiO$_2$ 光催化产氢活性明显高于 CuS/TiO$_2$、NiS/TiO$_2$ 和 TiO$_2$。这是由于 CuS 和 NiS 在抑制 TiO$_2$ 载流子分离方面起到了协同作用，促进了表面电荷转移，同时提供了更多的活性位点。

(3)过渡金属氧化物/氢氧化物助催化剂

金属氧化物和氢氧化物也常被用作助催化剂以提高光催化材料的性能，它们的作用类似于金属硫化物助催化剂。金属氧化物助催化剂和半导体间的电荷转移能够在界面处形成内建电场，驱动载流子的分离。研究人员对不同尺寸的 Cu$_2$O 纳米片沉积在 TiO$_2$ 表面后的光催化产氢活性进行研究。结果表明，粒径为 4nm、CuO$_2$ 含量为 0.9%(摩尔分数)的催化剂产氢活性最高。活性增长主要归因于 Cu$_2$O 纳米片的量子尺寸效应。Cu$_2$O 的量子化导致其导带底升高，与 TiO$_2$ 形成异质结后，促进了光生载流子的分离，从而提高了光催化产氢速率。将 NiO 用作 NaTaO$_3$ 的助催化剂。结果表明，由于 Na$^+$ 和 Ni^{2+} 的相互扩散，在 NiO 和 NaTaO$_3$ 的界面处形成了固溶体过渡区；同时，离子的相互扩散导致在 NiO 和 NaTaO$_3$ 上分别形成 p 掺杂和 n 掺杂，在界面处的这种掺杂促进了通过界面势垒的电荷转移。当负载量为 0.05% 时，在 n 掺杂的 NaTaO$_3$ 和纯 NaTaO$_3$ 之间形成了同质结，结界面的弯曲也可能是光催化活性提升的原因之一。

氢氧化物也常被用作助催化剂对光催化剂进行修饰。研究人员对 Ni(OH)$_2$ 对 TiO$_2$、g−C$_3$N$_4$ 和 CdS 的修饰作用进行研究，发现 Ni^{2+}/Ni 的电极电势低于锐钛矿、g−C$_3$N$_4$ 和 CdS 的导带位置，且比 H$^+$/H$_2$ 的电极电势更负。因此光催化剂上的光生电子更容易转移给 Ni(OH)$_2$，从而有利于提高光催化产氢活性。用 Cu(OH)$_2$ 修饰 TiO$_2$ 和 g−C$_3$N$_4$ 表面，使催化剂的产氢活性明显提高。用共沉淀法制备 Co(OH)$_2$/CdS 光催化剂，Co(OH)$_2$ 和 CdS 成紧密界面对于电子传输以及提高光催化产氢活性具有重要意义。

(4)磷化物助催化剂

过渡金属磷化物(Ni$_2$P、CoP、MoP 等)是一类具有类似零价金属特性的化合物。将

Ni_2P 作为助催化剂与具有一维纳米棒结构的 CdS 结合，在 Na_2S – Na_2SO_3 作牺牲剂条件下，产氢速率高达 $1200\mu mol/(h\cdot g)$，其在 450nm 处的量子效率约为 41%。复合 Ni_2P 后的 CdS 稳态荧光猝灭，而瞬态荧光寿命明显下降，这表明光生电子从 CdS 转移到表面的 Ni_2P 上。此过程抑制了 CdS 电子和空穴的复合。Ni_2P 可以增强 TiO_2、g – C_3N_4 和 CdS 光催化剂修饰的普适性。结果表明，Ni_2P 修饰这三种光催化剂的载流子转移效率，并且改善其表面反应速率。当 Ni_2P 含量为 2% 时，其产氢活性是纯 g – C_3N_4 的 60 倍。Ni_2P、CoP 和 Cu_3P 三种磷化物助催化剂对 CdS 的产氢性能有较大影响。结果表明，这几种磷化物和 CdS 复合后的光催化产氢效率均高于 Pt/CdS 催化剂。其中，CoP 对 CdS 的修饰具有最高的产氢活性。相对于 Ni、Co 和 Mo 等过渡金属而言，Fe 不仅在地壳中含量丰富并且价格低廉。将 FeP 用于修饰 CdS，使 CdS 在可见光及太阳光下都具有非常高的光催化产氢活性，并通过实验和计算证明了 FeP 在复合光催化体系中扮演着接收电子的角色。它的负载可以有效地抑制电子 – 空穴的复合。实验和理论计算证明 MoP 是一个非常好的传递 H 体系，且磷化作用可达到修饰金属 Mo 的目的。将 MoP 和 CdS 进行复合，将 CdS 的产氢效率提高了 20 倍。由于 CdS 和 MoP 的费米能级匹配，使得 CdS 上的光生电子很容易从其导带流向 MoP，同时由于 MoP 具有良好的金属特性，电子可以快速流动，因此质子更容易在 MoP 表面得到电子产生氢气。

（5）复合助催化剂

为了解决单一助催化剂的不足，进一步提高光催化剂的量子效率。研究者们不断尝试使用双助催化剂来对光解水催化剂进行修饰。研究人员在 CdS 的表面同时修饰了 Pt 和 PdS，它们分别作为水分解过程中的还原和氧化反应助催化剂，使复合催化剂的产氢量子效率提高了 93%。该体系中还原和氧化助催化剂的同时修饰，有效解决了电子和空穴的空间分离、传输等问题，极大地提高了产氢速率。同时这种由吸光材料、氧化助催化剂和还原助催化剂所组成的三元催化剂的理念也为发展高效可见光光催化剂提供了新思路。共负载的 NiS – PdS/CdS 光催化剂在可见光下的活性比 CdS 明显增强。当 NiS 和 PdS 负载量分别为 1.5% 和 0.41%（质量分数）时，NiS – PdS/CdS 获得最佳活性，最大产氢量达到 $6556\mu mol/(g\cdot h)$，在 $\lambda=420nm$ 时的 AQE 为 47.5%。Pt 和 IrO_2 共同修饰的 Ta_3N_5 催化剂，在 Ta_3N_5 的内表面和外表面分别修饰了还原助催化剂 Pt 及氧化助催化剂 IrO_2；由于 Ta_3N_5 光生电子和光生空穴分别向 Pt 及 IrO_2 转移，Ta_3N_5 催化剂内部电子 – 空穴快速分离，使该体系的可见光分解水性能显著提高。将核 – 壳结构的 Ni – NiO 负载到 g – C_3N_4 上，其光催化产氢活性明显高于单独 Ni 以及 NiO 的修饰。

（6）H_2 酶模拟物助催化剂

受氢化酶极高活性的启发，研究人员致力于开发模拟氢化酶催化中心的小型有机金属分子催化剂。这些人工催化剂被称为 H_2 酶模拟物。已经开发了几种 H_2 酶模拟物，分别是 Fe、Co 或 Ni 的配位化合物。其中，双核 [FeFe] – H_2 酶模拟物和 Co 配合物被认为是与半导体结合用于光催化 H_2 释放的具有高度活性的助催化剂。用冬氨酸基碳量子点作为光敏剂来驱动 [FeFe] – 氢化酶光催化析氢，用 LED 灯作为光源，TEOA（Triethanolamine，三乙醇胺）作为电子供体，显示出良好的光催化析氢活性和良好的稳定性。虽然 [FeFe] – H_2 酶

模拟物具有良好的 H_2 释放活性，但它们大多都不溶于水。为了解决这一问题，研究人员在氢化酶中引入水溶性基团来解决这一问题。研究人员开发了水溶性 [FeFe] – H_2 酶模拟物，其通过引入氰化物 (CN) 基团将三个亲水性醚链锚定到 [FeFe] – H_2 酶模拟物的活性位点，以提高其在水中的溶解度。所开发的 [FeFe] – H_2 酶模拟物与 CdSe 量子点偶联，用于在含有抗坏血酸作为电子给体的水溶液中光催化产生 H_2。该系统能够在纯水溶液中在 $\lambda >$ 400nm 下照射 10h 后产生 786mmol H_2。将 [FeFe] – H_2 酶模拟物的界面定向组装到水溶性人工光合系统的 CdSe 量子点上，得到的光催化系统显示出非常高的光催化 H_2 生成效率。

(7) MOF 和 MOF 衍生物助催化剂

金属有机框架 (Metal – Organic Frameworks, MOF) 是由金属粒子或金属簇与有机连接体自组装而成的新型多孔材料。具有周期性分布的金属中心、有序多孔结构和可调官能团等突出优点。第一，MOF 作为分散基质时可以控制半导体颗粒的大小。第二，MOF 高的比表面积可以产生更多的活性位点，利于反应物和活性位点接触。第三，MOF 的多孔结构可以为电子的迁移提供额外路径，促进电荷分离。CdS/UiO – 66 催化剂中，UiO – 66 不仅提高了 CdS 在其表面的分散性，还起到电荷分离和助催化剂的作用。第四，MOF 中高分散的金属活性位点可以避免金属纳米颗粒在反应过程中易烧结的缺点。MOF 的衍生物也可作为光催化产氢中的助催化剂。如 Co_2P、CoP、Ni_2P。通过 Ni – MOF 和 g – C_3N_4 结合，制备出 g – C_3N_4 – $NiCoP_2$ 多孔碳三元结构的催化剂。MOF 模板形成的多孔结构可以防止 g – C_3N_4 纳米片的堆积，多孔碳促进电荷的运输，$NiCoP_2$ 能够降低生成 H_2 的过电位。利用 MOF 多面体的结构合成 CoS_x 多面体助催化剂，中空结构能够增强光的收集，提供更多的暴露面，有利于增加反应活性位点数。

(8) 石墨烯助催化剂

石墨烯具有较大的功函 (4.42eV) 而表现出类似金属的性质。因此，石墨烯可以接受来自大多数半导体的光生电子。同时，石墨烯/石墨烯 $*^-$ 的还原电位为 – 0.08eV，比 H^+/H_2 的还原电位更负，可以将 H^+ 还原为 H_2 分子。因此，石墨烯可以作为一种促进电子传递、高效且成本低的助催化剂，可从半导体中分离和转移电子并在其表面将质子还原。在含有等离子体的催化体系中，石墨烯能作为等离子金属产生的热电子到半导体传递的桥梁。多组分助催化剂中含碳的壳层可以稳定内部结构。

(9) 碳量子点助催化剂

碳量子点 (Carbon Quantum Dots, CQDs) 具有上转换发光 [反 – 斯托克斯发光 (Anti – Stokes)，是指材料受到低能量的光激发，发射出高能量的光。即经波长较长、频率较低的光激发，材料发射出波长更短、频率更高的光] 特性、水溶性好、毒性低、环境友好且制备 CQDs 的原材料来源广泛、成本低廉等优点。在太阳能电池、光电催化、传感器等光伏与光电领域展现出广阔的应用潜力。研究人员制备了质量分数为 2% 的 $CQDs/Co_2SnO_4$，产氢速率达到 475.53μmol/(g·h)，是纯相 Co_2SnO_4 的 4.74 倍，是质量分数为 1% Pt/Co_2SnO_4 的 4.15 倍。此复合光催化剂光催化活性的提高主要归因于 CQDs 是良好的电子接受体，能有效提高光生电子和空穴对的分离效率。

7.1.3 光敏化剂

理想的光敏剂(PS)应当具备较高
的光捕捉能力、较宽的吸收光谱、较
好的光学稳定性、激发态寿命较长等
条件。受染料敏化太阳能电池的启发,
敏化光催化体系逐步发展起来。其基
本原理(图7-5)为敏化剂(有机染料,
窄带隙半导体等)被激发产生光生电

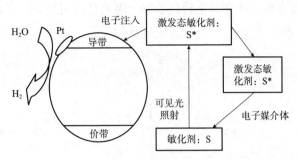

图7-5 敏化剂加强光催化分解水制氢

子,由于电势差的存在,产生的电子迁移到电位更正的宽带隙半导体的导带上发生质子还
原产生氢气,而被氧化的敏化剂通过接受来自供体的电子再生。

(1)聚合物材料光敏化剂

聚对苯二胺、共价三嗪框架(CTFs)、共轭微孔聚合物(CMPs)、共价有机骨架材料
(COFs)都可用来提高光的吸收效率。CTFs结构特性为具有超大的π共轭和独特的排列方
式。不同于无机半导体材料,聚合物由光激发产生电子-空穴对,以电子-空穴对的形式
进行电荷传输,当其迁移到表面后再解离成自由电子和空穴,最终驱动氧化还原反应。这
类材料具有结构可调变、比表面积大、质量轻等优点。但其吸光性能通常有限,光生电子-
空穴难分离易复合,化学稳定性较差、易自身光分解,自身的表面亲水性通常不好,同时
较低的光催化水氧化性能制约了其进一步实现全分解水制氢。

(2)金属-有机框架材料光敏化剂

金属-有机框架材料(MOFs)也可作为敏化剂,吸光后被激发产生光生电子并传递出
去。MOFs自身作为光催化剂,既被光激发也催化反应发生。ZIF、MIL、UiO、卟啉系列
为其中的典型代表。MOFs材料的电荷转移机制一般有以下几种:LMCT(Ligand - Metal
Charge Transfer 有机配体激发,从配体到金属的电荷转移),LCCT(Ligand - Clusters Charge
Transfer 配体到金属氧簇的电荷转移),MLCT(Metal - Ligand Charge Transfer 金属到有机配
体的电荷转移),LLCT(Ligand - Ligand Charge Transfer 配体到配体的电荷转移)。由于
MOFs中存在大量的有机配体,而有机配体中激子的结合能较大,导致光生电子-空穴对
不易分离。此外,金属与配体之间的相互作用相对较弱,导致此类光催化剂水相稳定性较
差,配体自身也容易被光腐蚀分解导致光照稳定性不好,其水氧化能力面临与聚合物类似的
挑战。针对电荷分离的问题,最近研究者通过界面微环境调制促进金属纳米粒子Pt与MOFs
之间的电子转移,从而提升光催化产氢性能。此外,通过将金属有机框架分别嵌入脂质体中
的疏水和亲水区域模拟光合作用中的类囊体膜结构,可实现光生电荷的空间分离。基于此,
将产氢与产氧半反应通过离子对串联实现全分解水制氢,AQE可达到1.5±1%@436nm。

(3)含吡啶钌金属有机染料光敏化剂

有机金属配合物染料敏化剂使用最多的是钌的配合物,其中N3和N719染料是公认效
果最好的联吡啶钌类光敏染料(结构见图7-6和图7-7),其η均大于10%,通常被选为
参比染料来比较一种新染料的光电性能。钌(Ru)配合物染料敏化剂具有较好的热稳定性、

化学稳定性和光电转化效率，因此是应用最为广泛的染料敏化剂之一。

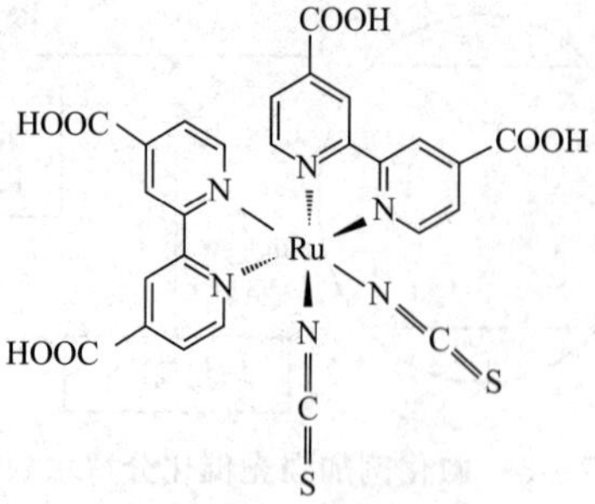

图 7-6　N3 染料结构 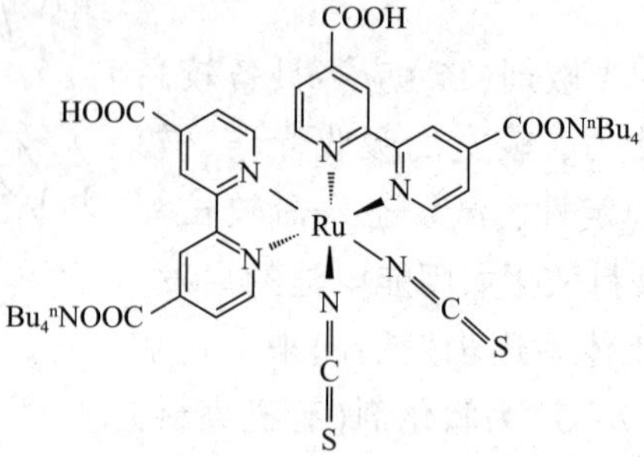　　　　　　图 7-7　N719 染料结构

图 7-8　卟啉染料光敏化剂

(4)卟啉染料光敏化剂

卟啉及其衍生物是具有 18 电子体系的共轭大分子杂环化合物(图 7-8)。它是由 4 个吡咯环通过次甲基相连而成的，间位(meso)和 β 位，是卟啉分子周围的两类取代位置，可通过各种化学手段引入不同的取代基。卟啉化合物由于其结构的特殊性，在光敏染料中是一类重要的电子给体。自由碱卟啉由于自身环电流较大导致其导电性能差。卟啉环中心氮原子与金属原子配位，可形成金属卟啉。金属卟啉具有良好的光导性，可形成有机半导体用于光伏材料中。近些年来，利用卟啉及其金属配合物优良的光电性能及独特的电子结构，设计合成光电功能材料和器件成为人们研究的热点。卟啉化合物通常在 400~450nm 附近有较强的光谱吸收，在 550~650nm 附近有中等强度的吸收。锌卟啉染料已成为极具吸引力的一类染料光敏剂。高性能锌卟啉染料的研究主要集中在从卟啉 meso 位出发"推-拉"电子的 D-π-A(Donor-π-Acceptor，电子给体-π桥-电子受体)设计体系上。卟啉染料光敏化剂由于共轭的平面结构，具有良好的电子缓冲性和光电磁性。

(5)酞菁光敏化剂

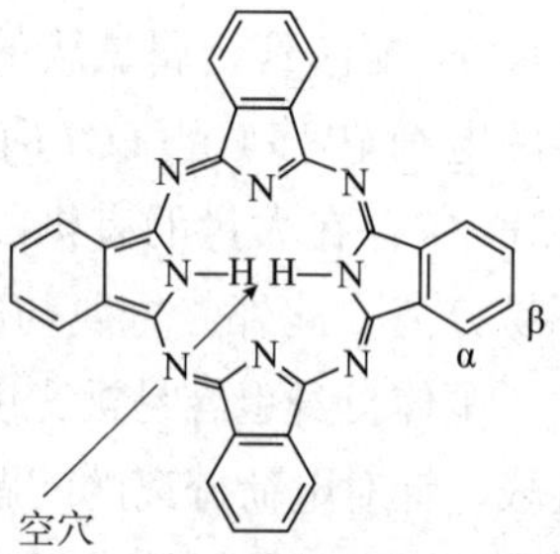

酞菁本身是一个大的共轭体系(图 7-9)，呈高度平面结构，环状大 π 键内含有 18 个 π 电子，电荷分布均匀。因此，4 个苯环很少变形且每个碳氢键长度基本相等，这种结构使其非常稳定，它耐水、耐酸、耐碱、耐光和有机溶剂。酞菁环内有一空穴，可以容纳 Zn、Al、Cu、Mn、Ti、Co、Ca 等许多金属元素而形成金属酞菁。周边苯环 α、β 位的氢又可被许多原子、基团取代。因此，酞菁很容易被修饰。已有数千种酞菁类化合物被合成。形形色色的酞菁衍生物在化学、物理学、生物学上

空穴

图 7-9　酞菁光敏化剂

性能迥异，这些为寻找性能优良的酞菁类光敏染料提供了保障。酞菁类光敏染料具有低成本、化学性质稳定、对环境友好等优势。酞菁有两个吸收带：一个在可见光区(Q-Band)，为 600~700nm；另一个在紫外光区(B-Band)，为 300~400nm。分子轨道理论研究表明：Q-Band 吸收是由非定域酞菁环体系的 π-π* 跃迁引起的，其中包含电荷从外

苯环到内环的跃迁。通过与不同的离子络合和接上不同取代基的方法可改变酞菁化合物的性质，使吸收谱带发生变化，得到不同光电特性的酞菁化合物。

此外，常用的光敏化剂还有罗丹明、花青素、叶琳、玫瑰红等，以及无机光敏化剂材料，如 AgI、$AgBr$、$CuInS_2$ 等。

7.1.4 提高转化效率

太阳能到氢能的转化效率由光吸收效率、电荷分离效率和表面催化反应效率共同决定（$\eta_{转化} = \eta_{捕光} \times \eta_{分离} \times \eta_{反应}$），因此需要从三个方面调控提升效率。

（1）吸光性能调控

拓展光催化材料的吸光范围是提升太阳能利用的有效途径。主要有三种策略可以缩小半导体的带隙：价带工程、导带工程及导带和价带的连续调变。掺杂 3d 过渡元素、d^{10} 或 $d^{10}s^2$ 构型的阳离子及非金属元素掺杂，如 $SrTiO_3$：Rh、TiO_2：Cr/Sb、$BiVO_4$、N 掺杂的 TiO_2、$TaON$、Ta_3N_5、$Sm_2Ti_2S_2O_5$ 等；对于导带工程，碱金属或碱土金属元素的替代被证明是有效的，如 $AgMO_2(M = Al，Ga，In)$；对于导带和价带的连续调变，主要是通过形成固溶体得以实现，如 GaN：ZnO、$LaMg_xTa_{1-x}O_{1+3x}N_{2-3x}$、$\beta - AgAl_{1-x}Ga_xO_2$ 等。

（2）光生电子 – 空穴分离

基于光催化分解水的基本原理，促进光生载流子分离是提高太阳能转化率的关键。由于光生电子和空穴需要从体相迁移到表面，首先需要提高材料体相的电荷分离效率。结晶度、粒径尺寸、比表面积、缺陷等已被证明是影响光生载流子的分离和转移的主要因素。例如，增加结晶度可以降低缺陷，促进电荷分离。然而，结晶度的增加往往伴随着颗粒的烧结和比表面积的减小，因此在实际应用中需要平衡这些影响因素。除上述因素外，不同的相结构对光催化剂的性能也有明显影响。例如，TiO_2 具有锐钛矿、金红石和板钛矿三种相结构，虽然它们都由 TiO_6 八面体组成，但晶体结构的不同导致了截然不同的光催化活性。形貌是另一个影响光催化性能的重要因素，多孔、纳米线、纳米片等形貌结构通过缩短电荷传输距离实现有效的电荷分离。此外，不同晶面间电荷分离现象的发现进一步推进了形貌调控在光催化系统中的重要应用。

除了体相的电荷分离外，抑制迁移到表面后的电荷复合同样重要。在这方面，表界面调控是重要的策略。例如，利用 ZrO_2 修饰 $TaON$ 可减少表面的低价 Ta 缺陷，抑制表面电子和空穴的复合。

（3）光催化剂表面的催化转化

光催化分解水的最后一步是迁移到表面的光生电子和空穴分别用于还原和氧化吸附物质产生 H_2 和 O_2。这一步通常需要借助助催化剂来提升性能。助催化剂的主要功能是从半导体中提取光生电子和空穴，并提供氧化还原反应位点，通过降低活化能促进反应的进行。当助催化剂沉积在表面时，由助催化剂和半导体能级拉平而产生的界面处内建电场促进界面电荷转移。助催化剂根据其功能可分为还原助催化剂和氧化助催化剂，分别用于加速释放 H_2 和 O_2 的反应。通常，Pt、Rh、Ru、Ir 和 Ni 等贵金属可促进 H_2 析出，而 Co、Fe、Ni、Mn、Ru 和 Ir 的氧化物可加速 O_2 释放。

（4）陷光结构提高效率

陷光结构不仅可以增加光的散射、衍射，延长光的传播路径，还可明显减少入射光的干涉相消现象，提高光的吸收利用率。陷光结构有望在降低有源层厚度的条件下，获得宽谱域、宽入射角范围的良好光子吸收性能，同时具有重复性好、便于模拟和易于改变结构等优点。

周期性阵列结构通过光波导、光捕获及光散射等效应可以增加光的有效传播路径，提升电极的光吸收效率。常见的周期性阵列结构有：反蛋白石结构、纳米棒多孔阵列及纳米锥（钉）阵列。以反蛋白石结构为例，利用光子晶体对入射光多次较强且相干的散射，可以使入射光以非常低的群速度在光子阻带边缘附近传播，从而增加入射光的有效传播路径，改变结构的尺寸还可以调控光吸收的增强范围。但采用反蛋白石结构时，需要注意多数载流子向基底的传输效率。

（5）异质结构半导体光催化剂

异质结构光催化剂是由一种或多种组分通过一个小接触面连接在一起，其结构特点为：一方面，两种组分的表面暴露在外面，使两种颗粒均有参与环境互动的可能性；另一方面，两种材料均独立形成纳米颗粒，使其功能更强大，兼有双元组分各自的特性。

异质结半导体光催化剂主要分为传统异质结结构（图7-10、图7-11）、P-N异质结结构（图7-12）和Z型异质结构（图7-13）等。P型和N型半导体中的光生电子和空穴分别在内建电场的作用下迁移到N型半导体的CB和P型半导体的VB，从而导致电子和空穴的空间分离，进而提高催化剂的产氢率。P-N异质结构的$Cu_2S/Zn_{0.5}Cd_{0.5}S$光催化剂，与纯Cu_2S和$Zn_{0.5}Cd_{0.5}S$相比，合成的$Cu_2S/Zn_{0.5}Cd_{0.5}S$显示出的析H_2效率显著提高。含3%（质量分数）Cu_2S的$Cu_2S/Zn_{0.5}Cd_{0.5}S$在$Na_2S-Na_2SO_3$溶液中的产氢效率达到4923.5μmol/（g·h），相应的表观量子效率在420nm处为30.2%。P-N异质结$Co_3O_4/Cd_{0.9}Zn_{0.1}S$复合光催化剂。在可见光照射（$\lambda \geqslant 420nm$）下，所制备的$Co_3O_4/Cd_{0.9}Zn_{0.1}S$异质结催化剂的产氢效率达到139.78mmol/（g·h），表观量子效率高达23.21%，比纯$Cd_{0.9}Zn_{0.1}S$高出15.88倍。

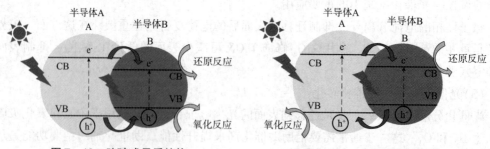

图7-10 跨骑式异质结构　　　　　图7-11 交错式异质结构

P-N异质结型光催化体系见图7-12，P型光催化剂的CB中的光生电子迁移到N型光催化剂的CB，而N型光催化剂的VB中的光生空穴移动到P型光催化剂的VB。光生电子和空穴在空间上被隔离，这极大地抑制了它们的复合。由于P型光催化剂的VB电位比N型光催化剂的更正，N型光催化剂的CB电位比P型光催化剂的更负，光生电子和空穴的氧化还原能力在电荷转移后减弱。

尽管上述所有的异质结构光催化剂都能有效地增强电子和空穴的分离，但由于还原和氧化过程分别发生在还原电位和氧化电位较低的半导体上，因此牺牲了光催化剂的氧化还原能力。为了克服这个问题，研究人员提出了 Z 型光催化的概念。通常存在三种类型的 Z 型异质结构光催化剂，即传统液相 Z 型光催化体系、全固态 Z 型光催化体系和直接 Z 型光催化体系。传统液相 Z 型光催化剂只能在液相中构建，因此限制了其在光催化领域的广泛应用。全固态 Z 型光催化体系由两种不同的半导体(PS I 和 PS II)和它们之间的固体电子介质(如 Pt、Ag 和 Au 等)组成(图 7-13)，PS II 的 VB 上的电子在光照射下首先被激发到 CB 上，在 VB 上留下空穴。然后，PS II 上的光生电子通过电子介质迁移到 PS I 的 VB，并进一步激发到 PS I 的 CB。结果使光生电子聚集在具有较高还原电势的 PS I 中，光生空穴则聚集在具有较高氧化电势的 PS II 上，从而导致电子 - 空穴对的分离而又实现了氧化还原电位的优化。在全固态 Z 型光催化剂中改善电子迁移路径所需的电子介体昂贵且稀有，因此限制了该光催化剂的大规模应用。

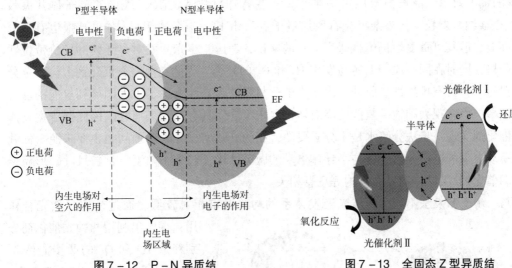

图 7-12 P-N 异质结

图 7-13 全固态 Z 型异质结

直接 Z 型异质结光催化剂的构造与全固态 Z 型异质结光催化剂相同，只是在该系统中不需要电子介体。此外，由于电子和空穴之间的静电吸引，直接 Z 型异质结光催化剂对电荷的转移更有利(图 7-14)。研究人员已构筑出如 $ZnO/g-C_3N_4$、ZnO/CdS、$ZnO_{1-x}/Zn_{0.2}Cd_{0.8}S$、$TiO_2/WO_3$、$Ta_3N_5/WO_{2.72}$ 等用于光解水制氢的不同类型 Z 型异质结构光催化剂。

在牺牲试剂存在的情况下进行产氢和产氧半反应的测定有助于获得特定光催化剂是否具有合适的导价带位置信息。然而，吉布斯自由

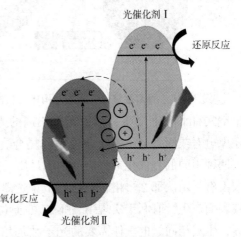

图 7-14 直接 Z 型异质结

能降低的半反应是不能实现太阳能储存的，因此组装全分解水制氢体系是十分必要的。实现全分解水制氢方式有一步光激发法和两步光激发法。在一步光激发体系中，要求半导体的导价带应跨越 H^+/H_2 和 O_2/H_2O 的氧化还原电位，同时需要考虑诸多因素，例如光吸收、载流子迁移率、电荷分离、助催化剂和光稳定性。从热力学的角度看，氧化物由于价带位置更正且稳定性好是实现全分解水制氢的理想材料。在紫外光区，已有 20~30 种氧化物可以实现全分解水制氢，易于空间电荷分离纳米级结构的 La 掺杂 $NaTaO_3$、Zn 掺杂 Ga_2O_3 和 Al 掺杂 $SrTiO_3$ 是其中的典型代表($E_g = 3.2eV$)。利用具有不用晶面暴露的 $SrTiO_3$：Al 为吸光材料，分别在其 {100} 和 {110} 晶面负载 Rh/Cr_2O_3 和 CoOOH 双助催化剂后在 360nm 取得 95.9% 的量子效率。这说明光激发产生的电子和空穴几乎没有复合，接近百分百地参与了质子还原与水氧化反应。

虽然紫外光区已报道了大量可实现分解水的材料。但可见光区实现全分解水制氢的材料很少，$In_{1-x}Ni_xTaO_4$、$(Ga_{1-x}Zn_x)(N_{1-x}O)$ 和 $LaMg_xTa_{1-x}O_{1+2x}N_{2-2x}(x \geq 0.5)$ 是典型的实例，其中在 $(Ga_{1-x}Zn_x)(N_{1-x}O)$ 表面负载 $Rh_{2-y}Cr_yO_3$ 为助催化剂后，可在 420nm 取得 5.9% 的量子效率，最长稳定性可达半年。一些特殊材料 Au/TiO_2(表面等离子体共振效应)、CoO 纳米颗粒、氮掺杂氧化石墨烯量子点、MOFs、聚合物半导体)也被报道有全分解水性能，但其可重复性仍值得研究。总的来说，考虑一步光激发对半导体的导价带位置要求严格，同时在同一粒子上容易发生 H_2 和 O_2 的复合，因此在单一光催化剂上构建全分解水仍然十分具有挑战性。此外，由于光催化材料的吸光性能决定了太阳能到氢能的理论转化效率，而实现太阳能–氢能的高效转化要求半导体具有宽光谱捕光。因此基于宽光谱捕光催化剂实现一步法分解水是十分必要的，制约其效率提升的瓶颈问题主要来源于低载流子驱动力下的电荷分离，这与半导体自身的微区结构、载流子浓度、颗粒尺寸、形貌结构、助催化剂/半导体的界面结构等息息相关。

与一步光激发法不同，两步光激发体系的构筑要求相对较低。通过模仿自然光合作用，探索出利用两种光催化剂分别释放 H_2 和 O_2 的两步光激发体系(也称 Z 机制)。一般而言，Z 机制全分解水体系由产氢光催化剂、产氧光催化剂和电子传输介质组成(图 7–15)。在产氢光催化剂上，光生电子将水还原为 H_2；而在产氧光催化剂上，光

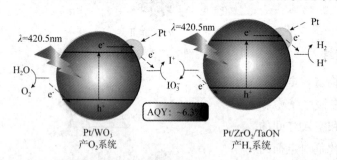

图 7–15　可溶性氧化还原电对构建 Z 机制分解水体系

生空穴将水氧化为 O_2；产氧光催化剂的光生电子和产氢光催化剂的光生空穴通过氧化–还原电对或固态电子传输介质完成复合。与一步法分解水体系相比，Z 系具有以下优点：①两种不同的光催化剂只需分别满足质子还原或水氧化一个条件即可，对材料的导价带要求没有一步法那么严格，更有利于宽光谱光催化材料的应用；②H_2 和 O_2 分别在两个半导体表面产生，有利于实现 H_2 和 O_2 的原位分离。然而，二步法由于需要两次光激发的过程，生成相同量的气体需要的光子数加倍，并且两种半导体之间存在吸光的竞争。此外，

Z体系中存在更多的竞争性电子转移路线。因此，抑制竞争反应、促进产氢光催化剂和产氧光催化剂之间的电荷转移是实现高效全分解水的关键问题。在以氧化–还原电对为电子传输介质的体系中，已探索出IO_3^-/I^-、Fe^{3+}/Fe^{2+}、$[Fe(CN)_6]^{3-}/[Fe(CN)_6]^{4-}$等多种电对，其中$IO_3^-/I^-$可在接近中性的pH值下工作，但面临涉及多个电子转移动力学挑战；Fe^{3+}/Fe^{2+}虽然工作条件比较苛刻($pH = 2 \sim 3$)，但只需接受/提供一个电子即可实现循环。除了无机离子对，一些有机配合物或多金属氧酸盐也可作为氧化–还原电对。

从紫外光响应的TiO_2到可见光响应的(氧)氮化物($ZrO_2/TaON$、$BaTaO_2N$、$g-C_3N_4$等)、(氧)硫化物($Sm_2Ti_2S_2O_5$、$(CuGa)_{1-x}Zn_{2x}S_2$等)、氧化物($SrTiO_3$：Rh)、染料敏化氧化物(香豆素染料/$H_4Nb_6O_{17}$)均已被报道可作为产氢光催化剂。氧化物(WO_3、$BiVO_4$等)、卤氧化物(Bi_4NbO_8Cl、Bi_4TaO_8Cl等)和(氧)氮化物($TaON$、Ta_3N_5等)已被证明可以作为产氧光催化剂。$MgTa_2O_{6-x}N_y/TaON$异质结用作Z机制的产氢光催化剂，通过异质结对电荷分离的促进作用获得420nm下AQE为6.8%。除了半导体光催化剂外，一些天然光合酶(如PSⅡ膜片段)也可与半导体光催化剂结合，构建Z机制全分解水体系。

在以氧化–还原电对为电子传输介质的Z体系中，如何控制反应的选择性是一个重要课题。从热力学来看，氧化–还原电对的还原电位比质子的还原电位更正，同时氧化电位比水的氧化电位更负，这使得其氧化与还原更容易进行。因此，尽管已经开发了大量可见光响应的光催化材料，但真正在可见光下表现出活性的Z机制全分解水体系数量十分有限。电对离子的吸附、活化、解吸对克服上述问题具有重要作用。通过助催化剂担载、表面改性、半导体与助催化剂之间的界面调节可以有效抑制竞争反应。例如，Ir、RuO_2和PtO_x助催化剂具有催化活化IO_3^-还原的能力，在Ta_3N_5表面修饰氧化镁可有效抑制I^-离子的吸附，从而抑制其氧化。

Z机制中产氢光催化剂与产氧光催化剂间的电荷传输还可通过固态电子传输介体实现。在这种情况下，主要挑战来源于产氢光催化剂、产氧光催化剂和固体电子传输介质之间的界面电荷转移，并需有效抑制短路电流的产生。已经探索出多种金属(Ir、Ag、Au、Rh、Ni、Pt)、还原氧化石墨烯(RGO)和碳点作为构建全固态Z机制全分解水的固态电子传输介质。

7.2 太阳能热化学裂解水制氢

聚光式太阳能采集是将直射到采集器上的太阳光汇聚到焦点(线)处，利用吸热材料获得高温，以实现供热或发电，主要有点聚光和线聚光两种模式。聚光太阳能采集方式能量收集效率高，获得的光能、热品位高。太阳炉已可达到1200℃的高温，这将使利用太阳能热化学循环分解水成为可能(参见本书第8章)。太阳能转换为热能的装置，基本上可分为两大类：平板式集热器和聚光式集热器。前者根据热箱原理设计，内表面的采光涂层吸收太阳光，转变为吸热介质的热能，温度可达到$300 \sim 400$℃；后者利用各种光学方法将太阳光聚集在一起，提高能量密度，然后通过吸收体将汇聚的太阳能转变为热能。它也可分为两类：反射镜集热器和透镜集热器，抛物面反射镜集热器可达到4000℃的高温。

太阳能热分解水制氢技术的主要问题在于：高温太阳能反应器的材料问题和高温下 H_2 和 O_2 的有效分离。随着聚光科技和膜科学技术的发展，太阳能热分解制氢技术得到了快速发展。科学家从理论和实验上对太阳能热分解水制氢技术可行性进行了论证，并对多孔陶瓷膜反应器进行了研究。研究发现，在 H_2O 中加入催化剂后，H_2O 的分解可以分多步进行，可大大降低加热的温度，在温度为 1000K 时的制氢效率能达到 50% 左右。

太阳能热化学制氢被认为是能源可持续利用最具潜力的途径之一，对推进"碳达峰、碳中和"目标的实现，缓解能源与环境危机具有重大的战略意义。直接热解水虽能实现近零碳排放制氢，然而超高的反应温度以及氢、氧产物分离难等问题，使之难以应用于规模化产氢。太阳能热化学循环间接分解水制氢，通过载氧材料循环来降低直接热解水温度，并实现氢、氧产物分步分离，将间歇、波动、能流密度低的太阳能转化为稳定、高密度的氢气化学能，受到广泛的关注和研究。

热化学循环最高温度一般随着反应步数的增加而降低，热化学两步循环温度一般在 1500～1800℃，热化学多步循环温度则普遍低于 1000℃。该温度区间与核反应堆所提供热量的温度范围匹配，故多步循环最初属于核制氢技术。太阳能相对于核能而言更为安全、可靠，并且随着近年来聚光太阳能集热技术的迅猛发展，高聚光比的聚光太阳能集热设备已被商业化应用，利用聚光太阳能替代核燃料作为热化学多步循环的驱动热源，逐渐受到关注和研究。

太阳能热化学循环目前仍然处于方案验证及实验室测试阶段，与当前商业化的其他制氢技术路线相比还有一定距离。但是，较高的理论制氢效率（约 50%）使得该技术尚有较大提升潜力。

7.3　太阳能光催化分解水制氢

我国太阳辐射总量最丰富带、很丰富带、较丰富带分别占全国的 22.8%、44% 和 29.8%，最丰富带太阳能辐射年总量高于 1750kW·h/m²。但是，我国太阳能资源丰富地区主要集中在西北与华北北部，年辐照天数在 250～350d，年平均辐照高于 200W/m²，而西南部分地区太阳能辐射年总量低于 1050kW·h/m²，年平均辐照低于 120W/m²。可以看出，太阳能存在空间分布不均匀，受昼夜、气象因素影响，存在不稳定性和不连续性。

实现太阳能到氢能的高效转化，这将促进社会发生巨大能源变革。利用粉末光催化剂实现太阳能分解水制氢是上述 3 种技术路线中最简单、最经济的。半导体光催化分解水制氢已报道的很多，然而大多数催化材料在产氢方面都存在产率低、性能不稳定等问题。因此开发高稳定性、高产氢效率的光催化材料一直是研究的热点。

半导体光催化分解水制氢体系通常由两部分组成：一部分是半导体，另一部分是助催化剂。半导体主要负责光吸收、激发及光生载流子的迁移；助催化剂主要负责富集转移到其表面的电荷，同时也可降低反应的活化能，加快反应的速率。一般当没有助催化剂存在时，半导体自身的活性通常比较低，一方面缘于其自身有限的电荷分离能力，另一方面因为分解水本身的活化能较高。由于半导体与助催化剂往往分别隶属于不同的物相，因此其界面结构对光生电荷由半导体向助催化剂的传输具有重要影响，对光催化分解水制氢性能起关键作用。助催化剂根据其功能可分为还原助催化剂和氧化助催化剂，分别用于加速释放 H_2 和 O_2 的反应。通常，Pt、Rh、Ru、Ir 和 Ni 等贵金属可促进 H_2 析出，而 Co、Fe、Ni、Mn、Ru 和 Ir 的氧化物可加速 O_2 释放。

光催化全分解水要求半导体同时满足质子还原和水氧化的电位需求，对半导体的导价带位置要求较高，同时考虑水分解反应为热力学爬坡、动力学需多电子转移的过程，因此实现全分解水制氢仍然十分具有挑战。

为了研究光催化剂分解水的潜力，有必要将全分解水拆解成两个半反应：产氢半反应和产氧半反应。为提高效率，将空穴牺牲试剂或电子牺牲试剂引入体系中，快速消耗光激发的空穴和电子，避免因电荷累积而引起的复合（图 7 - 16）。电子受体的标准电极电位比质子还原的电位更正，而电子供

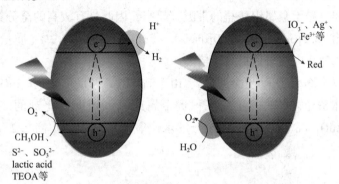

图 7 - 16 空穴牺牲试剂或电子牺牲试剂

体的标准电极电位比水氧化的电位更负。从热力学角度看，牺牲试剂的反应相较于质子还原与水氧化更容易进行。在产氢半反应中，常用的空穴牺牲试剂为甲醇、SO_3^{2-}/S^{2-}、三乙醇胺和乳酸等；而对于产氧半反应，常用 Ag^+、Fe^{3+} 和 IO_3^- 等作为电子牺牲试剂。

对于产氢和产氧半反应，相应的反应式如下：

光催化产氢半反应：$2H^+ + 2e^- \longrightarrow H_2$

$$Red + nh^+ \longrightarrow O_x (Red = 电子供体)$$

光催化产氧半反应：$2H_2O + 4h^+ \longrightarrow 4H^+ + O_2$

$$O_x + ne^- \longrightarrow Red(O_x = 电子受体)$$

针对光催化剂的表面结构调整的方法众多，主要可分为表面结构重筑、表面功能化和表面组装三大类。表面结构重筑是在不引入额外单元成分的情况下，对表面结构如表面积、成分、晶相、暴露晶面或缺陷等进行调整，使光催化剂的表面结构和物化性质更适合于光催化反应进行的一种策略。表面功能化是通过在光催化剂表面负载一些特定的功能化组分来优化单一光催化剂存在的一些固有缺陷的策略，如引入表面等离激元金属拓宽光谱吸收、负载助催化剂调控表面催化效率。表面组装策略表面来看与表面功能化存在类似，但表面功能化是负载不具有独立光催化性能的功能化材料，而表面组装则是由两种或者多种半导体构建的复合材料。

当半导体同时满足导带电势超过质子还原电位（-0.41V，pH = 7），价带边缘电势超过水的氧化电势（+0.82V，pH = 7），可以直接吸收光分解水同时产生氢气和氧气，实现水的全分解。科学家们一直致力于开发各种全分解水光催化剂半导体，主要有 TiO_2、钛酸盐、钽

酸盐、铌酸盐、金属硫化物、金属氮化物、主族元素氧化物及其他过渡元素氧化物等。

碱金属钽酸盐 $ATaO_3$（A = Li，Na，K）和碱土金属钽酸盐 $BTaO_6$（B = Mg，Ba）均能在分解水的同时产生氢气和氧气。而对于过渡金属钽酸盐，在没有共催化剂的条件下，只有 $NiTa_2O_7$ 可以分解纯水为氢气和氧气，其他过渡金属钽酸盐均不能产生氧气。$Cd_2Ta_2O_7$ 能在无负载任何助催化剂的情况下实现水的全分解。该材料价带由 O_{2p} 形成，导带则由 Ta_{5d}、O_{2p} 和 Cd_{5s5p} 共同构成。$Cd_2Ta_2O_7$ 由 TaO_6 和 CdO_8 构成三维框架，TaO_6 八面体共角相连，Cd 原子占据了 TaO_6 八面体网络的隧道处。该催化剂的带隙宽度约为 3.35eV，比一般碱金属、碱土金属钽酸盐的带隙都要窄，因此具有较高的全分解水效率，产氢和产氧效率分别为 46.2μmol/h 和 23.0μmol/h。$Cd_2Ta_2O_7$ 负载 0.2%（质量分数）NiO 后，在纯水中的光解水速率大约可以提高 4 倍。

Zn_2GeO_4、贵金属（Pt、Rh、Pd、Au）和助催化剂（RuO_2、IrO_2）有三元协同作用，三元体系光解水效率比只沉积贵金属或只沉积助催化剂的二元体系要高得多。其中，Pt–RuO_2/Zn_2GeO_4 系统的全分解水速率比 Pt/Zn_2GeO_4 高 2.2 倍，比 RuO_2/Zn_2GeO_4 高 3.3 倍。

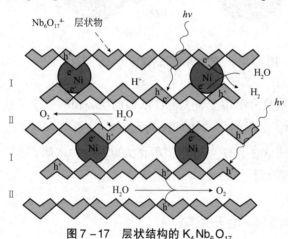

图 7-17　层状结构的 $K_4Nb_6O_{17}$

具有层状结构的 $K_4Nb_6O_{17}$ 负载 NiO 后具有完全分解水的能力，$K_4Nb_6O_{17}$ 独特的结构是其具有高活性的原因。以 O^{2-} 和 Nb^{4+} 形式表现的光生电子和空穴分别处于不同的 I 层和 II 层（图 7-17），I 层的电子还原 H^+ 生成 H_2，II 层的空穴氧化 H_2O 形成氧气，不仅有效抑制了载流子的复合，同时抑制了分解水逆反应的发生。

光催化剂的选取在光解水制氢中至关重要。然而，用于光解水制氢的大多数催化剂的可见光响应和量子效率都比较低。因此，为实现光催化制氢的产业化，必须解决与光催化剂成本和产氢效率相关的问题。

7.4　太阳光电化学电解水制氢

太阳光电解水制氢技术主要是由光阳极和阴极共同组成光化学电池，在电解质环境下依托光阳极来吸收周围的阳光，在半导体上产生电子，之后借助外路电流将电子传输到阴极上。H_2O 中的质子能从阴极接收到电子产生的 H_2。在太阳光电解水制氢的过程中，光电解水的效率深受光激励下自由电子–空穴对数量、自由电子–空穴对分离和寿命、逆反应抑制等因素的影响。

7.4.1　太阳光电化学电解水制氢机理

光化学电解池（Photochemical Electrolysis Cell，PEC）系统主要包括单一光阳极系统、单一光阴极系统及光阴极 – 光阳极双光电极系统(图 7 – 18)。N 型半导体通常用作光阳极,当与溶液接触时,表面能级通常向上弯曲,有利于光生空穴向电极表面和光生电子向体相的迁移,空穴在电极表面参与氧化反应。反之,P 型半导体常被用作光阴极使用。另外,在 N 型光阳极和 P 型光阴极组成的双光电极体系中,多数载流子在光生电场或外加偏压的驱动下通过外电路流向对电极,而各自的光生少子则向电极表面迁移参与表面反应,这与自然光合作用中的 Z – scheme 体系极其类似。

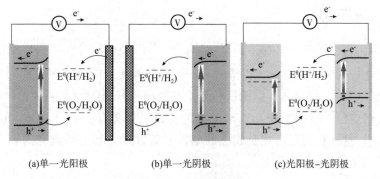

(a)单一光阳极　　　　(b)单一光阴极　　　　(c)光阳极–光阴极

图 7 – 18　光化学电解池

典型的无偏压 PEC 电池由光阳极、光阴极、外接电路及电解质溶液构成,需要吸收 4 个光子才能产生 1 个氢气分子。光阳极与光阴极相串联,利用自身的光电压实现无偏压水分解,可以更为经济、高效地实现太阳能向氢能的转换。其中,光阳极主要由 N 型半导体构成,实现水的氧化产氧;光阴极则主要由 P 型半导体构成,实现水的还原产氢。串联的光阳极与光阴极存在平行与叠层两种构型。叠层构型通常由带隙较宽(1.3 ~ 2.4eV)且较透明的光阳极(上层)与带隙较窄(0.65 ~ 1.3eV)的光阴极(下层)构成,叠层构型在单位面积上具有较高的光利用效率;平行构型由平行放置的光阳极与光阴极构成,对电极材料的带隙、透光率要求较小。

无偏压 PEC 装置不需要电极材料的导带与价带的位置同时满足水的氧化产氧电位(1.23V vs. Normal Hydrogen Electrode,NHE)与还原产氢电位(0V vs. NHE),为电极材料的选择提供了更多的可行性。为了实现水的氧化产氧,光阳极半导体的价带要低于水分解产氧电位,实现水的还原产氢需要光阴极半导体的导带高于水分解产氢电位。动力学上,还需要考虑水的析氢与析氧过电位以及电路电阻带来的电压损失,其中,析氢过电位约为 0.05V,析氧过电位约为 0.25V。

太阳能转化效率是衡量光化学转化系统的关键参数之一。国际评估结果表明,当 STH > 10% 时,PEC 分解水才可能实现工业化并和现有制氢工业竞争。基于单一半导体光电极的 STH 距工业化目标仍比较远。主要问题在于电极吸光有限,表面反应过电位(反应发生需要的外加电位偏离平衡电位的值)高且动力学缓慢,载流子复合严重等。此外,光电极的稳定性也是 PEC 研究的重要问题之一。从太阳光照射电极直到产物生成,光生载流子的产生、分离、传输和参与表面反应的过程就像接力赛,STH 受多个因素影响:

$$STH = \eta_{光吸收} \times \eta_{光生电荷分离} \times \eta_{电荷注入表面反应}$$

式中：$\eta_{光吸收}$为光吸收效率(光电极受光激发产生光生电荷的效率)；$\eta_{光生电荷分离}$为光生电荷的分离效率；$\eta_{电荷注入表面反应}$为光生电荷参与表面催化反应而被利用的效率。

在标准状态下，把 1mol 水(18g)分解成氢气和氧气需要约 237kJ 或 1.23eV 的能量。太阳能辐射波长为 200～2600nm，对应的光子能量为 400～45kJ/mol。光解水的研究关键是构筑有效的光催化材料。实际上从 TiO_2、过渡金属氧化物、层状金属氧化物到能利用可见光的复合层状物的发展过程，则反映了光解水发展的主要进程。

7.4.2 光阳极

许多 N 型半导体如 $BiVO_4$、$\alpha-Fe_2O_3$、Ta_3N_5 等已经被作为光阳极广泛的研究，但在光电化学分解水过程中，这些电极都需要有一个外加偏压才能够实现对水的分解。要实现无外加偏压全分解水，就必须要找能带和起始电势均与其匹配的光阴极，组装成 P－N 型光电化学水分解电池。有望实现高效水分解的光阳极材料有：$\alpha-Fe_2O_3$、$BiVO_4$、Ta_3N_5、$SnNb_2O_6$、WO_3。这些材料具有相对成熟的电极制备方式，其主要研究内容为调控材料的缺陷及电极的表面修饰。

(1)$\alpha-Fe_2O_3$

$\alpha-Fe_2O_3$ 作为光分解水用光阳极材料，具有合适的禁带宽度(2.1eV)、优异的化学稳定性及廉价易得等优点。但其较短的光生载流子寿命、光生空穴传输距离及较高的析氧过电位，导致其实际光电制氢效率低，有碍其实际应用。掺杂被认为是解决这一问题的有效手段，掺杂具有电子给体的元素，如 Sn、Si、Ti，能显著地增加 $\alpha-Fe_2O_3$ 的供体密度，从而提高导电率。通过表面改性(过渡金属磷化物或硼化物)及纳米多孔氧化铁光阳极材料的构筑等策略，明显改善其光生电荷分离和利用效率，大大提升其光生电流密度。

(2)$BiVO_4$

钒酸铋($BiVO_4$)是一种无毒的光催化剂，具有优异的化学和光子特性。此外，约 2.4eV 的低禁带能量使其对可见光的吸收能力强、化学稳定性好、价格低廉。纯 $BiVO_4$ 光催化剂的光催化效率仍然很低，这可能是由于光诱导的电子-空穴对的快速复合，以及表面吸附能力较弱所致。为了克服这些缺陷，主要通过缩小带隙宽度并结合较大的比表面积，从而可以提供更多的活性位点，并提高界面电荷的转移速率。改性 $BiVO_4$ 的方法分为四种：第一种是掺杂 Cu/Mo/F/S 等金属或非金属元素；第二种是利用等离子贵金属(如Ag/Au/Pd)在 $BiVO_4$ 中充当电荷中心；第三种是构建异质结进而在界面中引入内建电场；第四种是使用碳纳米管(CNT)或者 MOF 等材料与之耦合。

(3)Ta_3N_5

Ta_3N_5 是一种非常有潜力的光阳极候选材料，在 AM 1.5G 太阳光照射下，理论光电流密度和太阳能转换效率分别能达到 $12.8mA/cm^2$ 和理论太阳能对氢(STH)效率 15.9%。但 Ta_3N_5 在实际应用中也存在局限性，如载流子迁移率较低[$1.3～4.4cm^2/(V\cdot s)$]、复合速率快(<10ps)及有效质量各向异性显著等问题。研究者利用离子掺杂、异质结和功能层构建及助催化剂协同催化等方法改善电荷分离效率与注入效率，旨在提高光阳极的光电化学性能，实现低偏压分解水。此外由于构建异质结和担载功能层等方法受限于两种材料的能

带结构不匹配、界面接触质量差及 Ta_3N_5 自身易氧化等问题，极大地限制了材料种类及制备方法的选择，因而仍存在很大挑战。通过调控 Ta_3N_5 微晶的生长取向与晶面暴露，使载流子传输方向为高迁移率方向，可进一步提升电荷分离效率。通过异质结的构建或沉积氧化物层及担载助催化剂等手段，可有效促进 Ta_3N_5 光生电子 – 空穴对的分离和运输，从而实现光阳极起始电势的降低和光电流密度的有效提升。通过阳离子掺杂及表面形貌设计等手段，促进 Ta_3N_5 光生电荷的分离与传输，缓解表面费米能级钉扎，从而提升其 PEC 性能，降低起始电位。

（4）$SnNb_2O_6$

铌酸锡（$SnNb_2O_6$）作为一种典型的二维纳米片材料，由于其较大的比表面积和可调控的电子结构，在光催化降解有机污染物和分解水制氢领域具有广阔的应用前景。然而，由于 $SnNb_2O_6$ 量子效率低，光生电子 – 空穴对复合率高，严重制约了其实际应用。

负载不同的载体，通过构筑异质结构来促进光生电荷的分离效率，从而得到催化活性增强的可见光响应复合光催化材料。将 $SrTiO_3$ 纳米颗粒负载在 $SnNb_2O_6$ 纳米片表面制备出 $SrTiO_3/SnNb_2O_6$ 纳米异质结构复合光催化剂。在可见光照射下，1%（质量分数）– Pt/Sr-TiO_3/$SnNb_2O_6$ 复合光催化剂在甲醇水溶液中催化分解水制氢，结果显示，20% – $SrTiO_3$/$SnNb_2O_6$ 纳米异质结表现出最佳的制氢活性，析氢效率分别是单纯 $SrTiO_3$/$SnNb_2O_6$ 与 $SnNb_2O_6$ 的 298 倍和 2 倍，并且具有优良的稳定性和循环使用性。将 MoS_2 纳米片负载在所制备的 $SnNb_2O_6$ 纳米片表面，制备出 MoS_2/$SnNb_2O_6$ 纳米复合光催化剂。10% – MoS_2/$SnNb_2O_6$ 异质结表现出最佳的光催化制氢活性，制氢速率达到 $257.78\mu mol/(h \cdot g)$，约为单纯 $SnNb_2O_6$ 和 MoS_2 的 4.3 倍和 5 倍。

采用过渡金属离子掺杂和金属氧化物表面修饰也可 $SnNb_2O_6$ 改善光电化学性能。在 $SnNb_2O_6$ 颗粒表面均匀沉积 NiO 纳米颗粒得到 $SnNb_2O_6$：NiO 复合材料，其中 NiO 颗粒作为电子、空穴在半导体表面的俘获位置。$SnNb_2O_6$：NiO/Ni 电极具有明显的光电流，达到 $2\mu A$，光响应电流远高于未修饰样品。Cr、Co 元素的掺入可以更为有效地提高 $SnNb_2O_6$ 的光电化学性能。

（5）WO_3

三氧化钨（WO_3）具有电子传输能力强、载流子扩散距离适中（<150nm）、稳定性好等优点而被广泛应用为光阳极。一方面，WO_3 的禁带宽度相对较大，对太阳光的利用效率较低；另一方面，WO_3 的光生载流子复合速率较高导致光阳极的水分解效率较低。为解决 WO_3 的上述问题，通过构建异质结构的方法改进和优化 WO_3 光阳极。以普鲁士蓝（亚铁氰化铁，化学式为 $Fe_4[Fe(CN)_6]_3$，Prussian Blue，PB）修饰 WO_3 纳米阵列获得 WO_3@PB 复合光阳极。随后对复合材料进行热处理，在 WO_3 表面原位合成了 Fe_2O_3 纳米颗粒，形成以 WO_3 纳米棒为中心的 WO_3@Fe_2O_3 核壳异质结构。与纯的 WO_3 相比，WO_3@PB 复合材料表现出更好的光电催化性能。其中，WO_3@PB – 100 光阳极在 1.23V vs. RHE（可逆氢电极，Reversible Hydrogen Electrode，RHE）时的光电流密度为 $0.49mA/cm^2$，分别是纯 WO_3 和 PB 的 2 倍和 40 倍。PB 的存在提高了光吸收效率的同时，WO_3 和 PB 形成了异质结，促进了载流子的分离和转移，提高了光生载流子的寿命，从而使光电性能明显提升。

WO_3@ Fe_2O_3光阳极在 1.23V vs. RHE 时的起始电位为 0.6V，明显小于单一的 WO_3 和 Fe_2O_3 电极，光电流密度为 $1.22mA/cm^2$，与纯 WO_3 相比，光电流提高了 5 倍。

7.4.3　光阴极

通过优化制备方式、掺杂以及表面修饰等手段，光阳极的 STH 效率与稳定性都取得了较大的进展，而光阴极材料通常具有较低的空穴迁移速率，且易于发生光电腐蚀，研究进展较为缓慢。通过串联高性能光阳极与光阴极，实现无偏压下的高效水分解，是光电化学水分解领域的发展趋势。由氧化物 Cu_2O 光阴极与 $BiVO_4$ 光阳极组成的叠层 PEC 电池取得的 STH 效率为 3%，而由非氧化物 $CuIn_{0.5}Ga_{0.5}Se_2$ 光阴极与 $BiVO_4$ 光阳极组成的叠层 PEC 电池取得的 STH 效率为 3.7%。

（1）氧化亚铜光阴极

氧化亚铜（Cu_2O）是 P 型半导体，Cu_2O 的窄带隙（2.0 ~ 2.3eV），在 AMG1.5 照射下，理论最高光电流密度为 $-14.7mA/cm^2$。其成本低、无毒无害，作为太阳能电池材料的能量转化率理论上可达到 18%，能够有效吸收可见光，从而使太阳光的利用效率最大化。Cu_2O 光催化剂具有两大问题：一是 Cu_2O 在潮湿空气中不稳定，会被氧化生成 CuO，导致 Cu_2O 光催化剂的失活；二是其带隙较窄，光生电子和空穴容易复合，降低了 Cu_2O 的光催化活性。研究人员为解决这两大问题，同时为提高 Cu_2O 的性能，对其制备方法进行了大量研究并取得进展。Au/Cu_2O 多壳多孔异质结在界面上形成肖特基势垒（Schottky Barrier），Au 的 SPR 效应导致光致激发效应增强。

（2）p - Si 光阴极

p - Si 的带隙为 1.1eV，能吸收大部分的太阳光，理论光电流达到 $44mA/cm^2$。研究人员用 p - Si 作光阴极实现无牺牲剂产氢，并且在 514.5nm 光照下的太阳能转化效率达到 2.4%。但表面态的存在使产氢动力学反应及稳定性较差，极大地限制了 Si 电极的光电性能。为了进一步提高 Si 光阴极的效率和稳定性，表面保护、电催化剂担载及微纳结构调控是几种常见方法。

表面保护及电催化剂担载 Si 电极上直接担载电催化剂是加快析氢反应的有效手段。在 p - Si 的表面担载 Pt，有效提高了 Si 电极的光电化学性能。用白铁矿型 $CoSe_2$ 作为产氢的助催化剂，由于 $CoSe_2$ 与 p - Si 和电解液之间较小的界面电阻使其光电性能得到提高。表面担载虽然可以提高 Si 光阴极的光电化学性能，但是仍然存在电极稳定性较差的问题，于是引入保护层引起了研究人员的关注。研究人员用六甲基氧二硅烷覆盖 p - Si 的表面，用 In 掺杂的 CdS 作 p - Si 的保护层，或者在 p - Si 的表面引入 Ti 层，这些保护层的构建都极大地提高了 Si 的稳定性。在拥有保护层的情况下再担载电催化剂能更有效地提高电极整体性能。在硅片上长出 2nm 厚度的 SiO_2，然后通过沉积上 20/30nm 的 Pt/Ti 双金属层，构建了一种金属 - 绝缘体 - 半导体结构的 Si 光阴极，使电极产氢的稳定性和效率都有了很大的提升。用 Ni 同时作为 p - Si 的保护层和电催化剂，制备的 Ni/Pt/p - Si 光阴极，这种电极在硼酸钾缓冲液中虽然起始电势比在 NaOH 中小，但稳定性提高了很多。用导带位置跟 Si 相差不大，且晶格匹配度很高的 $SrTiO_3$ 代替了 SiO_2 层制备金属 - 绝缘体 - 半导体结构的硅光阴极。当没有金属催化剂，只有 Si/SrTiO$_3$ 时，电极在 -0.8V vs. NHE 处几乎没有光电流，而构建成金属 $-$ 绝缘体 $-$ 半导体电极后，在 -0.5V vs. NHE 处饱和光电流达到 -35mA/cm^2。除了光电流的提高，电极的起始电势也正移到 0.46V，但是起始电势会随着 SrTiO$_3$ 厚度的增加而下降。在电极的稳定性方面，相比于没有保护层的 Si 有了巨大的提高，电极在 0V vs. Ag/AgCl 光电流经过 35h 测试没有下降，而 p $-$ Si 裸电极在 -0.2V vs. NHE 下，经过 50min 测试光电流下降了 70%。

微纳结构调控相比于平面结构，纳米阵列有很多优势：减少光反射，提高光吸收效率；与溶液接触面积多，具有较多的反应活性位点；空穴传输到电解液的距离缩短，减少了体相复合，这些都有助于提高光电化学性能。用光刻方法可制备大长径比的 Si(100)纳米柱阵列，表面用 Mo$_3$S$_4$ 电极修饰。与平面 Si 相比，柱状 Si 的饱和光电流和 IPCE（Incident Monochromatic Photon $-$ Electron Conversion Efficiency，光电转化效率）有了明显的提高，分别达到 -16mA/cm^2 和 93%（$\lambda > 620$nm）。同样地，修饰后的电极起始电势也提高到约 0.15 vs. RHE。但修饰后的电极的饱和电流相比修饰前均有下降，这是由于 Mo$_3$S$_4$ 层修饰导致电极疏水，氢气泡更容易附着在电极表面，使有效表面反应面积减小造成的。除了阵列结构外，多孔纳米 Si 结构也有很多优势：表面积大、与溶液接触点多、反应位点多；也能减小光反射，提高光吸收。多孔纳米 Si 可用作光电化学电池光阴极制氢。这种多孔纳米 Si 电极通过金属辅助刻蚀的方法制备，其对全太阳光谱的反射率降到 2% 以下，由于光吸收的增强，饱和光电流也由 -30mA/cm^2 提高到了 -36mA/cm^2。除此之外，析氢过电势也下降了 70mV。在多孔 Si 表面上沉积了 Pt，发现光电流虽然减小了，但是产氢效率得到了提高，同时析氢过电势也得到降低。但当多孔 Si 的厚度超过 10μm 时，由于界面处的表面复合急速加大，光电流会开始下降。用 InP 敏化多孔 Si 光阴极，以 Fe$_2$S$_2$(CO)$_6$ 为电催化剂，相比于多孔 Si 光阴极，产氢效率、稳定性等都有了提高，但在低偏压下的光电流仅有 -1.2mA/cm^2 左右，相比于其他 Si 光阴极，性能还有待进一步提高。

（3）p $-$ InP 光阴极

InP 带隙为 1.35eV，相比 Si 价带位置更正，在 P $-$ N 叠成双光子系统中能够提供更高的光电压。研究人员以 p $-$ InP 为光阴极的太阳能水分解电池，获得了 9.4% 的太阳能转化效率。之后制备 InP 的电极，把太阳能转化效率提高到 14.5%。尽管 InP 拥有较优的光电化学性能，但主要通过成本较高的金属有机物气相外延法制备，同时需要昂贵的外延生长基底，不利于商业化应用。为降低生产成本，研究人员提出了一种新的 InP 薄膜制备方法，即薄膜 $-$ 气 $-$ 液 $-$ 固法。这种方法可以在非外延生长基底上制备，从而可以降低成本，以便大规模制备，同时能获得较大的晶粒，展现较好的光电化学性能。为更进一步提高 p $-$ InP 电极的光电化学性能，表面保护、电催化剂担载及微纳结构调控是较为有效的方法。

由于 TiO$_2$ 和 InP 的价带的带边位置相差很大，形成的能垒使空穴很难达到表面，但两者的导带匹配，从而使电子传输到电极表面且降低了载流子复合，最后使光阴极的起始电势正移了 0.2V，达到 0.8V vs. RHE。这表明，TiO$_2$ 是非常理想的 InP 保护层。在 InP 薄膜沉积了 TiO$_2$ 和 Pt 电催化剂。InP/TiO$_2$/Pt 光阴极的起始电势为 0.63V vs. RHE，半电池太阳能转化效率为 11.6%，同时光电流能稳定 2h 以上。

研究人员研究了 InP 光阴极纳米棒核壳结构的电子结构和波函数，发现 InP-CdS 和 InP-ZnTe 的核壳结构电极非常适合光电化学体系。宽带隙的壳层材料在溶液中能很好地保护窄带隙核层材料免于腐蚀，两种材料导带或价带的略微交错能很好地避免电子-空穴的复合：InP-CdS 中电子在壳层，空穴在核层，InP-ZnTe 中则正好相反，这两种不同的电子-空穴分布使电极能在不同的溶液状态中使用。通过金属有机物气相外延法在 Si (111) 面上生长 InP 纳米线，发现结晶度好、无缺陷的 InP 比具有孪晶界的 InP 拥有更好的性能；制备 InP 纳米线阵列，用 MoS_3 作为电催化剂，优化半导体/催化剂的界面，使太阳能转化效率提高到 6.4%。通过反应离子刻蚀技术制备 InP 纳米柱阵列 (p-InP NPLs)，用 TiO_2 作保护层，Ru 作助催化剂，太阳能转化效率达到 14%，超过之前所有的 InP 电极性能。与相同方法制备的平面 InP 相比，InP 纳米柱反射比由 30% 降到 1%，起始电势由平面 InP 的 0.5V 正移到 0.73V vs. NHE (Normalized Hydrogen Electrode)，太阳能转化效率由 9% 提高到 14%，在 0V vs. NHE 处光电流由 $-27mA/cm^2$ 提高到 $-37mA/cm^2$。此外，稳定性也有了明显的提高，p-InPNPLs/TiO_2/Ru 光电流稳定在 $-37mA/cm^2$ 超过 4h，而平面的 InP，光电流 4h 后由 $-27mA/cm^2$ 下降到 $-18mA/cm^2$。尽管用 Ru 作助催化剂没有明显提升光电流，但使其起始电势获得了 0.5V 的正移。

(4) p-$CuIn_{1-x}Ga_xS(Se)_2$ 光阴极

$CuIn_{1-x}Ga_xS(Se)_2$（简称 CIGS）通过调节 In/Ga 的比来调节带隙。由于具有高光吸系数、性能稳定、相对低成本等优点，CIGS 被认为是最有潜力的太阳能电池材料，在实验室中的太阳能转化效率已经超过 20%。鉴于 CIGS 在光伏中表现出的优异性能，研究者们开始试图将其应用于光电化学分解水领域中。关于 $CuIn_{1-x}Ga_xS_2$ 的研究，很多集中在调控 Ga 的量，很少对薄膜中的杂相进行研究。研究发现 $CuIn_{1-x}Ga_xS_2$ 薄膜中存在的 Cu_xS 和 CuAu 亚稳相两种杂相可通过控制腐蚀电位的方法选择性消除。通过不同的腐蚀电位选择性消除 Cu_xS 并不会对性能有太大影响，CuAu 亚稳相除去后，光电流提高了约 2 倍。CuAu 亚稳相腐蚀后，经 CdS/Pt 修饰，在 0V vs. RHE 电势下，光电流达到 $-6mA/cm^2$。

合适的保护层及电催化剂对 CIGS 电极的提升非常有效。在 $CuIn_{1-x}Ga_xS(Se)_2$ 薄膜上电镀上 CdS 层，然后溅射上 ZnO 层制备成光电极，最后沉积上 Pt，发现 CIGS/CdS/ZnO/Pt 电极在 0.5mol/L 硫酸钠溶液中的光电流为 $-6mA/cm^2$（$-0.6V$ vs. NHE）。但是这个电极的稳定性较差，1h 不到光电流就几乎降到 0。在 CIGS 上生长一层 CdS，利用射频磁控溅射法生长 Mo 和 Ti 层，最后把 Pt 粒子沉积到电极上，得到 Pt/Mo/Ti/Cds/CIGS 电极。该电极在 0V vs. RHE 处光电流约为 $-27mA/cm^2$。在 0V vs. RHE 电压下，虽然电极的光电流每天都有下降，但仍能持续工作 10d 以上。除此之外，电极在 0.38V vs. RHE 处的半电池太阳能转化效率达到了 8.5%。通过类似的方法制备了 CIGS 薄膜电极，只是把 Mo/Ti 层换成了 ZnO 层。此设计理念主要是通过 CIGS/CdS 形成 P-N 结，促进载流子的分离，ZnO 层促进电子从 CIGS 迁移到电极与电解液的接触面，空穴传输到 Pt 电极，各自参与反应。这种电极的光电流比之前报道的都要高，达到 $-32.5mA/cm^2$（$-0.7V$ vs Ag/AgCl）。

(5) p – Cu_2ZnSnS_4

光阴极在光伏产业中，CdTe、GaAs、$CuIn_{1-x}Ga_xS(Se)_2$ 等由于其优异的性能而备受瞩目，但又因蕴藏有限、本身有毒等很大程度上限制了应用。基于环保、廉价、高性能等要求，硫族半导体材料慢慢被发掘出来。由于 Cu_2ZnSnS_4（Copper Zinc Tin Sulphur，CZTS）所含元素地壳蕴藏丰富，且 CZTS 拥有合适的带隙（1.5eV）、带边位置和高的吸收系数（$\sim 10^{-6}m^{-1}$），被研究应用于光敏剂、锂离子电池、光电二极管、太阳能电池等上面。基于 CZTS 的太阳能电池效率有了很大的提升，最高的太阳能转化效率已达到 12.6%。CZTS 薄膜的制备方法主要有溅射、喷雾热裂解法、蒸发法、电沉积、热注入等。CZTS 不仅在光伏上有巨大应用潜力，而且可以作为光阴极分解水制氢。CZTS 作为光阴极的太阳能转化效率还远远低于理论值。通过喷雾热裂解法在 FTO（Fluorine Doped Tin Oxide）玻璃上制备 CZTS 薄膜。CZTS 的导带位置比 H_2O 的还原电势更负，因此可用来作为光电化学电池的光阴极分解水制氢。制备纯相 CZTS 非常困难。在薄膜光伏电池及光电极体系中，晶粒的大小对其性能有很大的影响，一些真空法虽然能得到较大的晶粒，但是这些方法成本过高，不利于大规模制备。与此相对，低成本方法如溶液法等制备大晶粒的薄膜一直是个难题。

将 CZTS 用于光阴极产氢时，通过 Pt、CdS、TiO_2 表面修饰可提高 CZTS 的光电化学性能。通过改变 Zn 电镀液的 pH 值，改变 CZTS 的表面状态，用浸渍法制备 CdS 缓冲层，最后沉积 Pt 制备完整的 Pt/CdS/CZTS 光阴极。用 In_2S_3/CdS 双缓冲层和 Pt 修饰 CZTS 薄膜，制备 Pt/In_2S_3/CdS/CZTS 光阴极。由于 In_2S_3 层的加入，拥有较好的抗腐蚀性。经比较发现，仅 Pt 修饰的 CZTS 电流非常小，但加入缓冲层 CdS 后有明显的光电流提高和起始电势的正移，这是由于 CZTS 和 CdS 形成了 P – N 结，提高了光生载流子的分离。把 CdS 换成 In_2S_3 后也有提高，但不如 CdS。可能是 In_2S_3/CZTS 之间的界面接触不如 CdS/CZTS，因此研究人员又制备了 Pt/In_2S_3/CdS/CZTS 电极，虽然电极的起始电势没有太多提升，仍在 0.63V vs. RHE，但在 0V vs. RHE 的光电流提高到 $-9.3mA/cm^2$。在 0.31V vs. RHE 处，半电池太阳能转化效率达到 1.63%。

(6) 铁酸盐光阴极

铁酸盐材料属于三元金属氧化物，具有合适的带隙（1.5～2.1eV）、较正的起始电位及较低的制备成本，并且在碱性溶液中具有较好的光稳定性。比较受关注的铁酸盐光阴极材料有 $CuFeO_2$、$CaFe_2O_4$ 和 $LaFeO_3$。通过制备方法的开发与改进、元素掺杂及表面修饰等方法提高其光电转换效率。

① $CuFeO_2$

$CuFeO_2$ 属于 Cu（Ⅰ）铜铁矿结构 $CuMO_2$（M = Cr，Fe，Rh，Al 等）。Cu（Ⅰ）铜铁矿结构材料通常具有较好的空穴载流子浓度，被广泛应用于光电催化及 P 型透明导电玻璃的研究中。其价带（$-0.45V$ vs. NHE）与导带（1V vs. NHE）分别主要由 Cu_{3d} 与 Fe_{3d} 构成，价带位置满足还原水产氢及还原 CO_2 的热力学要求。在铁酸盐光阴极材料中，$CuFeO_2$ 具有较窄的间接带隙（$\sim 1.5eV$）以及较高的载流子迁移速率[$0.225cm^2/(V/s)$]与寿命（200ns），起始电位可达到 0.98V vs. RHE，所含元素地球储量丰富。但 $CuFeO_2$ 仍然无法实现体相载流子的有效分离，并且 $CuFeO_2$ 电极表面析氢催化反应的活性较差，载流子表面注入效率有待提高。对 $CuFeO_2$ 光阴极的构建纳米形貌与表面修饰等方面提高其性能。

②$CaFe_2O_4$

$CaFe_2O_4$ 属于正交型结构，与其他 AB_2O_4 型铁酸盐($MgFe_2O_4$、$ZnFe_2O_4$)的尖晶石结构不同，$Fe-O$ 键长的不同导致两种不同的 FeO_6 八面体结构，从而形成角共享的之字形链条，Ca 原子则占据由角落和边缘共享的 FeO_6 八面体形成的伪三角形隧道。其价带($-0.6V$ vs. NHE)与导带($1.3V$ vs. NHE)横跨水的氧化与还原电位，价带主要由 Fe_{3d} 构成，导带则主要由 Fe_{3d} 与 O_{2p} 构成，具备水分解及还原 CO_2 的能力。$CaFe_2O_4$ 具有较窄的带隙($1.9eV$)，起始电位可以达到 $1.3V$ vs. RHE，所含元素地球储量丰富，但较低的载流子迁移速率$[0.1cm^2/(V/s)]$导致载流子体相复合较为严重，并且 $CaFe_2O_4$ 较高的合成温度($800℃$)限制了其制备。通过制备方式的开发及元素掺杂改进其性能。此外，$CaFe_2O_4$ 还被广泛用于修饰光阳极的表面，提升光阳极的转换效率及稳定性。

③$LaFeO_3$

$LaFeO_3$ 属于 ABO_3 钙钛矿结构，拥有立方与正交两种晶系，具有较高的结构稳定性。立方晶系结构中，La 原子位于立方体中心，周围存在 12 个氧原子，Fe 原子位于立方体顶角，与 6 个氧原子形成八面体配位。其价带($-0.5V$ vs. NHE)与导带($1.5V$ vs. NHE)横跨水的氧化与还原电位，价带主要由 Fe_{3d} 构成，导带则主要由 Fe_{3d} 与 O_{2p} 构成，在无偏压下具备分解水的能力。$LaFeO_3$ 的间接带隙为 $2.1eV$，起始电位可达到 $1.41V$ vs. RHE，碱性条件下具有较好的光稳定性。但 $LaFeO_3$ 电极表面析氢催化反应的活性也较差，载流子表面注入效率有待改善。从 $LaFeO_3$ 光阴极达到的最高氧还原电流可以看出，体相载流子复合仍是限制其光电性能的主要因素。$LaFeO_3$ 被广泛应用于电催化及粉末形式的光催化降解与产氢研究中。$LaFeO_3$ 也被应用于光电化学水分解产氢的研究中，主要研究内容为元素掺杂与电极的表面修饰。

习题

1. 简述太阳能光伏发电电解水制氢、光催化分解水制氢、太阳能光化学电解水制氢的区别。

2. 计算 $\alpha-Fe_2O_3$、$BiVO_4$、WO_3 等吸收光能波长范围。

3. 列表对比几种提高光转化效率方法的优劣。

4. 根据课本中提供的光阳极和光阴极材料的禁带数据，查阅一部分文献资料，设计可见光太阳能光化学电解水制氢的电极对。

5. 归纳总结提高光催化剂效率的方法。

6. 概述助催化剂提高光催化效率的原理。

7. 概述异质结的种类和特征。

8. 假设太阳能电解水效率能达到 10%，计算我国太阳能最丰富带面积为 $1m^2$ 太阳能光电催化电解水年产氢能力。

第8章 其他制氢技术

除了前面提到的制氢技术之外，实际应用的还有氨气分解制氢。尚处于研究阶段的热化学循环制氢、生物质制氢、光合生物和微生物制氢等。

8.1 氨分解制氢

氢气是一种良好的保护性、还原性气体，在冶金、半导体及其他需要保护气氛和还原气的工业和科学研究中得到广泛应用。氢气是轧钢生产特别是冷轧企业常用的保护气体。此外，氢气还原法是工业生产钼粉的主要方法，还原过程需要大量使用高纯度的氢气。在钼坯料的烧结、钼材料的热加工和热处理过程中，氢气作为保护气体也大量使用。氨分解制氢装置投资少，效率高，原料采购运输容易，氢气纯度高，是小规模分布式制氢工艺中常用的生产技术之一。氨分解变压吸附制氢在中小企业得到广泛应用。

8.1.1 氨分解制氢原理

氨分解制氢是以液氨为原料，在催化剂上氨被分解得到氢气和氮气的混合气体，其中 H_2 占 75%、N_2 占 25%。其化学反应式为：

$$2NH_3 \rightleftharpoons 3H_2 + N_2 + 46.22 kJ/mol$$

理论上计算表明，400℃时该反应的平衡转化率可达 99%，但实际需要高于 1000℃（图 8-1）。使用催化剂有助于降低氨的分解温度，但是分解温度仍需 650℃以上。高温操作对设备及公用工程要求高，投入大，将降低氢能的使用能效。因此，开发高效催化剂降低氨分解反应温度有助于提高氨载氢过程氢能效，对氨载氢工业应用推广意义重大。

氨分解反应过程包括氨的吸附、吸附氨的分解及分解产物的解吸。首先，氨分子吸附在催化剂活性位点上，形成吸附态的氨分子；其

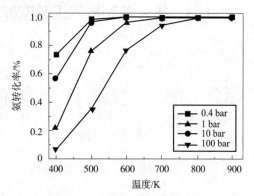

图 8-1 不同压力下氨的转化率
随反应温度的变化

次，吸附态的氨分子逐步脱氢，最终解离成吸附态的氮原子和氢原子；最后，吸附态的氮原子和氢原子经历结合、解离，最终脱附分别形成氮分子和氢分子。

常压（$1.01325 \times 10^5 Pa$），反应温度为 TK，NH_3 分解的平衡转化率 X 可按照如下公式

进行计算。

$$[40100 - (25.46 \times T \times \ln T) + (0.0091 T^2) - (10300/T) + 54.81T] = -RT\ln[1.3X^2/(1-X^2)]$$

式中，T 为反应温度，K；R 为气体常数；X 为平衡转化率。

8.1.2 氨分解制氢催化剂

氨分解制氢催化剂包括单金属 Ir、Ru、Ni 和 Fe 等；双金属催化剂 Fe – Ni、Fe – Mo 等；碳化物催化剂 FeC_x、MoC_x 等；以及氮化物催化剂 FeN_x、MoN_x 等。其中，以 Ru、Fe 和 Ni 等催化剂为主。

Ru 催化剂在氨合成反应中活性最高。根据微观可逆原理，应该是氨分解反应活性最好的单金属催化剂。钌系氨分解制氢催化剂的助催化剂主要有碱金属、碱土金属和稀土氧化物等。碱金属通常作为电子型助催化剂，通过改善金属粒子周围的电子环境，达到提高催化活性的目的。结构型助催化剂的引入有利于提高催化剂的热稳定性。钌系催化剂的载体则有 CNTs、MgO、TiO_2、Al_2O_3 和 AC 等。Ru 基催化剂因具有低温高活性、高稳定性等优势，成为氨分解制氢研究中应用最多的催化剂。然而 Ru 价格昂贵，使用成本高，限制其大规模商业化应用。

Ni 催化剂催化活性仅次于 Ru 基催化剂，且成本低廉。Ni 催化剂反应速率慢，为了达到高产氢速率要求，镍基催化剂中镍负载量高达 17% ~ 21%，且需在 650 ~ 750℃下进行，致使催化剂容易失活、过程能耗高等问题。700℃下，氨在 Raney 镍上的转化率才 81.6%。对镍基催化剂的纳米粒子粒径、第二金属、助剂、载体等进行调变，以提高催化剂的活性和稳定性。助剂包含碱土金属和稀土金属两类。稀土金属主要作为结构型助催化剂（如 La、Ce、Y 等），它的引入有利于提高催化剂的热稳定性。碱土金属（如 Ca、Mg、Sr 等）有电子助剂和结构助剂的双层作用。

8.1.3 氨分解制氢的工艺流程

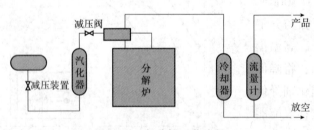

图 8 – 2 氨分解工艺流程

氨分解制氢的工艺流程简单。气化后的氨在分解炉中与催化剂接触反应生成氮气和氢气。使用要求不高的场景，则氢气直接冷却使用，对氢气要求高时使用 PSA 提高氢气纯度（图 8 – 2）。

氨分解变压吸附制氢系统已经在钨钼行业大量应用，但是变压吸附过程要排掉部分氢气。根据不同的变压吸附工艺一般为 10% ~ 25%。干燥塔再生工艺过程也要消耗 8% 左右的纯氢气。此外，分解产生的占总气量 25% 的氮气也被排空，未得到利用。国内许多企业已经在尝试氢气回收利用，但技术参差不齐，回收系统稳定性不好。

浮法玻璃生产的成型过程是在通入保护气体（N_2 及 H_2）的锡槽中完成的。熔化的锡液极易被氧化为氧化亚锡及氧化锡，有硫存在时还可生成硫化亚锡和硫化锡。锡的化合物容易黏附到玻璃表面，既污染玻璃，又增加锡耗。因此需将锡槽密封并连续稳定地送入高纯度氮氢混合气体，以维持槽内正压，保护锡液不被氧化。氢气是还原性气体，可迅速将锡的氧化物还原。氢气用量视玻璃的生产规模而定，一般在 $60 \sim 140 Nm^3/h$。水电解或氨分解两种方法都有应用。因氨分解制氢工艺比较经济、安全，所以被许多浮法玻璃企业采用。

8.2 热化学循环分解水制氢

热力学计算表明，热解水的效率远大于电解水的效率。但水分解需要 2500K 以上的高温，在此温度下，装置材料及分离氢气和氧气用的膜材料均无法工作。若将水的分解分成由吸热和放热几步循环反应组成，就可降低水分解所需的温度。化学链循环技术具有内分离 CO_2、低㶲损失、低 NO_x 排放等特点。世界上许多研究机构研究了 200 多种热化学循环生产 H_2 的方法。

8.2.1 典型热化学循环反应

见诸文献的热化学循环很多，下文只介绍比较经典的热化学循环反应。按照涉及的物料，热化学循环制氢体系可分为氧化物体系、含硫体系和卤化物体系循环三大类。

（1）氧化物体系循环

氧化物体系循环是利用较活泼的金属与其氧化物之间的互相转换或者不同价态的金属氧化物之间进行氧化还原反应的两步循环：一是高价氧化物（MO_{ox}）在高温下分解成低价氧化物（MO_{red}），放出氧气；二是 MO_{red} 被水蒸气氧化成 MO_{ox} 并放出 H_2，这两步反应的焓变相反。Fe_3O_4 和 Fe_2O_3、Fe_3O_4/FeO、Zn/ZnO、MnO/Mn_3O_4、CoO/Co_3O_4 等体系是其代表。反应式如下：

$$MO_{red}(M) + H_2O \longrightarrow MO_{ox} + H_2$$

$$MO_{ox} \longrightarrow MO_{red}(M) + 1/2O_2$$

$$Fe_2O_3 + H_2O + 2SO_2 \longrightarrow 2FeSO_4 + H_2 \quad (180℃)$$

$$2FeSO_4 \longrightarrow Fe_2O_3 + 2SO_2 + 1/2O_2 \quad (800℃)$$

$$ZnO(s) \longrightarrow Zn(g) + 1/2O_2$$

$$Zn(l) + H_2O \longrightarrow ZnO(s) + H_2$$

第一步是吸热反应，固态 $ZnO(s)$ 于 2300K 分解为 $Zn(g)$ 和 O_2；第二步为放热反应，Zn 与水在 700K 反应生成 H_2 和固态 ZnO，第二步生成的固态 ZnO 在第一步循环使用。不同的反应步骤中，分别获得 O_2 和 H_2，避免了在高温下分离气体的步骤。

二级循环的优点是操作步骤少，是最简单的循环，因此成本较低。为了降低反应温度和寻找能量转换效率更高的反应系统，研究人员开发了三级、四级及多级循环反应系统。硫、铋、钙、溴、汞、铁、碘、镁、铜、氯、镍、钾、锂等的化合物，作为中间反应物参加循环反应，反应温度通常为八九百度，高的也有上千度。反应结束后，化学药品的数量不减少，可以循环利用，消耗的只是水；水被分解成 O_2 和 H_2。

金属氧化物经热化学循环分解水制氢时，氧化物的分解反应能较快进行所需温度较高，所以一般考虑与集中太阳能热源耦合。该法优点是过程步骤比较简单，氢气和氧气在不同步骤生成，因此不存在高温气体分离等困难的分离问题。面临的问题包括：过程温度高，带来材料问题，连续操作困难，热效率较低，产氢量小，集中太阳能热源尚存在很多问题。

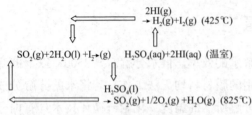

图 8-3　碘硫循环反应路线

20 世纪 70 年代初，意大利 Ispra 研究所提出了 Mark1 循环，是典型的金属-卤化物体系循环，其反应路径见图 8-4。

其基本原理是在 750℃ 左右 $CaBr_2$ 与水发生反应生成 CaO，CaO 与 Br_2 在 550℃ 的条件下再生成 $CaBr_2$。为此，该循环主要取决于 $CaBr_2$ 与 CaO 之间的可重复转化，同时气固反应也导致该循环存在反应动力学缓慢等问题，但由于运行的温度较 SI 循环低，该循环反应制氢效率达到 40%~60%，一般为 50%。

（2）含硫体系循环

研究较广泛的含硫体系循环主要有 4 个：碘硫循环、$H_2SO_4 - H_2S$ 循环、硫酸-甲醇循环和硫酸盐循环。其中碘硫循环的反应路径如图 8-3 所示。

（3）金属（金属氧化物）-卤化物体系循环

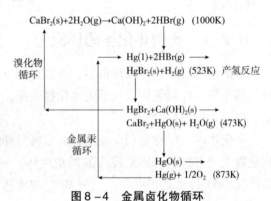

图 8-4　金属卤化物循环

日本东京大学的龟山秀雄提出了 UT-1，2，3 循环反应，其中 UT-3 反应是个固-气四级循环反应，其过程如图 8-5 所示。

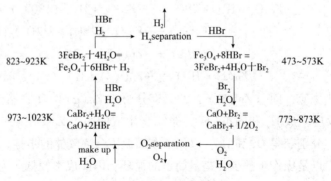

图 8-5　UT-3 反应流程

该循环反应制氢效率≥40%。

美国化学家提出氯铜循环、碘锂循环。氯铜循环反应的反应过程如图 8-6 所示。

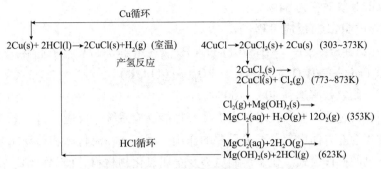

图8-6　Cu-Cl循环制氢反应流程

Cu-Cl循环制氢所需的最高温度约为550℃，较低的运行温度不仅降低材料和维护成本，并能有效利用低档余热，该循环反应制氢效率为55%。

Mg-Cl循环如图8-7所示。

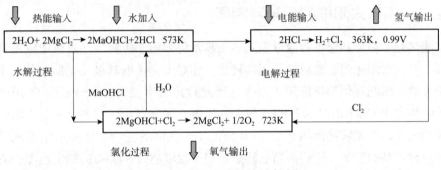

图8-7　Mg-Cl循环反应流程

该循环的运行温度只有450℃，比Cu-Cl循环的温度还低，为此能与许多能源耦合，如核能、太阳能和其他发电厂的余热等，虽然较低的温度要求和易处理的反应使该循环成为热化学制氢的可行选择，但循环的热效率和对环境的影响较其他循环有所欠缺。

碘锂循环反应过程如图8-8所示。

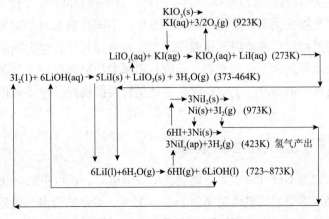

图8-8　Li-碘循环反应流程

该循环反应制氢效率为 64%。

硫化循环(或 Mark2)反应过程:

(1)$2H_2O(1) + SO_2(g) \longrightarrow H_2SO_4(aq) + H_2(g)$(电解0.17V) (室温)

(2)$H_2SO_4(aq) \longrightarrow H_2O(g) + SO_2 + \frac{1}{2}O_2(g)$(1143K)

该循环反应制氢效率达到 40% ~ 50%。

化学链制氢的过程开发与技术放大需要高性能反应系统。反应 - 再生系统设计在决定化学链制氢过程性能方面也起着至关重要的作用。固定床、流化床和移动床是化学链制氢过程开发中常见的操作模式。化学链制氢涉及金属氧化物材料、催化科学、反应工程、颗粒技术等多学科交叉,其工艺开发与过程放大应注重理论与实验相结合。

常规的含碳燃料重整与气化制氢流程长,既耗费资金又不节能,且产品为灰氢,伴生CO_2排放重。化学链过程通过反应循环,可以同时实现副产物和氢气分离,有望发展为廉价、清洁和高效的新型低碳制氢方法。

8.2.2 基于太阳能的化学链制氢

太阳能热化学循环制氢主要通过聚光集热技术将太阳能转换为高温热能以驱动间接分解水循环,实现太阳能到氢燃料化学能的转化。相对于光伏电解水及光催化分解水,由于其可将全光谱太阳能转化为热能用于制氢,因此理论效率较高(约50%)。利用光学系统大面积地收集和集中太阳能方面取得了较大的进展,如具有几个 MW 水平的太阳能反射塔技术。这些集光体系能够获得相当于 5000 倍太阳光强度的能量。如果采用不成像的二次集热器会获得更高的能量。这些高辐射能量相当于温度超过 3000K 的稳定热源,它能够实现温度超过 2000K 的加热效果,这样为利用太阳能进行热化学循环制氢提供了可能性。当前太阳能热化学循环仍面临制氢效率低(不足6%)、两步循环反应条件苛刻、多步循环产物分离难及系统复杂等影响其进一步工程化的诸多难题。

聚焦型太阳能集热器主要有槽型集热器(Trough)、塔型集热器(Tower)和碟型集热器(Dish)。槽型集热器、塔型集热器和碟型集热器的聚光比分别为 300 ~ 100、500 ~ 5000、1000 ~ 10000,聚光比越高,可以获得的温度越高,效率也越高。

在基于金属氧化物的太阳能热化学循环体系中,不同材料基的制燃料活性不同,进而影响太阳能反应器的设计和能源转化效率,因此材料基对筛选对太阳能热化学发展十分重要。随着试验技术和理论方法的发展,反应材料基对的研究取得了显著的进展,研究对象已逐步从热稳定性差的 SnO_2、Fe_3O_4 等化学计量材料扩展到晶体结构稳定的非化学计量材料。

8.2.3 基于核能的化学链制氢

核能作为清洁能源不仅可提供大规模制氢所需的电力,还可提供热化学循环制氢所需的热能。常规的轻水堆制氢的整体效率为 25% ~ 38%,对于结合蒸汽电解或热化学循环工艺的高温堆,其热效率能达到 45% ~ 50%。核能与 SI 循环结合如图 8 - 9 所示。核心反应为 I_2 和 SO_2 与蒸汽在约 120℃下反应生成两种不混溶酸,即 HI 和 H_2SO_4;之后被分离、提纯和浓缩。另外两个吸热反应为这两种酸的分解,硫酸在约 900℃ 下分解产生氧气和二氧化硫;HI 在约 400℃ 下分解产生 H_2,剩余的 I_2 被回收到核心阶段。

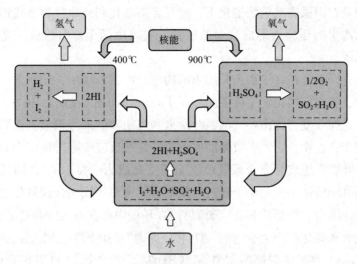

图 8-9 核能与热化学循环制氢的耦合

核反应堆的选择随制氢工艺的不同而不同,不同的堆型可以在不同的温度范围内提供制氢所需的热/电能。轻水堆温度为 280~325℃,适用于常规电解,效率约为 25%。超临界水堆温度为 430~625℃,适用于中温混合循环制氢。以氦气为冷却剂的高温气冷堆温度高达 750~950℃,适用于蒸汽重整、蒸汽电解、热化学循环等高温过程制氢,其效率可达到 45%~50%。

相比于直接电解水制氢,热化学循环的出现直接降低了电解所需的电压。Cu-Cl 循环所需的电压只有 0.2~0.8V,降幅达到 35%~84%;HyS 循环所需的电压只有 0.15~0.17V,降幅达到 86%~88%,纯热化学循环 SI 需要在较高的温度下进行。为此,能与之相耦合的堆型大幅受限,同时较高的温度对工艺的安全性、材料的兼容性和持续制氢的时间都提出了较高的要求。而以一定电能消耗作为代价的 HyS 混合循环,则可显著地降低温度的要求从而降低化学的复杂性和材料的性能要求。

8.3 光合生物制氢

能通过光合作用产氢的微生物有微藻和光合细菌两种。微藻属于光合自养型微生物,包括蓝藻、绿藻、红藻和褐藻等。光合细菌属于光合异养型微生物。研究较多的有深红红螺菌、球形红假单胞菌、深红红假单胞菌、夹膜红假单胞菌、球类红微菌、液泡外硫红螺菌等。

8.3.1 光合细菌产氢

光合细菌光照放氢是光合细菌以有机物、还原态无机硫化物或者氢气为供氢体,太阳能为能源,将其分解产生氢气的一种代谢反应。产氢是光合细菌调节其机体内剩余能量和还原力的一种方式，对其生命活动非常重要。分子 H_2 的形成是机体排除还原剂（电子）过剩的方法。放氢是一种调节机制，可维持机体在末端受氢体不足时的正常生命活动。光合产氢的基本过程是在固氮酶或氢酶催化下，将光合磷酸化和还原性物质代谢耦联，利用吸收的光能及代谢产生的还原力形成氢气的过程。主要由两个部分组成：光合系统和固氮酶、氢酶产氢系统。

光合细菌的光合系统存在于细胞质膜内陷构成的内膜系统中，功能上可分为捕捉光能的光捕获复合体，将光能转化为生物能的反应中心（Reaction Centers，RC），以及电子传递系统 3 个部分。光捕获复合体由各式细菌叶绿素和类胡萝卜素等组成，起到吸收能量的作用，又称为天线光合色素。它们吸收光能后迅速传递给反应中心。反应中心主要由细菌叶绿素和脱镁细菌叶绿素组成。光合系统吸收光能使 P 成为激发态 P，随后电子被传递到电子受体，进入电子传递系统。电子经过环式电子传递即环式光合磷酸化生成大量的 ATP（Adenosine Triphosphate，腺嘌呤核苷三磷酸）。在环境中存在 H_2S 等强还原剂作供氢体时，可进行非环式光合磷酸化，产生少量的 ATP 和还原力 NAD(P)H_2（Nicotinamide Adenine Dinucleotide Phosphate，烟酰胺腺嘌呤二核苷酸磷酸）。光合细菌利用光合磷酸化产生的 ATP，以及主要由还原态无机物产生的还原力 NAD(P)H_2 在光照厌氧条件下，依靠固氮酶的催化完成固氮。固氮酶是光合细菌光合产氢的关键酶，在细胞提供足够的 ATP 和还原力的前提下，固氮酶可以将氮气转化成氨气，同时质子化生成氢气。

氮源和氧气对产氢存在影响。在电子分配上还原氮气和质子存在竞争。N_2 对产氢具有一定抑制作用，这种作用是可逆的。在氮饥饿时，NAD(P)H_2 中的 H^+ 几乎全部在固氮酶上被 e^- 还原成 H_2，所以可用其他氮源代替氮气。固氮产氢需要厌氧环境，氧气对固氮酶有抑制作用，能够使其钝化，这种反应是不可逆的。氧气超过 4%，固氮能力完全被抑制，固氮酶 2 个组分铁蛋白和钼铁蛋白对氧气敏感，能被氧气不可逆抑制，另外氧气还能阻抑固氮酶的形成，氢酶也可被氧气钝化。

$$N_2 + 6e^- + 12ATP \longrightarrow 2NH_3 + 12ADP + 12Pi \quad (\text{固氮过程})$$
$$N_2 + 8e^- + 8H^+ + 16ATP \longrightarrow 2NH_4^+ + H_2 + 16ADP + 16Pi \quad (\text{固氮 + 产氢过程})$$
$$2H^+ + 4ATP + 2e^- \longrightarrow H_2 + 4ADP + 4Pi \quad (\text{氮"饥饿"下产氢过程})$$

ATP（腺嘌呤核苷三磷酸，简称三磷酸腺苷），Pi 为磷酸，ADP，二磷酸腺苷（通常为 ATP 水解失去一个磷酸根，即断裂一个高能磷酸键，并释放能量后的产物）。

氢酶（Hydrogenases）是一种含有金属的蛋白，绝大多数都含有铁硫簇，其活性中心都含有 2 个金属原子，分为 [Fe - Fe] 氢酶和 [Ni - Fe] 氢酶。这两类酶都可逆地催化 $H_2 \rightarrow 2H^+ + 2e^-$ 反应，在微生物能量代谢中具有重要的作用。光合细菌在利用光产氢的同时伴随有吸氢现象，一旦有机供体被消耗完，细菌利用 H_2 还原 CO_2 而继续生长，H_2 的吸收由可逆氢酶催化。

光合微生物制氢过程存在厌氧、光转化率低、连续产氢时间短等问题。

光合细菌在黑暗条件下，通过氢酶催化，也能以葡萄糖、有机酸、醇类物质产生 H_2，产氢机制与严格厌养细菌相似。

通过遗传或诱变手段可获得光合系统改进的突变株，突变株对于提高产氢效率、简化光合反应器的设计、实现规模化光合产氢具有重要意义。

光合细菌制氢反应器是光合细菌利用外界环境条件进行生产和产氢的场所。对于光合细菌生物制氢系统来说，光合生物反应器是关键设备。管式反应器是早期开发的最简单光合制氢反应器。反应器由一支或多支透光管组成。该类反应器的主要优点是结构简单，容易满足光照要求，通过适当的连接形式可获得较大体积的反应器。但反应液在管内的流动阻力大，不易控温，光转化效率低。相对于管式反应器容积受加工材料及采光面积的限制，温度不易控制等问题，板式反应器一般采用硬性材料做骨架，仅使用透光材料作采光面，非采光面可以进行保温处理。反应器的主要缺点包括反应器厚度受限及反应器内溶液混合性差。柱状反应器是在管式反应器的基础上进行改进设计，通过多级串联或并联实现得到大容积反应器。多柱回流式反应器可通过不同柱间料液的分离和回流实现料液搅拌、菌株的回收利用，提高了料液处理能力和产气率。利用光合细菌和藻类相互协同作用发酵产氢可以简化对生物质的热处理，降低成本，增加氢气产量。

光合细菌在工业、农业、环保、医药保健、食品、化妆品等方面有较高应用价值。光合细菌除了开发新能源产氢外，在农业方面，光合细菌可与农作物根表其他固氮菌之间具有协同生长和协同固氮效应；在环保方面，固定化光合细菌可降解某些有机废液，光合细菌还可与酵母菌跨界融合发酵，为废水资源化提供理想菌株等。

8.3.2　微藻产氢

光合作用分为光反应和暗反应两个阶段。

光反应阶段的特征是在光驱动下水分子氧化释放的电子通过类似于线粒体呼吸电子传递链那样的电子传递系统传递给 $NADP^+$，使它还原为 $NADPH$。电子传递的另一结果是基质中质子被泵送到类囊体腔中，形成的跨膜质子梯度驱动 ADP 磷酸化生成 ATP。

反应式为：$H_2O + ADP + Pi + NADP^+ \longrightarrow O_2 + ATP + NADPH + H^+$

暗反应(卡尔文循环)阶段是利用光反应生成 $NADPH$ 和 ATP 进行碳的同化作用，使气体 CO_2 还原为糖。由于这阶段基本上不直接依赖于光，而只是依赖于 $NADPH$ 和 ATP 的提供，故称为暗反应阶段。

反应式为：$CO_2 + ATP + NADPH + H^+ \longrightarrow$ 葡萄糖 $+ ADP + Pi + NADP^+$

二磷酸腺苷(ADP)；三磷酸腺苷(ATP)；$NADP^+$，氧化型辅酶Ⅱ；$NADPH$，还原型辅酶Ⅱ。

微藻中绿藻、红藻和褐藻属于真核生物，含有光合系统 PSⅠ和 PSⅡ，不含固氮酶。氢代谢全部由氢酶调节。放氢可由以下两个途径进行。途径一：葡萄糖等有机供体经分解代谢产生电子供体。电子转移方向为：电子供体→PSⅠ→Fd(铁氧还蛋白，Ferredoxin，Fd)→氢酶→H_2，同时伴随产生 CO_2。途径二：生物光水解产氢。电子转移方向为：H_2O→PSⅡ→PSⅠ→Fd→氢酶→H_2，同时伴随产生 O_2。绿藻中氢酶活性是光合细菌和蓝藻中的氢酶活性的 100 多倍。

绿藻是一种既能进行光合作用放氧又存在氢代谢途径的真核微生物。生理学和遗传学方面的研究表明，这两种生化途径具有密切的联系。光合作用分为光反应和暗反应两个过程。光反应分解水释放 O_2，产生高能电子；暗反应则是一个开尔文循环。它利用光反应产生的电子和能量固定 CO_2。在绿藻叶绿体类囊体膜上存在的可逆氢酶，通过铁氧还蛋白与光合传递链相连。它可能对光合传递链的电子流起到调配作用。当光合传递链上的电子过剩时，过多的电子就会传到可逆氢酶。最终催化氢气的生成，从而消除了积累的电子对细胞机体产生的伤害。反之，当细胞代谢体系需要能量时，可逆氢酶可以分解氢气产生电子，并将电子通过泛醌传入光合传递链，为细胞提供能量，固定 CO_2。

绿藻产氢有两种基本方式：一种是在厌氧条件下氢酶催化的产氢过程直接与 CO_2 固定过程竞争光解水产生的电子；另一种是在特殊的情况下，分解内源性底物产生电子，流向氢酶用来产氢。

蓝藻又称蓝细胞，是原核生物，含有光合系统 PS I 和 PS II。蓝藻的氢代谢由氢酶催化进行生物光水解产氢。另外，有些蓝藻也能进行由固氮酶催化地放氢。固氮酶存在于异形胞中。这种细胞中不含 PS II，因此与光合细菌一样，不能进行 CO_2 的固定和光合放 O_2，但能进行光合磷酸化，为固氮酶提供所需的能量后产氢。

这种不经过暗反应直接利用氢化酶产气的过程具有较高的光能转化效率。理论上计算可达到 12% ~ 14%，是太阳能转化为氢能的最大理论转化效率。

8.4　微生物发酵制氢

能够发酵有机物产氢的细菌包括专性厌氧菌和兼性厌氧菌，如大肠埃希式杆菌、丁酸梭状芽孢杆菌、褐球固氮菌、产气肠杆菌、白色瘤胃球菌、根瘤菌等。与光合细菌一样，发酵型细菌也能够利用多种底物在固氮酶或氢酶的作用下将底物分解制取氢气。这些底物包括：甲酸、乳酸、丙酮酸及葡萄糖、各种短链脂肪酸、纤维素二糖、淀粉、硫化物等。有些产甲烷菌可在氢酶的催化下生成 H_2。

8.4.1　发酵产氢路径

根据代谢过程特征，发酵细菌产氢有两条基本的代谢路径：丙酮酸脱羧产氢和 $NADH + H^+/NAD^+$ 平衡调节产氢。

（1）丙酮酸脱羧产氢。丙酮酸脱羧产氢过程分为两种方式：一种是通过丙酮酸脱羧→铁氧还蛋白→氢化酶途径产氢；另一种是通过甲酸裂解途径产氢。①丙酮酸脱羧→铁氧还蛋白→氢化酶途径。该途径为在丙酮酸脱羧形成乙酰辅酶 A 期间，产生了还原的铁氧还蛋白（Fd_{red}），该 Fd_{red} 可通过氢化酶的催化将质子还原为 H_2。梭菌属和乙醇细菌属通常利用此途径生产氢气。②甲酸裂解途径。该途径为丙酮酸经丙酮酸→甲酸裂解酶催化脱羧后形成甲酸，然后甲酸通过甲酸氢化酶作用简单地裂解为 H_2 和 CO_2。兼性厌氧菌如肠杆菌属、克雷伯氏菌属和芽孢杆菌属通常利用此途径生产氢气。

（2）$NADH + H^+/NAD^+$ 平衡调节产氢。该途径为经 EMP 途径（Embden - Meyerhof Pathway，EMP）产生的 $NADH + H^+$ 与各类型的发酵过程相耦联而被氧化为 NAD^+，同时释放出

氢气。反应式为：$NADH + H^+ \rightarrow NAD^+ + H_2$。丙酸型发酵、丁酸型发酵和乙醇型发酵都涉及此途径。它主要用于维持生物制氢的稳定，对于产氢贡献较小。

8.4.2 发酵产氢类型

根据液相末端产物的不同，发酵产氢又可以分为4种主要类型：丙酸型发酵、丁酸型发酵、乙醇型发酵和混合酸型发酵。这4种发酵类型分别按照上面所述的一种或两种代谢途径产氢。

(1)丁酸型发酵。丁酸型发酵菌群主要包括梭状芽孢杆菌属，如丁酸梭状芽孢杆菌等。其发酵产氢路径有两条：第一条是丙酮酸脱羧→铁氧还蛋白→氢化酶途径；第二条是$NADH + H^+/NAD^+$平衡调节产氢，即在乙酰辅酶A转化为丁酸的过程中，产生的电子转移给$NADH + H^+$产生H_2。在厌氧条件下，由丁酸梭菌代谢葡萄糖的液相末端产物主要是丁酸和乙酸。

(2)丙酸型发酵。丙酸型发酵菌群主要包括丙酸杆菌属。其发酵途径为经EMP路径[Embden Meyerhof Pathway，在无氧条件下，C_6的葡萄糖分子经过十多步酶催化的反应，分裂为两分子丙酮酸，同时使两分子腺苷二磷酸(ADP)与无机磷酸(Pi)结合生成两分子腺苷三磷酸(ATP)]产生丙酮酸，然后，一部分丙酮酸经过甲基丙二酸单酰辅酶A途径产生丙酸；另一部分丙酮酸先转化为乳酸然后再转化为丙酸。产丙酸途径与过量的$NADH + H^+$相偶联产生氢气。由于丙酸型发酵制氢只有一条产氢代谢途径，即$NADH + H^+/NAD^+$平衡调节产氢，因此丙酸型发酵产生的氢气量很少。丙酸型发酵的末端产物主要为丙酸和乙酸。

(3)乙醇型发酵。乙醇型发酵产氢路径有两条：第一条是丙酮酸脱羧→铁氧还蛋白→氢化酶途径；第二条是$NADH + H^+/NAD^+$平衡调节产氢，即在乙酰辅酶A转化为乙醛，继而转化为乙醇的过程中，产生的电子转移给$NADH + H^+$产生H_2。乙醇型发酵的液相末端产物主要为乙醇和乙酸。在产氢能力、操作稳定性方面，乙醇类型的发酵比丁酸型发酵和丙酸型发酵好。

(4)混合酸型发酵。混合酸发酵细菌优势种群可以是某种混合酸型发酵细菌，如以肠杆菌属为代表的兼性厌氧菌；也可以是多种优势发酵菌群并存而组成的混合菌群，如活性污泥。混合酸发酵的液相末端产物中，含有乙醇及大量的各种有机酸(乙酸、丙酸、丁酸、乳酸和琥珀酸等)。在兼性厌氧菌(如肠杆菌属、克雷伯氏菌属和芽孢杆菌属)发酵中，NADH通常被用作从丙酮酸中生产乙醇、乳酸等的还原剂，而不是用于生产氢气。

8.4.3 发酵制氢工艺

(1)活性污泥法发酵制氢

活性污泥法发酵制氢是一项利用驯化的厌氧污泥发酵有机废水来制取氢气的工艺技术。发酵后的液相末端产物主要为乙醇和乙酸，其发酵类型为乙醇型。利用活性污泥法制氢具有工艺简单和成本低的优点。然而也具有产生的氢气很容易被污泥中耗氢菌消耗掉的缺点。研究人员使用驯化的厌氧活性污泥作为产氢菌种，进行中试规模的生物制氢表明，将运行参数控制在温度35℃、pH值4.0~4.5、水力停留时间4~6h、氧化还原电位100~125mV、进水碱度300~500g/m³（以$CaCO_3$计）、容积负荷35~55kg化学需氧量（COD）/（m³·d）等范围时，发酵法生物制氢反应器的最大持续产氢能力可达到5.7m³（H_2）/（m³·d）。

（2）发酵细菌固定化制氢

发酵细菌固定化制氢是一项将发酵产氢细菌固定在木质纤维素、琼脂和海藻酸盐等载体上，采用分批或连续培养的方式，实施制取氢气的工艺技术。发酵细菌固定化制氢技术与非固定化制氢技术相比，具有产氢量和产氢速率高的优点，然而也有所用的载体机械强度和耐用度差，对微生物有毒性或成本高等缺点。科研人员使用木质纤维素载体固定产氢菌进行连续培养产氢。最高产氢速率达到40.67m³（H_2）/（m³·d）。用聚乙烯醇－海藻酸钙包埋固定化产氢菌进行发酵产氢，以葡萄糖浓度为10kg/m³的培养基进行分批试验，固定化细胞和游离细胞的产氢量分别是2.14mol（H_2）/mol（葡萄糖）和1.69mol（H_2）/mol（葡萄糖）。

（3）暗发酵和光发酵的组合

将暗发酵和光发酵组合，能有效提高总体的氢气产量。在第一阶段中，发酵细菌在厌氧和黑暗的条件下分解有机质为有机酸、CO_2和H_2；然后，在第二阶段中，光合细菌利用暗发酵阶段产生的有机酸进一步产氢。

反应为：①第一阶段：暗发酵 $C_6H_{12}O_6 + 2H_2O \longrightarrow 2C_2H_4O_2 + 2CO_2 + 4H_2$

②第二阶段：光发酵 $2C_2H_4O_2 + 4H_2O \longrightarrow 4CO_2 + 8H_2$

理论上，这种组合被期望可能达到接近最大理论产量为12mol（H_2）/mol（葡萄糖），其中，在暗发酵里乙酸不能被发酵，在光发酵里光合细菌借助外界提供能量（如光照）将乙酸转化为氢气。

（4）暗发酵和微生物电解电池的组合

微生物电解电池（Microbial Electrolytic Cell，MEC）可以结合暗发酵产氢来提高总体系统的产氢量。在第一阶段的暗发酵中，细菌将木质纤维素等生物质转化为H_2、CO_2、乙酸、甲酸、琥珀酸、乳酸和乙醇；第二阶段使用MEC将剩余的挥发性脂肪酸和醇类转化为氢气。研究人员使用单室MEC进行了乙醇型暗发酵污水制氢试验研究，将运行参数控制在缓冲液的pH值6.7~7.0，外加电压0.6V。当只使用乙醇型暗发酵反应器时，整体的氢回收率为（83±4）%，产氢速率为（1.41±0.08）m³（H_2）/（m³·d）；当MFC和发酵系统组合时，整体的氢回收率是96%，产氢速率为2.11m³（H_2）/（m³·d）。证明了MEC的使用使得发酵法制氢的产氢量大大地增加了。

（5）厌氧发酵产氢阶段与产甲烷阶段的组合

厌氧发酵产氢阶段与产甲烷阶段的组合也能有效地提高氢气产量。在第一阶段（产氢阶段），氢气通过产氢菌在低的pH值条件下被生产出来；在第二阶段（产甲烷阶段），产氢阶段的残留液被产甲烷菌在中性条件下利用以产生传统的燃料CH_4。科研人员以家庭固体废弃物为底物，采用厌氧发酵产氢阶段与产甲烷阶段的组合培养方式，成功地产出了H_2和CH_4。在这个系统中，将运行参数控制在最适pH值5.0~5.5。在第一阶段中，H_2

产量为 $0.043m^3(H_2)/kg$，在第二阶段中，CH_4 产量为 $0.5m^3(CH_4)/kg$。用 CH_4 气体在制氢阶段进行鼓泡能使 H_2 的产量增加 88%。

发酵生物制氢存在产氢量低，形成的生物产品会污染环境及氢气在被收集之前转化为不想要的产品等挑战。其中最大的挑战是 H_2 的产量低。因为从原理上葡萄糖发酵生物制氢的最大产氢量只有 $4mol(H_2)/mol(葡萄糖)$，只有当乙酸是唯一的发酵产品并且不考虑生物量的增长时才能实现。然而现实中，还有乙醇、乳酸、丁酸和丙酸等发酵代谢产物大量形成。

降低生物制氢成本的有效方法是应用廉价的原料。常用的有富含有机物的有机废水、城市垃圾等。利用生物质制氢同样能够大大降低生产成本，而且能够改善自然界的物质循环，很好地保护生态环境。由于不同菌体利用底物的高度特异性，其所能分解的底物成分是不同的。要实现底物的彻底分解处理并制取大量 H_2，应考虑不同菌种的共同培养。基因工程的发展和应用为生物制氢技术开辟了新途径。通过对产氢菌进行基因改造，提高其耐氧能力和底物转化率，可以提高产氢效率。就产氢的原料而言，从长远来看，利用生物质制氢将会是制氢工业最有前途的发展方向。

8.5 生物质热化学制氢

地球上陆地和海洋中的生物通过光合作用每年所产生的生物质中包含约 $3 \times 10^{21}J$ 的能量，是全世界每年能量消耗的 10 倍。生物质为液态燃料和化工原料提供了一个可再生资源选项，只要生物质的使用量小于它的再生速度，这种资源的应用就不会增加空气中 CO_2 含量。中国可供利用的农作物秸秆达到 5 亿 ~6 亿 t，其能量相当于 2 亿多 t 标准煤(热值为 7000kW/kg 的煤炭)。林产加工废料约 3000 万 t，此外还有 1000 万 t 左右的甘蔗渣。这些生物质资源中 $16\% \sim 38\%$ 作为垃圾处理，其余部分的利用也多处于低级水平，如随意焚烧造成环境污染，直接燃烧热效率仅 10%。若能利用生物质制氢将是解决人类面临的能源问题的一条很好的途径。生物质制氢可能的技术路线如图 8-10 所示。

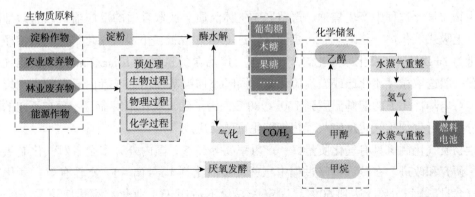

图 8-10 生物质制氢技术路线

生物质热解制氢技术大致分为两步。第一步，通过生物质热解得到气、液、固 3 种产物。

$$生物质 + 热能 \longrightarrow 生物油 + 生物炭 + 气体$$

第二步，将气体和液体产物经过蒸汽重整及水气置换反应转化为 H_2。

生物质热解是指将生物质燃料在一定压力并隔绝空气的情况下加热到 $600 \sim 800K$，将生物质转化成为液体油、固体以及气体（H_2、CO、CO_2、CH_4）的过程。其中，生物质热裂解产生的液体油是蒸汽重整过程的主要原料。通常，裂解有快速热裂解和常规热裂解两种工艺。快速热裂解可提供高产量高品质的液体产物。为了达到最大化液体产量目的，快速热裂解一般需要遵循三个基本原则：高升温速率，约为 $500℃$ 的中等反应温度，短气相停留时间。同时催化剂的使用能加快生物质热解速率，降低焦炭产量，提高产物质量。催化剂通常选用镍基催化剂、$NaCO_3$、$CaCO_3$、沸石及一些金属氧化物如 SiO_2，Al_2O_3 等。生物油的化学成分相当复杂，含量较多的是水、小分子有机酸、酚类、烷烃、芳烃、含碳氧单键及双键的化合物等。水相占据生物油质量的 $60\% \sim 80\%$，水相主要由水、小分子有机酸和小分子醇组成。其中，水相可以用来重整制氢。

生物质快速热解技术已经接近商业应用要求，但生物油的蒸汽重整技术还处于实验室研究阶段。生物油蒸汽重整是在催化剂的作用下，生物油与水蒸气反应得到小分子气体从而制取更多的氢气。

生物油蒸汽重整：生物油 $+ H_2O \longrightarrow CO + H_2$

CH_4 和其他的一些烃类蒸汽重整：$CH_4 + H_2O \longrightarrow CO + 3H_2$

水气变换反应：$CO + H_2O \longrightarrow CO_2 + H_2$

生物质气化制氢技术是将生物质加热到 $1000K$ 以上，得到气体、液体和固体产物。与生物质热解相比，生物质气化是在有氧的环境下进行的，得到的产物也是以气体产物为主，然后通过蒸汽重整及水气置换反应最终得到氢气。

$$生物质 + 热能 + 蒸汽（或空气、氧气）\longrightarrow CO + H_2 + CO_2 + CH_4 + 烃类 + 生物炭$$

生物质气化过程中的气化剂包括空气、氧气、水蒸气及空气水蒸气的混合气。大量实验证明，在气化介质中添加适量的水蒸气可以提高氢气的产量，气化过程中生物质燃料的湿度应低于 35%。

生物质气化过程中产生焦油，严重影响气体品质。选取合适的反应器可以有效地脱除焦油。上吸式气化炉产气最肮脏，焦油含量达 $100mg/Nm^3$，下吸式气化炉产气最洁净，焦油含量为 $1mg/Nm^3$。流化床气化炉产气中等，焦油含量量级为 $10mg/Nm^3$。生物质气化制氢装置一般选取循环流化床或鼓泡流化床，同时添加镍基催化剂或者白云石等焦油裂解催化剂，可以降低焦油的裂解温度到 $750 \sim 900℃$，为了延长催化剂寿命，一般在不同的反应器中分别进行生物质气化反应与气化气催化重整反应。

生物质气化制氢具有气化质量好、产氢率高等优点。国内外许多学者对气化制氢技术进行了研究和改进。在蒸汽重整过程中，三金属催化剂 $La - Ni - Fe$ 比较有效，气化得到的氢气含量（体积分数）达到 60%。固定床气化不适用于工业化，流化床更易于实现工业化。

利用生物质制氢具有很好的环保效应和广阔的发展前景。在众多的制氢技术中热化学法无疑是实现规模化生产的重点，生物质热解制氢技术和生物质气化制氢技术都已经日渐成熟，并且显示了很好的经济性。同时，热化学制氢技术仍然需要完善，热解法的产气率还有待提高，生物质气化气的品质也需改善。

结合热化学制氢方法基础理论和工艺两方面的研究成果，实施热化学制氢方法的示范，必将有力推动我国氢能研究的发展。从长远看，提升我国生物质热化学方法制氢的关键还在于深入掌握生物质热化学转化的机理，从更微观、更基本的层次上控制生物质热化学转化产物的生成途径，从而有效发展生物质热化学制氢技术。

8.6 超临界水生物质气化制氢

水的临界温度为 374℃，临界压力为 22.1MPa，临界密度为 0.32g/dm³。当体系的温度和压力超过临界点时，称为超临界水。与普通状态的水相比，超临界水有许多特殊的性质。

8.6.1 超临界水的性质

超临界水的性质可归纳如下：①在超临界区，氢键虽然大大减弱，但仍旧有氢键的存在；②超临界水的密度在临界点约为常温下的 1/3，并且随着压力的升高，水的密度呈增加的趋势，随着温度的升高，水的密度呈降低的趋势；③超临界水的黏度下降较多；④介电常数在超临界区下降，在通常水的条件下大约为 80，而温度在 500℃ 的超临界状态下，水的介电常数急剧下降到 2 左右；⑤气液相界面消失，流体的传输性能改善，具有低黏性和高扩散性，表面张力为零，向固体内部的细孔中的浸透能力非常强；⑥超临界水显示出非极性物质的性质，成为对非极性有机物质具有良好溶解能力的溶剂。相反，它对于离子型化合物和极性化合物的溶解度急剧下降，离子的水合作用减少，导致原来溶解在水中的无机物由水中析出。而氧气等气体在通常状态下在水中的溶解度较低，但在超临界水中氧气、氮气等气体的溶解度空前提高，以至于可以任意比例与超临界水混合，而成为单一相。

超临界水具有的溶剂性能和物理性质使其成为氧化有机物的理想介质。水在亚临界区域随着温度的升高，分解速率增大。当有机物和氧溶解于超临界水中时，它们在高温下的单一相状况下密切接触，在没有内部相转移限制和有效的高温下，动力学上的快反应使氧化反应迅速完成，碳氢化合物氧化产物为 CO_2 和 H_2O，杂核原子转化为无机化合物，通常是酸、盐或高氧化状态的氧化物，而这些物质可与其他进料中存在的不希望得到的无机物一道沉积下来，磷转化为磷酸盐，硫转化为硫酸盐。

8.6.2 生物质超临界水催化气化制氢

利用超临界水可溶解多数有机物和气体，而且密度高、黏性低、输送能力强的特性，可达到 100% 的生物质转化的特性。

生物质的成分除纤维素、半纤维素外，还含有木质素、灰分、蛋白质和其他物质，在超临界水中可能发生热解、水解、蒸汽重整、水气转换、甲烷化及其他反应，反应过程复

杂。以碳水化合物为主的生物质原料在超临界水中催化气化可能进行的主要化学反应为:

蒸汽重整: $CH_xO_y + (1-y)H_2O \longrightarrow CO + (x/2+1-y)H_2$

甲烷化: $CO + 3H_2 \longrightarrow CH_4 + H_2O$

水气转换: $CO + H_2O \longrightarrow CO_2 + H_2$

8.6.3　超临界水催化气化制氢应用前景

超临界水催化气化制氢技术是一种新型、高效的可再生能源转化和利用的技术。它具有极高的生物质气化与能量转化效率、极强的有机物无害化处理能力、反应条件比较温和、产品的能级品位高等优点,与生物质的可再生性和水的循环利用相结合可实现能源转化与利用同大自然的良性循环,值得大力开展深入系统的研究工作。并探索规模化、工业化的技术途径,使之尽快得到应用和推广。

超临界水生物质催化汽化制氢试验装置研制中遇到的问题有:①反应所需的较高温度和压力与超临界水所具有的极强的腐蚀性给设备材质提出了挑战;②快速加热升温的实现,以防止在低于反应温度下生成更难汽化的中间产物;③对污泥、木屑等含固体颗粒的生物质原料的高压混输;④催化剂在反应物料内的均匀分布;⑤氢气属于易燃易爆气体,需注意仪器设备及人员的特殊防护问题;⑥较短停留时间的快速反应的实现;⑦有代表性的气液固三态产物样品的取得,以及相应的定量和定性的分析的实现。

8.7　生物质衍生物制氢

国内在生物柴油、生物乙醇、生物发电、生物气化等生物质利用领域取得了显著进步,合理利用这些领域所产生的大量醇类、酚类、酸类等生物质衍生物作为原料制取氢气具有非常好的应用前景。相较于化石能源制氢,生物质衍生物重整制氢具有绿色清洁、变废为宝及易获取、可再生等优势。

常见的生物质衍生物重整制氢的生物醇类原料有甲醇、乙醇、乙二醇和丙三醇等。醇类重整制氢仍面临着诸多挑战,如果副产物 CO 和 CO_2 选择性较高,这些碳氧化物会消耗 H_2 发生甲烷化副反应,导致 H_2 浓度和产量降低。因此如何提高 H_2 选择性是重整制氢中最关键的问题,比如通过选择合适的催化剂、添加助剂改性催化剂、开发新型载体、改进重整制氢工艺。甲醇重整制氢在前面已有介绍,此处不再赘述。

(1)乙醇重整制氢(Ethanol Steam Reforming, ESR)

乙醇中的氢含量高,便于储存和运输,毒性低,能通过可再生的生物质进行生物发酵获取。虽然乙醇在转化和制氢的过程中会释放出 CO_2,但是生物质原料在生态循环再生过程中形成了碳循环,无净 CO_2 排放。生物乙醇无须蒸馏浓缩可直接重整制氢,但是反应需要用到贵金属作催化剂,成本较高。为此,当前大量的研究开始尝试使用非贵金属催化剂。Ni 具有较好的水蒸气重整制氢催化能力,在非酸性载体负载的 Ni 基催化剂上,乙醇先脱氢生成乙醛,乙醛继续分解或通过水蒸气重整生成甲烷,甲烷再发生水蒸气重整及水气变换反应,最终获得所需产物氢气。主要反应如下:

乙醇脱氢：$C_2H_5OH \Longrightarrow CH_3CHO + H_2$

乙醛分解：$CH_3CHO \Longrightarrow CH_4 + CO$

乙醛水蒸气重整：$CH_3CHO + H_2O \Longrightarrow H_2 + CO_2 + CH_4$

甲烷水蒸气重整：$CH_4 + 2H_2O \Longrightarrow CO_2 + 4H_2$

水气变换：$CO + H_2O \Longrightarrow CO_2 + H_2$

ESR 反应的催化剂主要可分为贵金属催化剂与非贵金属催化剂，贵金属催化剂的优点是催化活性更高、积炭更少，这一类催化剂以 Pt、Ru、Rh、Pd 为代表。其中 Ru 基催化剂断裂 C—C 键的能力最强，因此在 ESR 反应中的乙醇转化率通常也更高。但贵金属催化剂也普遍存在反应温度过高、价格昂贵等不足，难以用于工业上的大规模生产。非贵金属催化剂用于研究 ESR 反应的主要是 Ni 基和 Co 基催化剂，虽然这两种催化剂的价格便宜，但其在 ESR 反应中的乙醇转化率和氢气选择性还有待提高。

（2）乙二醇重整制氢

乙二醇是木质素类生物质水解的主要衍生物之一，相对分子质量较低，性质活泼，是结构最简单的多元醇。乙二醇重整制氢多采用水相重整法。该工艺反应温度和能耗低，无须汽化，简化了操作程序。涉及的主要反应如下：

乙二醇水相重整：$C_2H_6O_2 + 2H_2O \Longrightarrow 2CO_2 + 5H_2$

乙二醇 C—C 键断裂：$C_2H_6O_2 \Longrightarrow 2CO + 3H_2$

水气变换：$CO + H_2O \Longrightarrow CO_2 + H_2$

C—C 断键和水气变换是二元醇水相重整制氢的重要步骤。这个反应发生在较低温度的液相环境中。与蒸汽重整反应比较，低温可促进水气变换反应，使 CO 含量极低。而且低温下副反应少，避免了催化剂高温烧结等问题。缺点是该方法制氢产率不高。研究人员在质量分数为 10% 的乙二醇水溶液中进行水相重整制氢，选用有序介孔碳材料 CMK - 3 作为载体负载 Pt 系双金属催化，利用 CMK - 3 材料规则有序的孔道结构且孔径分布狭窄、大小可调、比表面积大、水热稳定性较好的结构特点，可以提高催化剂的分散性和防止催化剂聚结，往 Pt 金属中引入等物质量的 Mn 金属制得的 1% Pt - Mn/CMK - 3（以质量分数计）双金属催化剂，其催化产氢率高于单金属和其他铂系双金属催化剂，在 250℃、4559.6kPa、重时空速（WHSV）为 $2.0h^{-1}$ 条件下产氢率最高可达到 40.2%。通过将 Zn、Mg、Cu 金属引入 Ni - Al 基水滑石中，由于水滑石在煅烧后生成了具有高催化活性的 NiO 和 $NiAl_2O_4$ 尖晶石相，且助剂 Mg 煅烧过程中生成的 MgO 增大了煅烧后镍和氧化铝的分散度，最终 H_2 选择性提高到 73.5%。在充满氮气的低温条件下，乙二醇可通过水相重整制氢，降低了反应对氧气的依赖。综上所述，若能有效提高乙二醇水相重整制氢率，实现乙二醇低温下高效制氢，就能在实际应用中降低制氢风险，且该方法对环境污染小，值得深入研究。

（3）丙三醇

近年来，随着生物质转化生物柴油研究的深入，以废弃油脂类生物质为原料制备生物柴油时会产生大量的粗甘油副产物。2021 年，我国甘油产量为 75.3 万 t。为提高生物质转化生物柴油的综合经济价值，最有效的方法是将生物柴油附带产品粗甘油进行回收提纯，获取丙三醇纯甘油，再将其进一步转变为其他增值产品，如氢气。因此，甘油水蒸气重整（Glycerol Steam Reforming, GSR）制氢也开始受到人们的重视。涉及的主要反应如下：

甘油水蒸气重整：$C_3H_8O_3 + 3H_2O \Longrightarrow 7H_2 + 3CO_2$

甘油分解：$C_3H_8O_3 \Longrightarrow 4H_2 + 3CO$

CO 的甲烷化：$CO + 3H_2 \Longrightarrow CH_4 + H_2O$

CO_2 的甲烷化：$CO_2 + 4H_2 \Longrightarrow CH_4 + 2H_2O$

水气变换：$CO + H_2O \Longrightarrow CO_2 + H_2$

Ni 是 GSR 应用最多的催化剂，但是 Ni 容易因高温烧结导致催化性能不稳定。为此，研究人员在石墨烯内部嵌入 Ni 催化剂，并附着在 SiO_2 骨架上，发现这种多层石墨烯结构可防止内部 Ni 的氧化、烧结和酸腐蚀，在 600℃ 时 1mol 甘油的 H_2 收率高达 5.09mol。

传统的甘油水蒸气重整制氢过程中空气会与甘油直接接触，极易生成积炭造成催化剂失活。研究者在 $NiAl_2O_4$ 尖晶石结构中嵌入 Ni 催化剂，以 $\gamma - Al_2O_3$ 作载体，研究发现该催化剂中的镍金属颗粒高度分散，能减少催化剂表面积炭，Ni 表面丝状炭的聚集速率和积炭量明显下降，铝酸盐相和氧化铝之间有很强的相互作用，能进一步提高催化剂的热稳定性，在气相产物中 H_2 的气相组分占比达到 70%（物质的量分数）。

（4）苯酚类

生物质衍生物苯酚作为生物质热裂解过程中所产生的生物油和焦油的模型化合物之一，同时也是木质素的典型模型化合物。木质素是生物质的重要分类，主要来源于造纸废液及生物质发酵废渣，储量大且可再生。木质素相对分子质量大、结构复杂，很难用一个通式完整地表示木质素的结构，使得直接用木质素来研究热裂解较为困难，通常采用模型化合物苯酚来研究。苯酚重整制氢最常见的方法是水蒸气重整，涉及的主要反应如下：

苯酚水蒸气重整：$C_6H_5OH + 5H_2O \Longrightarrow 6CO + 8H_2$

CO 的甲烷化：$CO + 3H_2 \Longrightarrow CH_4 + H_2O$

CO_2 的甲烷化：$CO_2 + 4H_2 \Longrightarrow CH_4 + 2H_2O$

水气变换：$CO + H_2O \Longrightarrow CO_2 + H_2$

苯酚水蒸气重整制氢存在制氢率和原料转化率不高的问题，副产物 CO 和 CO_2 容易甲烷化消耗 H_2。为此，研究尝试应用新型催化剂载体，例如钙铝石 $Ca_{12}Al_{14}O_{33}$（$C_{12}A_7$）载体，研究发现 $C_{12}A_7$ 具备较高的储氧能力。利用该材料制备出 $Ni - Ce/CaO - C_{12}A_7$ 催化剂（金属与载体质量比为 3:1），$CaOC_{12}A_7$ 载体为活性金属 $Ni - Ce$ 提供了大量附着点，其中的 CaO 也能有效地吸附生成的 CO_2，加速水气变换制氢气反应，提高氢气综合产量，而 CeO_2 增大了 NiO 颗粒在载体表面的分散程度，一定程度上提高了催化剂的表面碱度，进一步减少积炭的形成，提高了催化制氢效果，Ni 和 Ce 负载量（以质量分数计）分别为 9% 和 12% 时，在 650℃ 条件下 H_2 占总气体产物的体积分数为 73.09%。

TiO_2 纳米棒（NRs）有丰富的三维孔道结构，方便反应物的扩散进出，适用于需要对活性组分颗粒尺度调控、多组分携同作用的场合。研究人员将 Ni 和 Co_3O_4 负载在 NRs 上，发现金属活性位点间具有强相互作用，使得金属催化剂具备较高的分散性和催化活性，催化苯酚制氢过程中几乎不形成焦炭，催化时间超过 100h 后也未出现明显失活现象，催化稳定性好，其中 $10\% Ni - 5\% Co_3O_4/TiO_2$（以质量分数计）纳米棒催化剂 H_2 产率、H_2 选择性及苯酚转化率分别达到 83.5%、72.8%、92%，综合催化活性好。

分子筛 MCM - 41 是由全硅材料组成的一种具有孔道规则排列、孔径分布均匀的晶体材料，因其特有的强吸附性和选择性而被尝试应用于苯酚水蒸气重整制氢。研究人员在 MCM - 41 载体上负载不同含量的 $LaNiO_3$ 作催化剂，在 $450℃$ 条件下将稻壳热解成生物质焦油，以苯酚作为生物质焦油的模型化合物重整制氢，发现 $0.1mol\ LaNiO_3/0.5g\ MCM - 41$ 催化剂在 $800℃$ 时产氢量为 $61.9Nm^3/kg$，经过 5 次循环催化氢气占总气体产物的体积分数为 50% 左右，催化剂稳定性较好。苯酚水蒸气重整制氢不仅是一种很有应用前景的制氢技术，还能模拟分解去除在生物质热解过程中所产生的焦油。

（5）酸类

乙酸重整制氢是生物质酸类衍生物重整制氢研究较多的。乙酸是生物质热解油的主要成分。常常作为生物质热裂解油的模型化合物被研究。研究较多的乙酸重整制氢方式有水蒸气重整和自热重整，但是反应过程中极易出现乙酸丙酮化、乙酸脱水等副反应，导致在催化剂表面形成积炭。主要反应如下：

乙酸重整通式：$CH_3COOH + xO_2 + yH_2O \Longrightarrow aCO + bCO_2 + cH_2 + dH_2O$

当 $x = 0$、$y = 2$ 时，为水蒸气重整：$CH_3COOH + 2H_2O \Longrightarrow 2CO_2 + 4H_2$

当 $x = 1$、$y = 0$ 时，为部分氧化重整：$CH_3COOH + O_2 \Longrightarrow 2CO_2 + 2H_2$

当 $x = 0.28$、$y = 1.44$ 时，为自热重整：$CH_3COOH + 0.28O_2 + 1.44H_2O \Longrightarrow 2CO_2 + 3.44H_2$

乙酸丙酮化聚合积炭：$CH_3COOH \Longrightarrow CH_3COCH_3 \to 聚合物 \to 炭$

乙酸脱水聚合积炭：$CH_3COOH \Longrightarrow CH_2CO \to C_2H_4 \to 聚合物 \to 炭$

为改善乙酸重整催化剂的抗积炭能力，选择合适的助剂十分重要。合适的助剂可以调节催化剂的酸碱性，增强金属与载体间的相互作用。研究人员用碱性金属助剂 Mg、Cu、La、K 分别改性 $Ni/\gamma - Al_2O_3$ 催化剂催化自热重整制氢。其中，Cu 助剂的改性效果较差，H_2 选择性不超过 70%；助剂 La 和 K 会使催化剂的总碱度分别增加 30.6% 和 93.4%，易促进乙酸丙酮化反应，生成的丙酮进一步聚合成积炭；相比之下，Mg 可使催化剂减少 17.2% 的强碱性位点、提高 5% 的弱碱性位点，在一定程度上抑制了乙酸丙酮化积炭反应，降低了催化剂表面的积炭量。通过控制 O_2 加入量，调控氧水比，使乙酸部分氧化重整和水蒸气重整同时发生，放热的部分氧化重整为吸热的蒸汽重整提供热量时，实现了乙酸的自热重整。这种方法在提高能量效率和产氢量方面具有巨大的应用潜力，但也会遇到催化剂氧化、结焦和活性组分烧结等问题。

研究人员通过添加助剂 Sm 制备了 NiO 质量分数为 10% 的有序介孔 $NiO - Sm_2O_3 - Al_2O_3$ 催化剂。研究发现，Sm 氧化物的碱性位点有利于吸附和活化乙酸，有序介孔框架结构能限制 Ni 热凝集，减少结焦形成，$Ni - 2Sm - Al - O$ 持续催化制氢 30h，过程中表现出优异的抗氧化、烧结和焦化能力，乙酸转化率接近 100%，且氢气产率达到 $2.6mol/mol$。引入 Fe 作为助剂对类水滑石衍生的 Ni 基催化剂进行改性，$Zn - Al$ 水滑石前驱体经焙烧形成了稳定的 ZnO 骨架复合氧化物，提高了活性组分的分散性，还原后形成 $Fe - Ni - Zn$ 合金，Fe 与 Zn 的给电子作用提高了 Ni 的抗氧化能力，同时添加适量 Fe 增大了催化剂的比表面积，催化剂的抗烧结和抗积炭能力进一步得到提高，$Zn_{2.4}Ni_{0.6}Al_{0.5}Fe_{0.5}O_{4.5}$ 催化剂催化制氢产率达到 2.39mol/mol。另外，采用富含表面活性氧的载体也可以帮助氧化脱除催化剂表面的积炭。科研人员制备了纳米金属 Ni 配合物 $Ni(bpy)_2Cl_2$ 和 $Ni(HCO_2)_2 \cdot 2H_2O$，将这两种 Ni 改性的金属有机框架（MOFs）材料负载在 $\gamma - Al_2O_3 - La_2O_3 - CeO_2$（ALC）复合载体上（Ni 负载质量分数为 15%），发现这种 MOFs 材料孔道丰富、结构稳定、孔径小，能有效地防止纳米 Ni 聚集烧结，ALC 载体表面存在的氧分子能显著地减少焦炭沉积，抑制了焦炭的形成，能高效持续催化 36h，H_2 收率接近 90%，在 600℃ 时乙酸几乎能完全转化。

重整催化反应路径复杂、机理不明确及传统负载型金属催化剂易积炭、烧结失去活性等问题是制约其工业化的主要问题。依据生物质衍生物重整反应机理，选择的催化剂必须具有强的断裂 C—C 键和 C—H 键的能力，同时还必须具有良好的促进水汽变换反应和抑制甲烷化反应及积炭反应的催化性能。

习题

1. 计算 500℃ 下氨气分解的平衡转化率。
2. 简述胺分解制氢的优点和不足。
3. 简述热化学循环制氢的原理和优点。
4. 简述生物质热化学制氢的原理和主要产物。
5. 简述光合细菌产氢的种类和过程。
6. 简述超临界水的特征和生物质气化的优点及不足。
7. 查阅文献资料，概述当前微生物制氢存在的问题和未来发展方向。
8. 查阅文献资料，概述当前生物质衍生物制氢存在的问题和未来发展方向。

参考文献

[1] 韩红梅, 杨铮, 王敏, 等. 我国氢气生产和利用现状及展望[J]. 中国煤炭, 2021, 47(5): 59 – 63.

[2] 曹军文, 张文强, 李一枫, 等. 中国制氢技术的发展现状[J]. 化学进展, 2021, 33(12): 2215 – 2244.

[3] 王凯. 5种典型的下行水激冷粉煤加压气化技术特点比较[J]. 氮肥与合成气, 2018, 46(1): 4 – 5, 18.

[4] 刘斌. 现代煤化工项目煤气化技术运用分析[J]. 化工设计通讯, 2021, 47(6): 3 – 4.

[5] 陈彬, 谢和平, 刘涛, 等. 碳中和背景下先进制氢原理与技术研究进展[J]. 工程科学与技术, 2022, 54(1): 106 – 116.

[6] 武立波, 宋牧原, 谢鑫, 等. 中国煤气化渣建筑材料资源化利用现状综述[J]. 科学技术与工程, 2021, 21(16): 6565 – 6574.

[7] 陈英杰. 天然气制氢技术进展及发展趋势[J]. 煤炭与化工, 2020, 43(11): 130 – 133.

[8] 陈敏生, 刘杰, 朱涛. 车载甲醇水蒸气重整制氢技术研究进展[J]. 现代化工, 2021, 41(增刊1): 36 – 41.

[9] 闫月君, 刘启斌, 隋军, 等. 甲醇水蒸气催化重整制氢技术研究进展[J]. 化工进展, 2012, 31(7): 1468 – 1476.

[10] 韩新宇, 钟和香, 李金晓, 等. 不同载体的甲醇蒸气重整制氢Cu基催化剂的研究进展[J]. 中国沼气, 2022, 40(3): 18 – 23.

[11] 骆永伟, 朱亮, 王向飞, 等. 电解水制氢催化剂的研究与发展[J]. 金属功能材料, 2021, 28(3): 58 – 66.

[12] 万磊, 徐子昂, 王培灿, 等. 电化学能源转化过程的离子膜研究进展[J]. 膜科学与技术, 2021, 41(6): 298 – 310.

[13] 王培灿, 万磊, 徐子昂, 等. 碱性膜电解水制氢技术现状与展望[J]. 化工学报, 2021, 72(12): 6161 – 6175.

[14] 何泽兴, 史成香, 陈志超, 等. 质子交换膜电解水制氢技术的发展现状及展望[J]. 化工进展, 2021, 40(9): 4762 – 4773.

[15] 徐滨, 王锐, 苏伟, 等. 质子交换膜电解水技术关键材料的研究进展与展望[J]. 储能科学与技术, 2022, 11(11): 3510 – 3520.

[16] 温昶, 张博涵, 王雅钦, 等. 高效质子交换膜电解水制氢技术研究进展[J]. 华中科技大学学报(自然科学版), 2023, 51(1): 111 – 122.

[17] 张佳豪, 岳秦. 质子交换膜电解水阳极析氧催化剂[J]. 科学通报, 2022, 67(24): 2889 – 2905.

[18] 郭玉华. 高炉煤气净化提质利用技术现状及未来发展趋势[J]. 钢铁研究学报, 2020, 32(7): 525 – 531.

[19] 周军武. 焦炉煤气综合利用技术分析[J]. 化工设计通讯, 2020, 46(5): 4, 6.

[20] 李建林, 梁忠豪, 李光辉, 等. 太阳能制氢关键技术研究[J]. 太阳能学报, 2022, 43(3): 2 – 11.

[21] 闫楚璇, 李青璘, 巩正奇, 等. 纳米有机半导体光催化剂[J]. 化学进展, 2021, 33(11): 1917 – 1934.

[22] 刘大波, 苏向东, 赵宏龙. 光催化分解水制氢催化剂的研究进展[J]. 材料导报, 2019, 33(增刊

2）：13 – 19.

[23]李旭力，王晓静，赵君，等．光催化分解水制氢体系助催化剂研究进展[J]．材料导报，2018，32（7）：1057 – 1064.

[24]焦钒，刘泰秀，陈晨，等．太阳能热化学循环制氢研究进展[J]．科学通报，2022，67（19）：2142 – 2157.

[25]周俊琛，周权，李建保，等．复合半导体光电解水制氢研究进展[J]．硅酸盐学报，2017，45（1）：96 – 105.

[26]张轩，郑丽君．光解水制氢单相催化剂研究进展[J]．化工进展，2021，40（增刊1）：215 – 222.

[27]李亮荣，付兵，刘艳，等．生物质衍生物重整制氢研究进展[J]．无机盐工业，2021，53（9）：12 – 17.

[28]刘涛，余钟亮，李光，等．化学链制氢技术的研究进展与展望[J]．应用化工，2017，46（11）：2215 – 2222.

[29]吴梦佳，隋红，张瑞玲．生物发酵制氢技术的最新研究进展[J]．现代化工，2014，34（5）：43 – 46，48.

[30]崔寒，邢德峰．光发酵及微生物电解池制氢研究进展[J]．化学工程师，2016，30（11）：49 – 51，56.

[31]陈冠益，孔韡，徐莹，等．生物质化学制氢技术研究进展[J]．浙江大学学报（工学版），2014，48（7）：1318 – 1328.

[32]鄢伟，孙绍晖，孙培勤，等．生物质热化学法制氢技术的研究进展[J]．化工时刊，2011，25（11）：49 – 59.

[33]谢欣烁，杨卫娟，施伟，等．制氢技术的生命周期评价研究进展[J]．化工进展，2018，37（6）：2147 – 2158.

[34]尹凡，曾德望，邱宇，等．生物质热化学制氢技术研究进展[J]．能源环境保护，2023，37（1）：29 – 41.

[35]马国杰，郭鹏坤，常春．生物质厌氧发酵制氢技术研究进展[J]．现代化工，2020，40（7）：45 – 49，54.

[36]杨琦，苏伟，姚兰，等．生物质制氢技术研究进展[J]．化工新型材料，2018，46（10）：247 – 250，258.

[37]谢欣烁，杨卫娟，施伟，等．制氢技术的生命周期评价研究进展[J]．化工进展，2018，37（6）：2147 – 2158.

[38]罗威，廖传华，陈海军，等．生物质超临界水气化制氢技术的研究进展[J]．天然气化工（C1 化学与化工），2016，41（1）：84 – 90.

[39]杨学萍，董丽，陈璐，等．生物质制乙二醇技术进展与发展前景[J]．化工进展，2015，34（10）：3609 – 3616，3629.

[40]董丽．生物质制芳烃技术进展与发展前景[J]．化工进展，2013，32（7）：1526 – 1533.

[41]余镜湖．"双碳"目标下传统炼厂氢气的优化思考与建议[J]．石油石化绿色低碳，2022，7（2）：29 – 33，44.

[42]黄习兵．IGCC 多联产项目煤气化技术选择[J]．现代化工，2021，41（11）：197 – 200，205.

[43]周安宁，高影，李振，等．煤气化灰渣组成结构及分选加工研究进展[J]．西安科技大学学报，2021，41（4）：575 – 584.

[44]王辅臣．煤气化技术在中国：回顾与展望[J]．洁净煤技术，2021，27（1）：1 – 33.

[45]钱淼．微凸台阵列型甲醇重整制氢微反应器理论研究与设计优化[D]．杭州：浙江大学，2014.

[46]潘立卫，王树东．板式反应器中甲醇自热重整制氢的研究[J]．燃料化学学报，2004，32（6）：362 – 366.

［47］SONG H, LUO S, HUANG H, et al. Solar – driven hydrogen production: recent advances, challenges, and future perspectives［J］. Acs Energy Letters, 2022, 7(3): 1043 – 1065.

［48］SARAFRAZ M M, GOODARZI M, TLILI I, et al. Thermodynamic potential of a high – concentration hybrid photovoltaic/thermal plant for co – production of steam and electricity［J］. Journal of Thermal Analysis and Calorimetry, 2021, 143(2): 1389 – 1398.

［49］AL – WAELI A H A, KAZEM H A, CHAICHAN M T, et al. A review of photovoltaic thermal systems: Achievements and applications［J］. International Journal of Energy Research, 2021, 45(2): 1269 – 1308.

［50］MORALES – GUIO C G, MAYER M T, YELLA A, et al. An optically transparent iron nickel oxide catalyst for solar water splitting［J］. Journal of the American Chemical Society, 2015, 137(31): 9927 – 9936.

［51］WU D, DING D, YEW C. Photoelectrochemical hydrogen generation with nanostructured CdS/Ti – Ni – O composite photoanode［J］. International Journal of Hydrogen Energy, 2022, 47(42): 18357 – 18369.

［52］ZHAO Y, DING C, ZHU J, et al. A hydrogen farm strategy for scalable solar hydrogen production with particulate photocatalysts［J］. Angewandte Chemie – International Edition, 2020, 59(24): 9653 – 9658.

［53］WANG H, WANG X, CHEN R, et al. Promoting photocatalytic h2 evolution on organic – inorganic hybrid perovskite nanocrystals by simultaneous dual – charge transportation modulation［J］. Acs Energy Letters, 2019, 4(1): 40 – 47.

［54］BIAN H, LI D, YAN J Q, et al. Perovskite – A wonder catalyst for solar hydrogen production［J］. Journal of Energy Chemistry, 2021, 57: 325 – 340.

［55］IRSHAD M, AIN Q T, ZAMAN M, et al. Photocatalysis and perovskite oxide – based materials: a remedy for a clean and sustainable future［J］. Rsc Advances, 2022, 12(12): 7009 – 7039.

［56］SHI Q, YE J. Deracemization enabled by visible – light photocatalysis［J］. Angewandte Chemie – International Edition, 2020, 59(13): 4998 – 5001.

［57］RAHMAN M Z, EDVINSSON T, GASCON J. Hole utilization in solar hydrogen production［J］. Nature Reviews Chemistry, 2022, 6(4): 243 – 258.

［58］PIPIL H, YADAV S, CHAWLA H, et al. Comparison of TiO_2 catalysis and Fenton's treatment for rapid degradation of Remazol Red Dye in textile industry effluent［J］. Rendiconti Lincei – Scienze Fisiche E Naturali, 2022, 33(1): 105 – 114.

［59］YU C M, CHEN X J, LI N, et al. Ag3PO4 – based photocatalysts and their application in organic – polluted wastewater treatment［J］. Environmental Science and Pollution Research, 2022, 29(13): 18423 – 18439.

［60］BHUNIA S, GHORAI N, BURAI S, et al. Unraveling the carrier dynamics and photocatalytic pathway in carbon dots and pollutants of wastewater system［J］. Journal of Physical Chemistry C, 2021, 125(49): 27252 – 27259.

［61］AßMANN P, GAGO A S, GAZDZICKI P, et al. Toward developing accelerated stress tests for proton exchange membrane electrolyzers［J］. Current Opinion in Electrochemistry, 2020, 21: 225 – 233.

［62］ESPINOSA L M, DARRAS C, POGGI P, et al. Modelling and experimental validation of a 46 kW PEM high pressure water electrolyzer［J］. Renewable energy, 2018, 119: 160 – 173.

［63］BUTTLER A, SPLIETHOFF H. Current status of water electrolysis for energy storage, grid balancing and sector coupling via power – to – gas and power – to – liquids: A review［J］. Renewable and Sustainable Energy Reviews, 2018, 82: 2440 – 2454.

［64］MO J K, DEHOFF R R, PETER W H, et al. Additive manufacturing of liquid/gas diffusion layers for low – cost and high – efficiency hydrogen production［J］. International journal of hydrogen energy, 2016, 41(4): 3128 – 3135.

［65］TOOPS T J, BRADY M P, ZHANG F Y, et al. Evaluation of nitrided titanium separator plates for proton exchange membrane electrolyzer cells[J]. Journal of Power Sources, 2014, 272: 954 - 960.

[66] LETTENMEIER P, WANG R, ABOUATALLAH R, et al. Durable membrane electrode assemblies for proton exchange membrane electrolyzer systems operating at high current densities[J]. Electrochimica Acta, 2016, 210: 502 - 511.

[67] YANG G Q, MO J K, KANG Z, et al. Fully printed and integrated electrolyzer cells with additive manufacturing for high - efficiency water splitting[J]. Applied Energy, 2018, 215: 202 - 210.

[68] BAREIß K, RUA C D L, MOCKL M, et al. Life cycle assessment of hydrogen from proton exchange membrane water electrolysis in future energy systems[J]. Applied Energy, 2019, 237: 862 - 872.

[69] KANG Z Y, MO J K, YANG G Q, et al. Investigation of thin/well - tunable liquid/gas diffusion layers exhibiting superior multifunctional performance in low - temperature electrolytic water splitting[J]. Energy & Environmental Science, 2017, 10(1): 166 - 175.

[70] KANG Z Y, YANG G Q, MO J K, et al. Developing titanium micro/nano porous layers on planar thin/tunable LGDLs for high - efficiency hydrogen production[J]. International Journal of Hydrogen Energy, 2018, 43(31): 14618 - 14628.

[71] BUKOLA S, CREAGER S E. Graphene - Based Proton Transmission and Hydrogen Crossover Mitigation in Electrochemical Hydrogen Pump Cells[J]. ECS Transactions, 2019, 92(8): 439.

[72] PARK J, KANG Z Y, BENDER G, et al. Roll - to - roll production of catalyst coated membranes for low - temperature electrolyzers[J]. Journal of Power Sources, 2020, 479(15): 228819 - 228828.

[73] KIM T H, YI J Y, JUNG C Y, et al. Solvent effect on the Nafion agglomerate morphology in the catalyst layer of the proton exchange membrane fuel cells[J]. International Journal of Hydrogen Energy, 2017, 42(1): 478 - 485.

[74] XIE Z Q, YU S L, YANG G Q et al. Optimization of catalyst - coated membranes for enhancing performance in proton exchange membrane electrolyzer cells[J]. International Journal of Hydrogen Energy, 2021, 46(1): 1155 - 1162.

[75] MAUGER S A, NEYERLIN C, 1 YANG A C, et al. Gravure coating for roll - to - roll manufacturing of proton - exchange - membrane fuel cell catalyst layers[J]. Journal of The Electrochemical Society, 2018, 165(11): F1012 - F1018.

[76] Yang Guang, Wang Jianlong. Synergistic biohydrogen production from flower wastes and sewage sludge[J]. Energy & Fuels, 2018, 32(6): 6879 - 6886.

[77] Nika Alemahdi, Hasfalina Che Man, Nor'Aini Abd Rahman, et al. Enhanced mesophilic bio - hydrogen production of raw rice straw and activated sewage sludge by co - digestion[J]. International Journal of Hydrogen Energy, 2015, 40(46): 16033 - 16044.

[78] Asma Sattar, Chaudhry Arslan, Ji C Y, et al. Quantification of temperature effect on batch production of bio - hydrogen from rice crop wastes in an anaerobic bio reactor[J]. International Journal of Hydrogen Energy, 2016, 41(26): 11050 - 11061.

[79] WANG Y L, ZHAO J W, WANG D B, et al. Free nitrous acid promotes hydrogen production from dark fermentation of waste activated sludge[J]. Water Research, 2018, 145: 113 - 124.

[80] WANG D B, DUAN Y Y, YANG Q, et al. Free ammonia enhances dark fermentative hydrogen production from waste activated sludge[J]. Water Research, 2018, 133: 272 - 281.

[81] EL - QELISH M, CHATTERJEE P, DESSÌ P, et al. Bio - hydrogen production from sewage sludge: Screening for pretreatments and semicontinuous reactor operation[J]. Waste and Biomass Valorization, 2020, 11: 4225 - 4234.